"十一五"国家重点图书出版规划项目

中国有色金属丛书

# CNMS

# 铝及铝合金连续铸轧带坯生产

中国有色金属工业协会组织编写

主 编 程杰

副主编 张国良 王志勇 王进卫 严顺治

参 编 刘彩科 夏卫华 潘军鹏 张深阳
关世彤 马文岩 郭义庆

中南大学出版社
www.csupress.com.cn

**图书在版编目（CIP）数据**

铝及铝合金连续铸轧带坯生产/程杰主编.一长沙：
中南大学出版社,2010.12
ISBN 978-7-5487-0113-2

Ⅰ.铝... Ⅱ.程... Ⅲ.①铝—带材轧制—连续铸造②铝合金
—带材轧制—连续铸造③铝—带材轧制—连续轧制④铝合金—带材
轧制—连续轧制 Ⅳ.TG339

中国版本图书馆CIP数据核字(2010)第193047号

**铝及铝合金连续铸轧带坯生产**

程 杰 主 编

| □责任编辑 | 陈海波 | |
| □责任印制 | 文桂武 | |
| □出版发行 | 中南大学出版社 | |
| | 社址:长沙市麓山南路 | 邮编:410083 |
| | 发行科电话:0731-88876770 | 传真:0731-88710482 |
| □印 装 | 国防科大印刷厂 | |

| □开 本 | 787×1092 1/16 □印张12 □字数291千字 □插页 |
| □版 次 | 2010年12月第1版 □2010年12月第1次印刷 |
| □书 号 | ISBN 978-7-5487-0113-2 |
| □定 价 | 45.00元 |

| | |
|---|---|
| 王海东 | 中南大学出版社 |
| 乐维宁 | 中铝国际沈阳铝镁设计研究院 |
| 许　健 | 中冶葫芦岛有色金属集团有限公司 |
| 刘同高 | 厦门钨业集团有限公司 |
| 刘良先 | 中国钨业协会 |
| 刘柏禄 | 赣州有色冶金研究所 |
| 刘继军 | 茌平华信铝业有限公司 |
| 李　宁 | 兰州铝业股份有限公司 |
| 李凤轶 | 西南铝业(集团)有限责任公司 |
| 李阳通 | 柳州华锡集团有限责任公司 |
| 李沛兴 | 白银有色金属股份有限公司 |
| 李旺兴 | 中铝郑州研究院 |
| 杨　超 | 云南铜业(集团)有限公司 |
| 杨文浩 | 甘肃稀土集团有限责任公司 |
| 杨安国 | 河南豫光金铅集团有限责任公司 |
| 杨龄益 | 锡矿山闪星锑业有限责任公司 |
| 吴跃武 | 洛阳有色金属加工设计研究院 |
| 吴锈铭 | 中国有色金属工业协会镁业分会 |
| 邱冠周 | 中南大学 |
| 冷正旭 | 中铝山西分公司 |
| 汪汉臣 | 宝钛集团有限公司 |
| 宋玉芳 | 江西钨业集团有限公司 |
| 张　麟 | 大冶有色金属有限公司 |
| 张创奇 | 宁夏东方有色金属集团有限公司 |
| 张洪国 | 中国有色金属工业协会 |
| 张洪恩 | 河南中孚实业股份有限公司 |
| 张培良 | 山东丛林集团有限公司 |
| 陆志方 | 中国有色工程有限公司 |
| 陈成秀 | 厦门厦顺铝箔有限公司 |
| 武建强 | 中铝广西分公司 |
| 周　江 | 东北轻合金有限责任公司 |
| 赵　波 | 中国有色金属工业协会 |
| 赵翠青 | 中国有色金属工业协会 |
| 胡长平 | 中国有色金属工业协会 |
| 钟卫佳 | 中铝洛阳铜业有限公司 |
| 钟晓云 | 江西稀有稀土金属钨业集团公司 |
| 段玉贤 | 洛阳栾川钼业集团有限责任公司 |
| 胥　力 | 遵义钛厂 |
| 黄　河 | 中电投宁夏青铜峡能源铝业集团有限公司 |
| 黄粮成 | 中铝国际贵阳铝镁设计研究院 |
| 蒋开喜 | 北京矿冶研究总院 |
| 傅少武 | 株洲冶炼集团有限责任公司 |
| 瞿向东 | 中铝广西分公司 |

# CNMS 学术委员会

中国有色金属丛书

**主任：**

王淀佐　院士　　北京有色金属研究总院

**常务副主任：**

黄伯云　院士　　中南大学

**副主任**（按姓氏笔划排序）：

于润沧　院士　　中国有色工程有限公司
古德生　院士　　中南大学
左铁镛　院士　　北京工业大学
刘业翔　院士　　中南大学
孙传尧　院士　　北京矿冶研究院
李东英　院士　　北京有色金属研究总院
邱定蕃　院士　　北京矿冶研究院
何季麟　院士　　宁夏东方有色金属集团有限公司
何继善　院士　　中南大学
汪旭光　院士　　北京矿冶研究院
张文海　院士　　南昌有色冶金设计研究院
张国成　院士　　北京有色金属研究总院
陈　景　院士　　昆明贵金属研究所
金展鹏　院士　　中南大学
周　廉　院士　　西北有色金属研究院
钟　掘　院士　　中南大学
黄培云　院士　　中南大学
曾苏民　院士　　西南铝加工厂
戴永年　院士　　昆明理工大学

**委员**（按姓氏笔划排序）：

卜长海　　　　　厦门厦顺铝箔有限公司
于家华　　　　　遵义钛厂
马保平　　　　　金堆城钼业集团有限公司
王　辉　　　　　株洲冶炼集团有限责任公司
王　斌　　　　　洛阳栾川钼业集团有限责任公司

| | |
|---|---|
| 王林生 | 赣州有色冶金研究所 |
| 尹晓辉 | 西南铝业(集团)有限责任公司 |
| 邓吉牛 | 西部矿业股份有限公司 |
| 吕新宇 | 东北轻合金有限责任公司 |
| 任必军 | 伊川电力集团 |
| 刘江浩 | 江西铜业集团公司 |
| 刘劲波 | 洛阳有色金属加工设计研究院 |
| 刘昌俊 | 中铝山东分公司 |
| 刘侦德 | 中金岭南有色金属股份有限公司 |
| 刘保伟 | 中铝广西分公司 |
| 刘海石 | 山东南山集团有限公司 |
| 刘祥民 | 中铝股份有限公司 |
| 许新强 | 中条山有色金属集团有限公司 |
| 苏家宏 | 柳州华锡集团有限责任公司 |
| 李宏磊 | 中铝洛阳铜业有限公司 |
| 李尚勇 | 金川集团有限公司 |
| 李金鹏 | 中铝国际沈阳铝镁设计研究院 |
| 李桂生 | 江西稀有稀土金属钨业集团公司 |
| 吴连成 | 青铜峡铝业集团有限公司 |
| 沈南山 | 云南铜业(集团)公司 |
| 张一宪 | 湖南有色金属控股集团有限公司 |
| 张占明 | 中铝山西分公司 |
| 张晓国 | 河南豫光金铅集团有限责任公司 |
| 邵 武 | 铜陵有色金属(集团)公司 |
| 苗广礼 | 甘肃稀土集团有限责任公司 |
| 周基校 | 江西钨业集团有限公司 |
| 郑 莆 | 中铝国际贵阳铝镁设计研究院 |
| 赵庆云 | 中铝郑州研究院 |
| 战 凯 | 北京矿冶研究总院 |
| 钟景明 | 宁夏东方有色金属集团有限公司 |
| 俞德庆 | 云南冶金集团总公司 |
| 钱文连 | 厦门钨业集团有限公司 |
| 高 顺 | 宝钛集团有限公司 |
| 高文翔 | 云南锡业集团有限责任公司 |
| 郭天立 | 中冶葫芦岛有色金属集团有限公司 |
| 梁学民 | 河南中孚实业股份有限公司 |
| 廖 明 | 白银有色金属股份有限公司 |
| 翟保金 | 大冶有色金属有限公司 |
| 熊柏青 | 北京有色金属研究总院 |
| 颜学柏 | 陕西有色金属控股集团有限责任公司 |
| 戴云俊 | 锡矿山闪星锑业有限责任公司 |
| 黎 云 | 中铝贵州分公司 |

# 总 序

有色金属是重要的基础原材料，广泛应用于电力、交通、建筑、机械、电子信息、航空航天和国防军工等领域，在保障国民经济建设和社会发展等方面发挥了不可或缺的作用。

改革开放以来，特别是新世纪以来，我国有色金属工业持续快速发展，已成为世界最大的有色金属生产国和消费国，产业整体实力显著增强，在国际同行业中的影响力日益提高。主要表现在：总产量和消费量持续快速增长，2008 年，十种有色金属总产量 2 520 万吨，连续七年居世界第一，其中铜产量和消费量分别占世界的 20% 和 24%；电解铝、铅、锌产量和消费量均占世界总量的 30% 以上。经济效益大幅提高，2008 年，规模以上企业实现销售收入预计 2.1 万亿以上，实现利润预计 800 亿元以上。产业结构优化升级步伐加快，2005 年已全部淘汰了落后的自焙铝电解槽；目前，铜、铅、锌先进冶炼技术产能占总产能的 85% 以上；铜、铝加工能力有较大改善。自主创新能力显著增强，自主研发的具有自主知识产权的 350 kA、400 kA 大型预焙电解槽技术处于世界铝工业先进水平，并已输出到国外；高精度内螺纹铜管、高档铝合金建筑型材及时速 350 km 高速列车用铝材不仅满足了国内需求，已大量出口到发达国家和地区。国内矿山新一轮找矿和境外矿产资源开发取得了突破性进展，现有 9 大矿区的边部和深部找矿成效显著，一批有实力的大型企业集团在海外资源开发和收购重组境外矿山企业方面迈出了实质性步伐，有效增强了矿产资源的保障能力。

2008 年 9 月份以来，我国有色金属工业受到了国际金融危机的严重冲击，产品价格暴跌，市场需求萎缩，生产增幅大幅回落，企业利润急剧下降，部分行业已出现亏损。纵观整体形势，我国有色金属工业仍处在重要机遇期，挑战和机遇并存，长期发展向好的趋势没有改变。今后一个时期，我国有色金属工业发展以控制总量、淘汰落后、技术改造、企业重组、充分利用境内外两种资源，提高资源保障能力为重点，推动产业结构调整和优化升级，促进有色金属工业可持续发展。

实现有色金属工业持续发展，必须依靠科技进步，关键在人才。为了全面提高劳动者素质，培养一大批高水平的科技创新人才和高技能的技术工人，由中国有色金属工业协会牵头，组织中南大学出版社及有关企业、科研院校数百名有经验的专家学者、工程技术人员，编写了《中国有色金属丛书》。《丛书》内容丰富，专业齐全，科学系统，实用性强，是一套好教材，也可作为企业管理人员和相关专业大学生的参考书。经过编写、编辑、出版人员的艰辛努力，《丛书》即将陆续与广大读者见面。相信它一定会为培养我国有色金属行业高素质人才，提高科技水平，实现产业振兴发挥积极作用。

康义

2009 年 3 月

# 前　言

近 30 年来，中国的铝业生产与铝加工技术发展迅猛，加工产品的质量不断提高，我国铝合金加工材的年生产能力从 1980 年不到 30 万 t，发展到 2009 年的 1 000 万 t 以上，其中铝板带冷轧能力达到 600 万 t 以上，中国已成为世界第二大铝板带材生产大国，正在向铝工业强国迈进。

其中，铝连续铸轧技术更是作为一项投资少、见效快、能耗低的技术，在中国得到了迅速的推广和普及。目前国内拥有连续铸轧生产线约 500 台，居世界第一，轧制产品中铸轧带坯料约占 65% 以上。使用该项技术生产的铝箔，某些技术、经济指标已居国际领先水平。

为了系统地总结我国连续铸轧技术近 40 年的发展，特别是连续铸轧加工理论与实际操作技术的成就和经验，进一步推动我国连续铸轧技术进步，满足连续铸轧行业生产技术人员的技术需求，中国有色金属协会加工技术委员会与中南大学出版社一起，组织国内铝加工行业众多专家、学者和生产第一线的工程技术人员共同编撰了这本中国有色金属丛书铝业职工读本之《铝及铝合金连续铸轧带坯生产》。

本书内容技术含量大；理论联系实际，以实践为主，突出实用性；国内外相结合，突出先进性；注重科学性、系统性和代表性。具有实用性、先进性、科学性，可作为指导连续铸轧行业进一步发展的工具书和培训教材。

本书在编撰过程中，得到许多行业专家的支持，在此表示衷心感谢。此外，本书在编写过程中，参考或引用了国内外专家、学者的许多研究成果、著作以及珍贵资料，在此表示诚挚的谢意。

编辑委员会
2010 年 12 月

# 目　录

CNMS

# 第 1 章　绪论

## 1.1　概述

铝( Al )是重要的轻金属。铝在地壳中的含量仅次于氧和硅。自然界的含铝矿物约有 250 种，最常见的是硅铝酸盐及其风化产物( 黏土)。我国已探明的铝土矿，除个别地区外都为低铁高铝的一水硬铝石，杂质主要是高岭石中的 $SiO_2$ 和少量的 $Fe_2O_3$、$TiO_2$。铝土矿经化学处理后提炼出氧化铝供原铝生产。原铝生产属铝冶炼范围，主要是化学过程。目前原铝生产是采用熔盐电解法，在铝电解槽内将冰晶石与氧化铝等盐类熔体通大电流的直流电，使氧化铝还原得到液态铝。

熔炼和铸轧生产属金属材料加工范围，主要是物理过程。其基础理论是金属物理学，对于铝材生产而言，除了注重其化学成分之外，还要关注其纯洁度及内部组织结构，因为金属的化学成分和洁净度及内部组织结构直接影响到铝材的性能。在熔铸生产过程中，对铝液要进行严格的精炼和晶粒细化等处理。

铝及铝合金熔炼是使金属合金化的一种方法。熔炼是采用加热的方式改变金属物态，使基本金属和合金化组元按照要求的配比熔化成成分均匀的熔体，并使其满足内部纯洁度、熔体温度和其他特定条件的一种工艺过程。熔体的品质对铝材的加工性能和最终使用性能产生决定性的影响，如果熔体品质先天不足，将给制品的使用带来潜在的危险，故熔炼是对加工制品的品质起到支配作用的一道关键工序。因此，必须在合金成分、炉温控制、熔体净化等基本环节上遵循技术条件，严守工艺纪律，精心操作，才能够得到成分合格、组织均匀、晶粒细小、气体和夹渣含量在规定范围之内的优质铝板。

铝合金连续铸轧是将铝熔体通过供料嘴从铸轧辊的一侧源源不断地供应进入到铸轧区( 从供料嘴前沿到铸轧辊中心线之间的距离称之为铸轧区)，之后立即与两个相转动的被水冷却的铸轧辊相遇，熔体金属铝的热量不断从垂直于铸轧辊辊面的方向传递到铸轧辊中，使附着在铸轧辊表面的熔体金属铝的温度急剧下降，熔体金属铝在铸轧辊表面被冷却、结晶、凝固。随着铸轧辊的不断转动，熔体金属铝的热量继续向铸轧辊中传递，并不断被铸轧辊中的冷却水带走，晶体不断向熔体中生长，凝固层随之增厚。当两侧凝固层厚度随着铸轧辊的转动逐渐增加，并在两个铸轧辊中心线以下相遇时，即完成了铸造过程，并随之受到这两个铸轧辊对其凝固组织的轧制作用，并以一定的轧制加工率，使熔体金属铝被铸造、轧制成铸轧板。

我国的铝板带双辊连续铸轧工艺技术研究开发工作始于 1963 年 10 月，1964 年 9 月在东北轻合金加工厂生产出 10 mm 厚铸轧板，1965 年生产出来的铸轧板宽为 700 mm，1982 年在华北铝加工厂研制成功 $\phi$650 mm×1 600 mm 双辊式连续轧机。经过近 40 年的努力，铝板带双辊连续铸轧工艺技术在我国得到迅速推广和普及，涿神公司、洛阳有色金属加工设计研究院等经过吸收消化国外先进技术，在开发设计和制造方面做了许多工作。1995 年我国第一台 $\phi$960 mm×1 550 mm 大型双辊式连续铸轧机在华北铝业有限公司正式投入使用。

截至 2007 年底，我国铝板带双辊连续铸轧机共有 400 余条，板带总生产能力达到 4 000 kt/a。

铝板带双辊连续铸轧工艺技术的优势是：

(1)投资少，见效快，投资回收期短，对于中小型铝板带轧制厂是可行的。

(2)金属通过量大，可以将回收废料作为原料，生产成本低廉，在价格上颇具竞争力。

(3)相当明显地减少了铝水—铸块—热轧板带或重轧的时间，省去了铸块、铣面、开坯等工序，提高了劳动生产率。

(4)降低了由于热轧所需的一系列工序的能耗。

(5)双辊连续铸轧工艺的生产线配置合理，结构紧凑，方便操作。

## 1.2 铝及铝合金基本特性及分类

### 1.2.1 铝的基本特性

铝在地壳中的含量为 8%。由于铝的化学亲和力强，在自然界中不可能以金属状态存在，一般以氧化铝、硅酸铝、硫酸铝等化合物和它们的复合盐或水合物等状态存在。当前用于生产铝的主要矿石是 $Al_2O_3$ 含量为 40%～60%、$SiO_2$ 含量低于 8% 的铝土矿，又称为铝矾土。最普遍采用的生产方法是用烧碱浸出法(或称拜耳法)从铝矾土中提取纯氧化铝，然后以冰晶石为电解质，用电解法(称为霍耳－埃鲁特法)从氧化铝中冶炼金属铝。生产 1 t 电解铝约需 2 t 氧化铝，而生产 2 t 氧化铝约需 4 t 铝矾土。

1. 铝及铝合金的物理性质和化学性质

铝是一种银白色的金属，在自然界分布极广，当今世界铝的年产量仅次于钢铁而跃居有色金属的首位。铝的重要特征是密度小，在室温下，纯铝密度约为 2.7 g/cm³，其液体密度为 2.38 g/cm³，铝合金的密度与合金的种类和含量有关，其值在 2.63～2.85 g/cm³ 之间，仅为钢的密度的 35% 左右。铝合金具有相当高的强度，其比强度(强度与密度的比值)可与优质合金钢相比。铝的另一特点是具有良好的导电性和导热性，仅次于银和铜，但随着铝中杂质元素含量的增加，其导电性和导热性有所降低。

铝的熔点为 660 ℃，沸点 2 100～2 300 ℃。铝是比较活泼的金属，在空气中极易氧化，其表面生成一层致密的氧化膜 $Al_2O_3$，$Al_2O_3$ 的熔点为 2 010～2 050 ℃。铝表面生成的这层氧化膜可以防止铝的继续氧化，对处于固态和液态的铝均有良好的保护作用。因此，铝及某些铝合金在淡水、海水、浓硝酸盐、汽油等以及各种有机物中具有足够的耐腐蚀性。应当指出的是，纯铝的耐蚀性与铝的纯度有关。铝的纯度越高，其耐腐蚀性越好。铝合金的耐蚀性随合金元素的不同而异,一般说来,Al - Mn 系和 Al - Mg 系合金的耐蚀性较好,大多数成分较复杂的铝合金的耐蚀性不如前两者;有些硬铝及超硬铝的制品要包铝,以提高其耐腐蚀性。

铝在固态时属于面心立方结晶体,可塑性较好,能在热态和冷态下进行各种形式的压力加工。

2. 铝及铝合金的优点

(1)密度小。纯铝的密度为 $2.7g/cm^3$,Al - Mg,Al - Li 合金密度更低。

(2)耐腐蚀。纯铝表面覆有一层致密坚韧的无色透明氧化膜,能抵抗风雨、食品、硝酸盐、天然气等地浸蚀。铝材经化学或阳极化处理,可以增加表面氧化膜的厚度,使耐蚀性得到进一步提高,并可利用阳极氧化膜的多孔结构,吸附染料和重金属离子,染成各种悦目耐晒的颜色。

(3)足够的强度。

(4)反射率高。

(5)电导性和热导性好。

(6)延展性好。

(7)耐冲击。铝及铝合金的弹性模量 $E$ 等于 $7.2 \times 10^4$ MPa,相当于钢的弹性模量的三分之一。高强度铝合金的屈服强度却比低碳结构钢的屈服强度高。因此铝制构件在冲击负荷作用下,弹性变形量虽然比截面相同的钢制构件大,却不易发生断裂或永久性变形。

(8)回收利用率高。

3. 铝及铝合金的缺点

(1)不耐高温,一般只能在 200 ℃ 以下使用。

(2)焊接比较困难,需要氩气保护。

(3)高强度铝合金的热处理工艺复杂,而且对应力腐蚀特别敏感。

(4)硬度低,表面容易擦伤,在产品加工和运输过程中必须谨慎搬运,妥善包装。

(5)铝的生产需要大量的能源。

## 1.2.2 铝合金的基本特性

1. 铝合金的分类

(1)按合金的性能和用途分为:耐腐蚀铝合金、可焊铝合金、高强铝合金(硬铝)、超强铝合金(超硬铝)、锻造铝合金、特殊铝合金。

(2)按热处理特点分为:热处理强化铝合金和热处理不强化铝合金。

(3)按合金主要成分分类:见表 1 - 1。

由于连续铸轧目前只能生产 1×××、3×××、8××× 及 5052、5182 等少数几个系列的合金,所以只介绍典型合金的成分范围,见表 1 - 2,其用途见表 1 - 3。

表 1-1 合金牌号分类

| 牌 号 系 列 | 组 别 |
|---|---|
| 1×× × | 纯铝（铝含量不小于99.00%） |
| 2×× × | 以铜为主要合金元素的铝合金 |
| 3×× × | 以锰为主要合金元素的铝合金 |
| 4×× × | 以硅为主要合金元素的铝合金 |
| 5×× × | 以镁为主要合金元素的铝合金 |
| 6×× × | 以镁和硅为主要合金元素，并以 $Mg_2Si$ 相为强化相的铝合金 |
| 7×× × | 以锌为主要合金元素的铝合金 |
| 8×× × | 以其他合金元素为主要合金元素的铝合金 |
| 9×× × | 备用合金组 |

表 1-2 典型合金化学成分范围

| 合金 | Si | Fe | Cu | Mn | Mg | Zn | Ti | 其他 单个 | 其他 总和 | Al $w$/% |
|---|---|---|---|---|---|---|---|---|---|---|
| 1070 | 0.16 | 0.16 | 0.03 | 0.03 | 0.03 | 0.05 | 0.03 | 0.03 | — | 99.70 |
| 1060 | 0.20 | 0.25 | 0.05 | 0.03 | 0.03 | 0.05 | 0.03 | 0.03 | — | 99.60 |
| 1145 | 0.15 | 0.35 ~ 0.45 | 0.05 | 0.05 | 0.05 | 0.05 | 0.03 | 0.03 | — | 99.45 |
| 1100 | 0.20 | 0.50 ~ 0.60 | 0.05 ~ 0.15 | 0.05 | — | 0.10 | — | 0.05 | 0.15 | 99.00 |
| 1200 | 0.20 | 0.50 ~ 0.60 | 0.05 | 0.05 | — | 0.10 | 0.05 | 0.05 | 0.15 | 99.00 |
| 1235 | 0.15 | 0.35 ~ 0.45 | 0.05 | 0.05 | 0.05 | 0.10 | 0.06 | 0.03 | — | 99.35 |
| 3003 | 0.40 | 0.40 ~ 0.60 | 0.05 ~ 0.15 | 1.05 ~ 1.45 | — | 0.10 | | 0.05 | 0.15 | 余量 |
| 3A21 | 0.40 | 0.40 ~ 0.60 | 0.15 | 1.05 ~ 1.45 | 0.05 | — | 0.08 | 0.05 | 0.10 | 余量 |
| 6063 | 0.35 ~ 0.55 | 0.30 | 0.10 | 0.10 | 0.50 ~ 0.85 | — | | 0.05 | 0.15 | 余量 |
| 6005 | 0.75 ~ 0.90 | 0.28 | 0.05 ~ 0.06 | 0.50 ~ 0.60 | 0.05 | 0.05 | | 0.05 | 0.15 | 余量 |
| 8011 | 0.55 ~ 0.65 | 0.70 ~ 0.85 | 0.05 | 0.05 | 0.05 | 0.10 | 0.08 | 0.05 | 0.15 | 余量 |
| 8006 | 0.20 ~ 0.30 | 1.00 ~ 1.50 | 0.05 | 0.50 ~ 1.00 | 0.05 | 0.05 | 0.05 | 0.05 | 0.15 | 余量 |
| 3004 | 0.1 ~ 0.3 | 0.30 ~ 0.40 | 0.20 | 0.9 ~ 1.1 | 0.8 ~ 0.9 | 0.20 | – | 0.05 | 0.15 | 余量 |

表 1-3 典型合金的用途

| 合金 | 典 型 用 途 |
|---|---|
| 1050 | 食品、化学和酿造工业用挤压盘管，各种软管，烟花粉 |
| 1060 | 要求耐蚀性与成形性均高的场合，且强度要求不高；化工设备是其典型用途 |
| 1100 | 用于加工需要有良好的成形性和高的耐蚀性但不要求有高强度的零件部件，例如化工产品、食品工业装置与贮存容器、薄板加工件、深拉或旋压凹形器皿、焊接零部件、热交换器、印刷板、铭牌、反光器具 |

续表 1-3

| 合金 | 典 型 用 途 |
|---|---|
| 1145 | 包装及绝热铝箔，热交换器 |
| 1199 | 电解电容器箔，光学反光沉积膜 |
| 1350 | 电线、导电绞线、汇流排、变压器带材 |
| 3003 | 用于加工需要有良好的成形性能、高的耐蚀性可焊性好的零件部件，或既要求有这些性能又需要有比 1×××系合金强度高的工作，如厨具、食物和化工产品处理与贮存装置，运输液体产品的槽、罐，以薄板加工的各种压力容器与管道 |
| 3004 | 全铝易拉罐罐身，要求有比 3003 合金更高强度的零部件，化工产品生产与贮存装置，薄板加工件，建筑加工件，建筑工具，各种灯具零部件 |
| 3105 | 房间隔断、挡板、活动房板、檐槽和落水管，薄板成形加工件，瓶盖、瓶塞等 |
| 3A21 | 飞机油箱、油路导管、铆钉与线材等；建筑材料与食品等工业装备等 |
| 5052 | 此合金有良好的成形加工性能、耐蚀性、可塑性、疲劳强度与中等的静态强度，用于制造飞机油箱、油管，以及交通车辆、船舶的钣金件，仪表、街灯支架与铆钉、五金制品等 |
| 5182 | 薄板，用于加工易拉罐盖，汽车车身板、操纵盘、加强件、托架等零部件 |

典型合金特点如下。

1060（纯铝）属于普通工业纯铝，含铝量不小于 99.60%。特点是强度低，加工强化是唯一的强化途径；热加工和冷加工性能良好，热导率、电导率高；耐蚀性、焊接性能优良。可加工成不同规格的板、带、箔、管、棒、线材，广泛用作化工设备、船舶设备、铁道油罐车、过氧化氢（$H_2O_2$）贮罐，以及各种强度要求不高，而要求加工性能良好、耐蚀、可焊的工业设备，也可作为电导体材料、仪器仪表材料、焊条等。其组织为单相 $\alpha - Al$，可能的杂质相为 $FeAl_3$，$\alpha - Fe_2SiAl_8$，$\beta - FeSiAl_5$。密度 2.705 g/cm³，熔化温度范围 646~657 ℃，熔炼温度 720~760 ℃，典型退火温度 345 ℃，不可热处理强化。

1100 合金为含铝量为 99.0% 的普通纯铝。热处理不强化；强度低，但有良好的热加工和冷加工性能；耐蚀性和焊接性能优良；阳极氧化后可进一步提高其耐蚀性，同时可获得美观的表面。广泛应用于从炊具到工业设备的各个领域。用于加工需要有良好的成形性和高的耐蚀性，但不要求有高强度的零件部件，例如化工产品、食品工业包装与贮存容器、薄板加工件、深拉或旋压凹形器皿、焊接零部件、热交换器、印刷板、铭牌、反光器具等。组织为单相 $\alpha - Al$，可能的杂质相为 $FeAl_3$，$\alpha - Fe_2SiAl_8$，$\beta - FeSiAl_5$，Fe 和 Si 为主要杂质。密度 2.710 g/cm³，熔化温度范围 643~657 ℃，熔炼温度 720~760 ℃，典型退火温度 345 ℃，热处理不强化。

3003 合金是 Al-Mn 系典型合金。其突出特点是耐蚀性好，仅在中性介质中的耐蚀性稍次于纯铝，在其他介质中的耐蚀性与纯铝相近。强度比纯铝的高，而塑性很好；焊接性能优良；导热导电性能比工业纯铝低。加锰以后有一定的固溶强化作用。锰在铝中的固溶度随温度降低而减小，但热处理强化效果甚微，因此 3003 合金为热处理不可强化合金。该合金是一个具有优良塑性和耐蚀性以及中等强度的通用合金，主要用于加工需要有良好的成形性能、高的耐蚀性可焊性好的零部件，或既要求有这些性能又需要有比 1××× 系合金强度高的工件，如厨具、食物和化工产品处理与贮存装置，运输液体产品的槽、罐，以薄板加工的各种压力容器与管道等。室温主要相组成物为 $\alpha-Al$，$MnAl_6$；可能的杂质相为$(FeMn)Al_6$或$(Fe、Mn、Si)Al_6$等。Mn 是主要合金化元素，虽然不可以热处理强化，但 Mn 有一定的固溶强化作用使 $MnAl_6$ 有一定的弥散强化作用，因此强度稍高于纯铝，Mn 含量在 0.6%~1.0% 范围内，合金的强度和伸长率均较好，Mn 超过 1.6% 将会出现粗大硬脆的 $MnAl_6$ 相，对合金局部的延展性会造成不利的影响，所以 Mn 含量不要超过 1.6%，并控制在中限；Fe 在该合金中一般作为杂质进行控制，但允许达到 0.7%，Fe 能够减少 Mn 的偏析，使退火板材晶粒得到细化。该合金的密度 2.730 $g/cm^3$，熔化温度范围 643~654 ℃，熔炼温度 730~770 ℃，典型退火温度 413 ℃，热处理不可强化。

5052 合金是 Al-Mg 系含镁较低的合金。特点是耐蚀性好，热处理不可强化，冷作硬化后具有中等强度，其耐拉性能介于工业纯铝 1100 和铝锰系防锈铝 3003 之间。疲劳强度高，在变形铝中仅次于 3003 合金；有良好低温性能。随温度降低，耐拉强度、屈服强度、伸长率均提高，低温韧性也很好。退火状态塑性好，加工硬化率高，因而硬状态塑性低。冷变形度达到 50% 时再结晶温度约为 288 ℃。可焊性良好，但焊接裂纹敏感系数高。该合金广泛应用于耐蚀、可焊、中等强度的结构材料。此合金有良好的成形加工性能、耐蚀性、可烛性、疲劳强度与中等的静态强度，用于制造飞机油箱、油管，以及交通车辆、船舶的钣金件，仪表、街灯支架与铆钉、五金制品等。

2. 铝合金中合金元素和杂质对产品性能的影响

(1) 铜元素：548 ℃时，铜在铝中的最大溶解度为 5.65%，温度降至 302 ℃时，铜的溶解度为 0.45%。铜是重要的合金元素，有一定的固溶强化效果，此外时效析出的 $CuAl_2$ 相有明显的时效强化效应。铝合金中铜含量通常在 2.5%~5%，铜含量在 4%~6.8% 时强化效果最好，所以大部分硬铝合金的含铜量处于该范围。铝铜合金中可以含有较少的硅、镁、锰、铬、锌、铁等元素。

(2) 硅元素：在共晶温度 577 ℃时，硅在 $\alpha$ 固溶体中的最大溶解度为 1.65%。尽管溶解度随温度降低而减少，但这类合金一般是不能热处理强化的。铝硅合金具有极好的铸轧性能和耐蚀性。若镁和硅同时加入铝中形成铝镁硅系合金，强化相为 $Mg_2Si$。镁和硅的质量比为 1.73:1。设计铝镁硅系合金成分时，基本上按此比例。有的铝镁硅合金为了提高强度，加入适量的铜。同时加入适量的铬以抵消铜对耐蚀性的不利影响。$Mg_2Si$ 在铝中的最大溶解度为 1.85%，且随温度的降低而减小。变形铝合金中，硅单独加入铝中只限于焊接材料，硅加入铝中亦有一定的强化作用。

(3) 镁元素：根据铝镁合金平衡相图的溶解度曲线，镁在铝中的溶解度随温度下降而大大地变小，但在大部分工业用变形铝合金中，镁的含量均小于 6%，而硅含量也低，这类合金是不能热处理强化的，但可焊性良好，耐蚀性也好，并有中等强度。镁对铝的强化是明显的，每增加 1% 镁，抗拉强度大约升高 34 MPa。如果加入 1% 以下的锰，可起补充强化作用。因此加锰后既可降低镁含量，又可降低热裂倾向，还可以使 $Mg_5Al_8$ 化合物均匀沉淀，改善耐蚀性和合金性能。

(4) 锰元素：在共晶温度 658 ℃处，锰在 $\alpha$ 固溶体中的最大溶解度为 1.82%。合金强度随溶解度增加不断增加，锰含量为 0.8% 时，伸长率达最大值。铝-锰合金是非时效硬化合金，即热处理不强化合金。锰能阻止铝合金的再结晶过程，并能显著细化再结晶晶粒。再结晶晶粒的细化主要是通过 $MnAl_6$ 化合物弥散质点对再结晶晶粒长大起阻碍作用。$MnAl_6$ 的另一作用是能溶解杂质铁，形成（Fe、Mn）$Al_6$，减小铁的有害影响。锰是铝合金的重要元素，可以单独加入形成铝－锰二元合金，更多的是和其他合金元素一同加入，因此大多数铝合金中均含有锰。

（5）锌元素：275 ℃ 时锌在铝中的溶解度为 31.6%，而在 125 ℃ 时其溶解度则下降到 5.6%。锌单独加入铝中，在变形条件下对合金强度的提高十分有限，同时存在应力腐蚀开裂倾向，因而限制了它的使用。在铝中同时加入锌和镁，形成强化相 $MgZn_2$，对合金产生明显的强化作用，$MgZn_2$ 含量从 0.5% 提高到 12% 时，可明显增加耐拉强度和屈服强度。镁的含量超过形成 $MgZn_2$ 相所需要的量时，还会产生补充强化作用。调整锌和镁的比例，提高抗拉强度和增大应力腐蚀开裂抗力。所以在超硬铝合金中，锌和镁的比例控制在 2.7 左右时，应力腐蚀开裂抗力最大。如在铝－锌－镁基础上加入铜元素，形成铝－锌－镁－铜系合金，其强化效果在所有铝合金中最大，也是航天、航空工业中重要的铝合金材料。

（6）铁和硅：铁在铝－铜－镁－镍－铁系锻造铝合金中，硅在铝－镁－硅系锻铝中和在铝－硅系焊条及铝硅铸轧合金中，均作为合金元素加入。在其他铝合金中，硅和铁是常见的杂质元素，对合金性能有明显的影响。它们主要以 $FeAl_3$ 和游离硅存在。当硅大于铁时，形成 $\beta$－$FeSiAl_5$（或 $Fe_2Si_2Al_9$）相，而铁大于硅时，形成 $\alpha$－$Fe_2SiAl_8$（或 $Fe_3SiAl_{12}$）。当铁和硅比例不当时，会引起铸件产生裂纹。

（7）钛和硼：钛是铝合金中常用的添加元素，以铝－钛或铝－钛－硼中间合金加入。钛与铝形成 $TiAl_3$ 相，成为结晶时的非自发核心，起细化铸造组织和焊缝组织的作用。

（8）铬元素：铬是铝－镁－硅系、铝－镁－锌系、铝－镁系合金中常见的添加元素。在 600 ℃ 时，铬在铝中的溶解度为 0.8%，室温时基本上不溶解。铬在铝中形成（CrFe）$Al_7$ 和（CrMn）$Al_{12}$ 等金属间化合物，阻碍再结晶的形核和长大过程，对合金有一定的强化作用，还能改善合金韧性和降低应力腐蚀开裂敏感性。但会增加淬火敏感性，使阳极氧化膜呈黄色。铬在铝合金中添加量一般不超过 0.35%，并随合金中过渡族元素的增加而降低。

（9）锶元素：锶是表面活性元素，在结晶学上锶能改变合金结晶的行为。因此用锶元素进行变质处理能改善合金的塑性加工性能和最终产品品质。由于锶的变质有效时间长、效果和再现性好等优点，近年来在铝－硅铸轧合金中取代了钠的使用。在挤压用铝合金中加入 0.015% ~ 0.03% 锶，使铸锭中 $\beta$－AlFeSi 相变成 $\alpha$－AlFeSi 相，可以减少铸锭均匀化时间 60% ~ 70%，提高材料力学性能和塑性加工性；改善制品表面粗糙度。对于高硅（10% ~ 13%）变形铝合金中加入 0.02% ~ 0.07% 的锶元素，可使粗晶硅减少至最低限度，力学性能也显著提高，抗拉强度由 233 MPa 提高到 236 MPa，屈服强度由 204 MPa 提高到 210 MPa，伸长率 $\delta_5$ 由 9% 提高到 12%。在过共晶铝－硅合金中加入锶，能减小粗晶硅粒子尺寸，改善塑性加工性能，可顺利进行热轧和冷轧。

（10）锆元素：锆也是铝合金的常用添加剂。一般在铝合金中加入量为 0.1% ~ 0.3%，锆和铝形成 $ZrAl_3$ 化合物，可阻碍再结晶、形核与晶粒长大过程。锆亦能细化铸轧组织，但比钛的作用小。有锆存在时，会降低钛和硼细化晶粒的效果。在铝－锌－镁－铜系合金中由于锆对淬火敏感性的影响比铬和锰小，因此宜用锆来代替铬和锰影响再结晶晶粒大小。

（11）稀土元素：稀土元素加入铝合金中，使铝合金熔铸时增加成分过冷，细化晶粒，减少二次枝晶间距，减少合金中的气体和夹杂，并使夹杂相趋于球化，还可降低熔体表面张力，增加流动性，有利于浇注成锭，对工艺性能有着明显的影响。各种稀土加入量以约 0.1%（原子分数）为好。含镁的铝合金能激化稀土元素的变质作用。

（12）杂质元素：在铝中有时还存在钒、钙、铅、锡、铋、锑、铍及钠等杂质元素。这些杂质元素由于熔点高低不一，结构不同，与铝形成的化合物也不相同。因而对铝合金的影响也不一样，不是必需时，均应尽量减少。

# 第 2 章　带坯连续铸轧设备

## 2.1　带坯连续铸轧机的发展

1846 年英国人贝西默(Bessenmer)提出从旋转着的两辊上方向辊缝注入金属熔体,生产铸坯的设想,但经过多年努力,屡屡失败,未获成功。以后在连续铸出铝及黄铜线坯的基础上,人们又想起贝西默的设想。终于在 1951 年,美国亨特－道格拉斯(Hunter－Douglas)公司首次铸轧成了铝带坯,制成了双辊式连续铸轧机。1956 年,美国黑兹利特公司双钢带式连续铸造机成功地生产出了铸轧带坯。这两种带坯铸轧机奠定了带坯连续铸轧机的基础。

1967 年,英国的曼恩(Mann)式连续铸机由过去只能生产铝线坯发展到能铸轧铝带坯,带坯厚度为 20 ~ 40 mm,宽 100 ~ 500 mm。在黑兹利特双钢带式连铸机基础上,瑞士铝业公司研制成了 Alusuisse Ⅱ 型连铸机,亨特－道格拉斯公司成功制造了双履带式铸造机。这两种铸造机的结构相似,也较复杂,造价较高,但它们适应性强,既能生产有色金属,又能生产钢及铸铁,速度快,生产率高。

在 50 年的发展进程中,传统的双辊式铸轧机及其生产技术,如原法国普基铝业公司的Jumbo3C铸轧机、原英国戴维公司的铸轧机、法塔·亨特公司的亨特式铸轧机等,无论在铸轧机本身结构的改进方面,还是在操作性能的改善与自动化程度的提高方面均取得了很大的成就,既提高了生产率、改善了劳动条件,又提高了产品品质。1997 年前后,法塔·亨特公司的 Speed caster TM铸轧机、原法国普基铝业公司的 Jumbo 3CM 铸轧机以及英国戴维公司的Fastcast 四重铸轧机先后问世并投入运行。目前这些铸轧机都已顺利轧出 3 ~ 4 mm 铸轧带坯并总结出许多工艺诀窍,同时还对薄铸轧带坯的组织、性能及其后续加工工艺进行了研究。

目前电磁铸轧技术也已在国际通用的两种结构铸轧机(亨特式、3C 式)上获得工业应用。此外,连铸连轧技术正在向薄型化、高精度和高速方向发展。美国已研制出可生产宽 2 200 mm、厚 2.0 mm 铸轧带材、速度 15 m/s 以上的连铸连轧生产线,可减少或省却冷轧过程,为铝箔轧机直接供坯料,有的甚至可作为易拉罐的毛坯料。

我国铝带坯连续铸轧技术的研究开发工作是从 20 世纪 60 年代初在东北轻合金有限公司开始的,1981 年开始在华北铝业有限公司进行铝带坯连续铸轧商业化生产。1998 年中南大学开始在华北铝业公司研究高速铸轧技术,取得了许多可喜成果。此外,我国从 20 世纪 90年代开始研究电磁铸轧技术,也取得了一些成绩。我国在铝带坯连续铸轧技术的科学研究与生产方面取得了重大进展,在行业优秀人才的共同努力下,自主地发展了我国连续轧进的制造技术与带坯连续铸轧工艺。

1963 年 10 月在东北轻合金加工厂开始进行铝带坯连续铸轧科学研究筹备工作。1964 年初步进行模拟实验,经过 118 次摸索实验试轧出厚 8 mm、宽 100 mm、长 2 180 mm 的边部不整齐的工业纯铝板坯。当时采用的是双辊水平下注式铸轧机。1964 年 4 月 15 日开始工业性试验，7月份铸轧出宽250 mm的带坯，9月份铸轧成400 mm宽带坯，随即列入国家科委试验项目。1965年，经过对铸轧设备的改进和反复试验，终于铸轧出700 mm宽带坯。1970年对设备作了重大改进。1975年，用铸轧带坯生产的冷轧板基本上满足了一般深冲制品和铝箔毛料的性能要求。1975年6月，冶金工业部在东北轻合金加工厂召开了连续铸轧新技术现场鉴定会，认定该项技术已达到工业生产水平，同意转入工业生产，决定在全国推广。

1978年，连续铸轧新技术、设备和一部分研制试验人员转入华北铝加工厂。1979年底研制成 $\phi$650 mm×1 300 mm 双辊倾斜式铸轧机，1983年上半年研制成 $\phi$980 mm×1 600 mm 铸轧机，所生产的铸轧带坯符合铝箔毛料要求。该项技术于1983年6月通过部级鉴定，标志着我国铸轧技术步入成熟阶段。1984年7月16日中日涿神金属加工专用设备有限公司成立，铸轧机由该公司生产。到1990年底，渤海铝业有限公司试制成 $\phi$980 mm×2 000 mm 超型铸轧机。

经过20多年的研究开发，我国铝带坯连续铸轧技术工作取得了长足的发展。以涿神公司、中色科技公司和上海捷如公司等为代表的铸轧机制造企业已成为具有国际竞争力的大型铝材铸轧机制造企业。此外，上海捷如重工机电设备有限公司还拥有国内唯一一家专业的铸轧辊研究所，专业从事设计制造铸轧辊，并拥有两项专利——铸轧机用辊套钢和热处理方法专利以及逆流式水冷铸轧辊结构专利。涿神公司是具有现代化水平的集工程设计、技术研发、加工制造、现场组装、安装调试、售后服务以及工程总承包于一体的全新型设备工程公司。涿神公司自行设计、制造、安装、调试的双辊连续铸轧机可生产厚5~10 mm、最宽2 200 mm的铸轧板带，轧制速度可达900~2 000 mm/min，设计最大速度达到3 000 mm/min。采用前箱液面自动控制，预应力或非预应力轧制，轧制力和预载力显示，上、下辊分别驱动，卷筒钳口自动定位，黏辊检测显示等先进技术，控制系统主要采用全数字可控硅调速技术。2008年11月，公司出口南非的两台2 100 mm铸轧机顺利通过用户的最终验收，标志着涿神公司生产的铸轧机已达到世界一流水平。

20世纪90年代下半期，薄规格铸轧工艺的发展给连续铸轧带来一个新的生命期。通过对连续铸轧机关键元件——金属流嘴，轧辊冷却系统，轧辊润滑油以及控制系统等进行重大改进，并通过更佳的工艺控制参数实现了铸轧更轻规格、更薄更宽带坯的目标，同时也带来了板带品质连贯性方面的重大改进，拓展了铸轧坯料的使用空间。

## 2.2 铝铸轧机的类型

铝铸轧机按轧制形式分为：连续铸轧（双辊铸轧）、连铸连轧。按开发进程又分为三代：第一代铸轧机（标准型铸轧机）、第二代铸轧机（超型铸轧机）、第三代铸轧机（超薄快速型铸轧机）。第一代铸轧机是美国亨特工程公司于20世纪60年代初研发的，辊径在600 mm左右，我国华北铝业有限公司于20世纪80年代初研制成第一代铸轧机。第二代铸轧机辊径约为900 mm，由于辊径加大，因而铸轧辊刚度和熔体凝固区长度都相应地有所增加，生产板带坯宽度有了较大增加。第三代铸轧机是亨特工程公司（现为意大利法塔·亨特公司）与原法国普基公司研究开发的，铸轧速度≥10 m/min，产品最薄厚度为1 mm。

## 2.3　双辊式铝带坯连续铸轧机列

双辊式铝带坯连续铸轧机列的几种配置方式如图 2-1 所示。中国、前苏联、美国亨特工程公司的下注式双辊铸轧机组典型配置如图 2-1(a) 所示。图 2-1(b) 为倾斜式双辊铸轧机组配置示意图。由图可见，除铸轧方式由下注式改为倾斜式以外，其他的均与图 2-1(a) 的相似。这两种机列的长度约为 10 m。我国自行研制的带坯铸轧机列大多是图 2-1(b) 式的。图 2-1(c) 为法国彼施涅集团 3C 铸轧机组的配置方式，不设牵引与多辊矫机，简化了机组，节省了投资于维护工作量，机列长度大致为 7 m。由华北铝业有限公司引进，涿神公司相继研发制造出相同形式的铸轧机组。

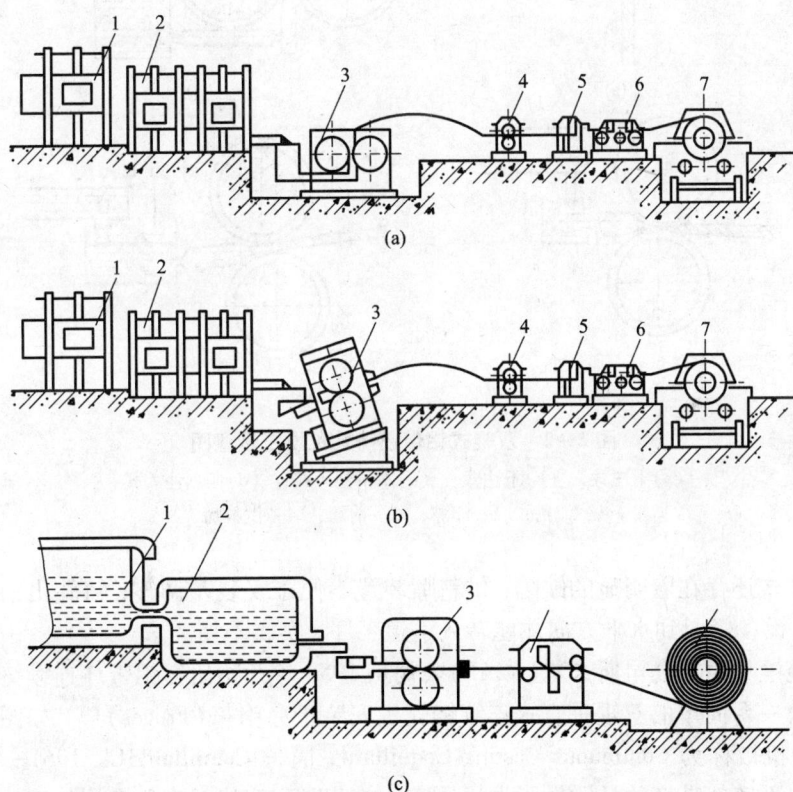

**图 2-1　铝带坯双辊铸轧机列示意图**
(a) 水平式；　(b) 倾斜式；　(c) 垂直式
1—熔炼炉；2—静置炉；3—铸轧机；
4—牵引机；5—剪切机；6—矫直机；7—卷取机

双辊式铸轧机的设置方案如图 2-2 所示。从两个被冷却的相对做慢速旋转运动的辊的一方注入金属熔体，而从另一方获得受轧制的带坯的设备称为双辊式铸轧机。根据两个轧辊的相对位置不同，分为水平式、倾斜式、垂直式三种类型铸轧机。

图 2-2(a) 是 1846 年贝西默提出的设想，由于思路不对和技术水平所限，几经试验都以

失败告终。1956 年，美国亨特工程公司总结了前人的经验，采用如图 2 - 2(b)所示下注式，成功地铸轧成了铝带坯。这种铸轧方式与贝西默的设想有着本质的不同，首先，熔体进入两个水平辊的方向由上向下改为由下向上，这就可使注入辊缝的熔体被严格控制在一定的静压强下，由供料嘴均匀地连续地向旋转着的辊缝中供给熔体；其次，铸轧辊转速及其冷却强度都可调节，提供了金属熔体凝固的条件，使从两旋转辊间铸出带坯成为现实。

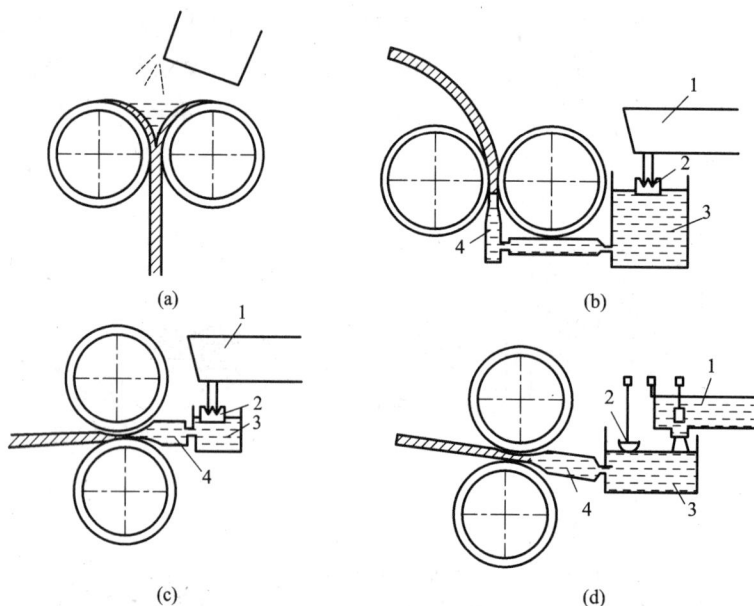

**图 2 - 2  双辊式铝带坯铸轧机设置示意图**

(a)上注式；  (b)下注式；  (c)水平注入式；  (d)倾斜注入式
1—流槽；  2—浮漂；  3—前箱；  4—供料嘴

但是下注式还存在着明显的缺陷：供料嘴装置不便于安装及调整；铸轧出的带坯垂直朝上，需用牵引设备牵引到水平方向才能转入下道工序，实属不便。

法国彼施涅集团子公司斯卡尔(SCAL)公司从 1958 年开始研究铝带坯连续铸轧设备与工艺，1960 年第一台简单的双辊垂直式连续铸轧机安装于弗洛格(Froges)厂，如图 2 - 2(c)所示，这种铸造机被称为 Continuous Casting Coquillard，简称 Coquillard3C。1961—1963 年，斯卡尔公司对水平铸轧带坯的品质做了大量研究。前苏联列宁格勒有色金属加工厂生产的铸轧机、瑞士铝业公司的 Alusuisse Caster I 及哈维(Harvey)式铸轧机都是这种垂直式。

1962 年，亨特工程公司推出了一种双辊倾斜式铸轧机，如图 2 - 2(d)所示，带坯出辊方向与地面成 15°角。我国大多数双辊铸轧机都是倾斜式的。垂直式与倾斜式铸轧机生产的带坯品质与水平式带坯差不多，但是前两者具有操作、调试简便的优点，且便于维修。因此，当今已不再生产双辊水平式铸轧机了。

### 1. 原材料的熔炼

连续铸轧需要保证铸轧机工作的连续性，防止生产中断，因此原材料需要通过熔炼设备对其进行熔化，并使用保温设备进行保温，为铸轧带坯提供持续的铝液。熔炼设备使用熔炼炉通过燃料燃烧的热量将铝原料熔化,然后对铝液进行搅拌、除渣、除气、添加合金元素、取样检测等工序。熔铝炉使用的燃料有轻油、重油、渣油、天然气、焦炉煤气、混合煤气等,通过燃料与助燃空气混合均匀后完全燃烧,将铝原料完全熔化。待熔铝炉内的铝液达到工艺要求时,将铝液倒入保温设备,即静置炉,进行保温。静置炉内保证铝液不间断的进行补充,使用燃料或电加热对炉内铝液进行保温或者升温。

　　熔铝炉有矩形炉,侧面倾斜式大型加料炉门;圆形炉,炉顶加料,两侧有矩形炉门进行搅拌和取样。现多采用蓄热式熔铝炉(如图2-3),它的蓄热式烧嘴成对布置,相对两个烧嘴为一组(A组、B组烧嘴)。从鼓风机出来的常温空气由换向阀切换进蓄热式烧嘴A后,在经过蓄热式烧嘴A蓄热体时被加热,在极短时间内常温空气被加热到接近炉膛温度(一般为炉膛温度的80% ~ 90%)。被加热的高温热空气进入炉膛后,卷吸周围炉内的烟气形成一股含氧量大大低于21%的稀薄贫氧高温气流,同时往稀薄高温空气附近注入燃料,实现燃料在贫氧状态下燃烧;与此同时,炉膛内的热烟气经过另两个蓄热式烧嘴B排入大气,炉膛内高温热烟气通过蓄热式烧嘴B时将余热储存在蓄热式烧嘴B内的蓄热体内,然后以低于150 ℃的低温烟气经过换向阀排出。当蓄热体储存的热量达到饱和时换向阀进行切换,蓄热式烧嘴在蓄热与工作状态之间进行交换,从而达到节能和降低 $NO_x$ 排放量等目的。

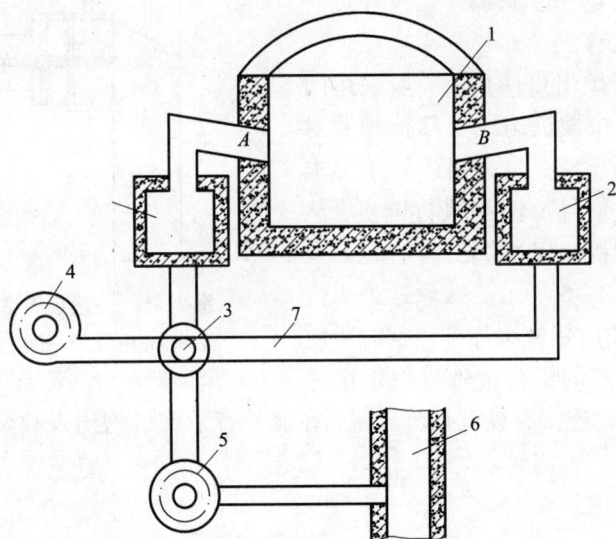

**图 2 - 3　蓄热式熔炼炉结构原理示意图**
1—圆炉;2—蓄热式;3—换向阀;4—鼓风机;5—引风机;6—烟道;7—风管路

　　保温炉可以分为固定式和倾动式。固定式又称静置炉,采用炉内铝液压力结合自动控流系统不间断供流。倾动式又称倾动炉,采用液面检测装置输出的信号控制保温炉体的倾动程度,来提供铝液(如图2-4所示)。

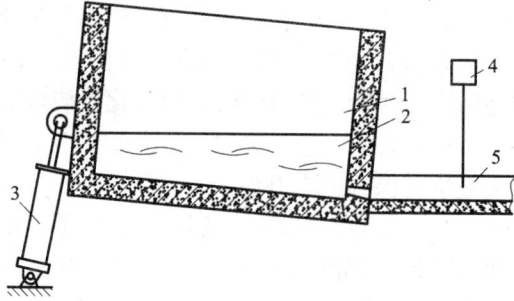

图 2-4　倾动炉结构原理示意图

1—倾动炉体；2—铝液；3—液压缸；4—激光测距仪；5—出口流槽

## 2. 流槽部分

在此我们介绍的流槽部分是指从保温炉出口到浇注系统中间部分所有机构。详细分解可包括：（保温炉出口）—级控流—钛丝送进机构—输送流槽—除气箱—过滤箱—二级控流—输送流槽—（浇注系统）。

一级控流在静置炉出口使用，一般采用闭环式自动控制，使用机械机构或位移检测器对流槽内铝液进行衡量检测，当高出或低于要求液面高度时，通过电信号反馈给执行电机，然后带动执行机构通过控制保温炉出口的大小来控制铝液流量，如图 2-5 所示。钛丝送进机构（如图 2-6）是对流槽内铝液添加细化剂时所使用的装置，根据所生产的铝合金牌号设定送进

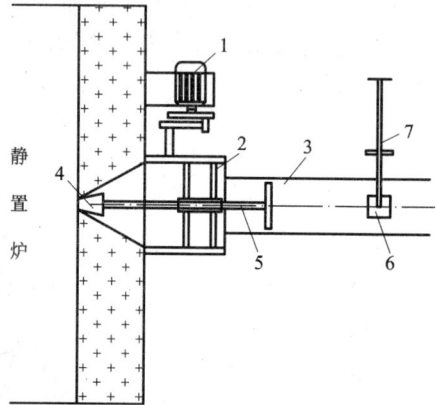

图 2-5　一级控流结构原理示意图

1—步进电机；2—执行机构；3—流槽；
4—石墨堵头；5—控流杆；6—浮漂；7—平衡杆

机构的送进速度，并且连接有钛丝报警装置，在钛丝打滑或机构出现故障时，会利用报警音进行提示。

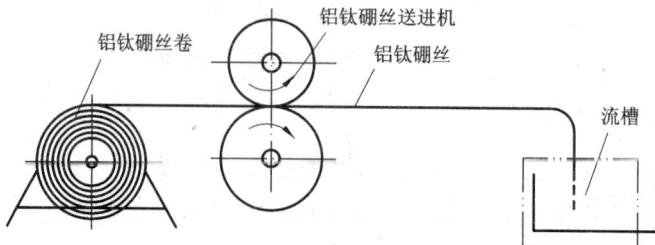

图 2-6　钛丝机送进示意图

输送流槽是输送铝液的保温通道。流槽外壳采用钢板焊成，内部安装保温耐火材料制作的 U 形槽体。流槽应设计得尽量短些，同时最好是密闭的，一则可避免铝液温度下降过多，

二则可避免铝液二次污染。目前国内多采用加盖式密闭流槽。为便于维修，流槽应是活动的，或者是可以拆卸的。除气箱一般包括除气装置和加热装置两部分。

除气装置(如图 2-7)是利用中空的石墨转子将 $N_2$ 输送到除气箱的铝液内部，除去铝液内部所含的 $H_2$；再通过步进电机调节转速来控制石墨转子的转速。加热装置一般是利用电加热元件产生热量将铝液温度控制在要求范围内，尤其是在铝液温度过低时使铝液温度上

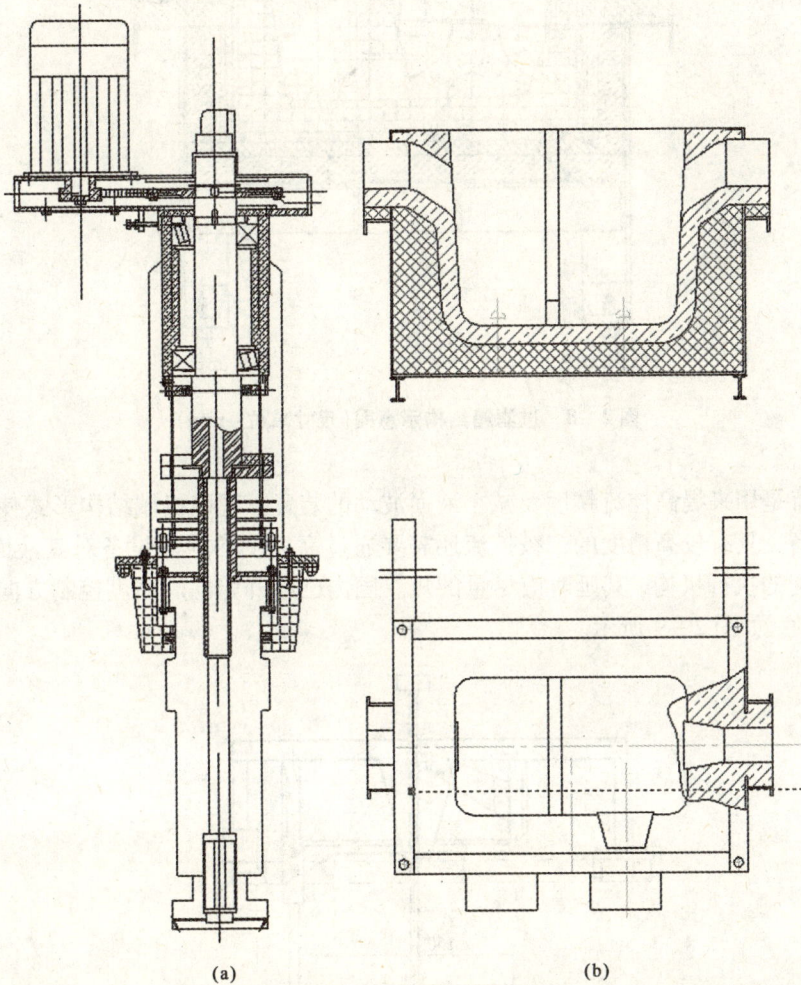

(a)　　　　　　　　　　　　(b)

**图 2-7　除气箱结构示意图**

(a)石墨转子除气装置；　(b)除气箱箱体

升。两套装置的升降采用机械结构升降或液压传动升降。过滤箱是为了保证铝液的纯净度而设置，通过耐火材料制作的过滤片对铝液内的杂质进行过滤，我国华北铝业铸轧事业部在过滤箱上增加了液位差检测装置，对过滤片两侧液面进行时刻监测，当两侧液位差不满足工艺要求时，需要更换新过滤片，如图 2-8 所示。

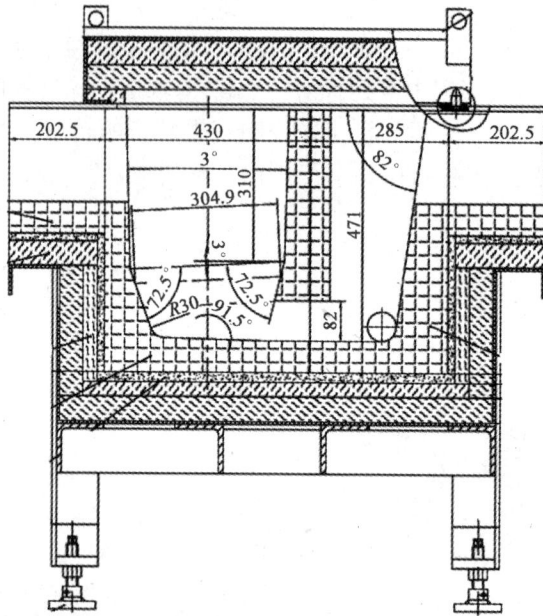

**图 2-8　过滤箱结构示意图(尺寸单位：mm)**

　　二级控流是用来提高控流精度及减小液面波动的装置。现以机械结构形式使用较多，但是精度不够高。具有较高精度的二级控流还需要通过高精度的检测设备对其液面进行检测，且要求高精度的执行机构，其延时应尽量的短。国内已经开始向高精度控制方向发展，并取得了一些成效，如图 2-9 所示。

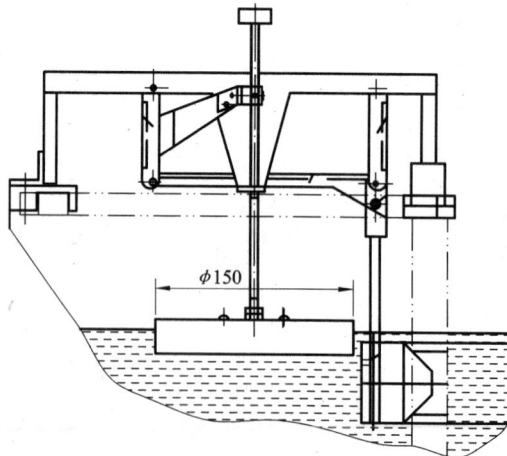

**图 2-9　二级控流结构示意图**

**3.浇注系统**

　　浇注系统包括前箱、供料嘴及中间连接部分，它们大都固定于一块底板上，俗称"嘴子小车"(见图 2-10)。小车上设有微调机构，装配时，通过微调机构使供料嘴与辊缝间的距离达到预期的偏差(又称"铸轧区")。供料嘴装配品质不仅直接影响其使用寿命,而且对带坯品质有很大的影响。因此,对供料嘴装配工作应予以足够的注意。

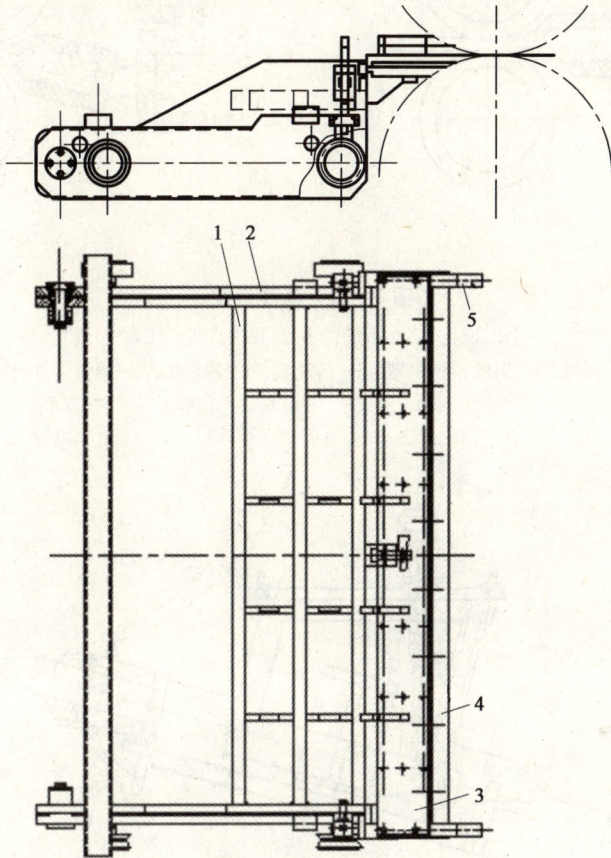

图 2 – 10 嘴子小车
1—升降机架;2—行走外板;3—嘴子上压板;4—嘴子下压板;5—耳子

双辊式铸轧机列的浇注系统如图 2 – 11 所示。图 2 – 11(a)为下注式浇注系统,前箱装在一台小车上。为了防止氧化夹杂物进入料嘴,可在前箱内靠近熔体出口处,设置一块带孔隔板。前箱上方有浮漂,用于控制铝液水平高度。此种浇注系统机构复杂,制造、装配、调整和操作都相当困难。

图 2 – 11(b)是前苏联列宁格勒有色金属加工的双辊垂直式铸轧机的浇注系统。流槽上有一根可以更换的硅酸铝黏土竖管,铝液经此管流入前箱。竖管下有一块用硅酸铝黏土制作的浮漂,控制流入前箱的铝液量,使前箱内的铝液高度水平保持不变。还可以在流槽底部安装几个多孔陶瓷塞,通入净化气体。

图 2 – 12 为双辊倾斜式铸轧机的浇注系统,前箱、供料嘴与连接部分(或无连接部分)都安装于一块底板上,便于装配调整。由于这种结构在生产中容易控制带坯的品质,所以使用较为普遍。

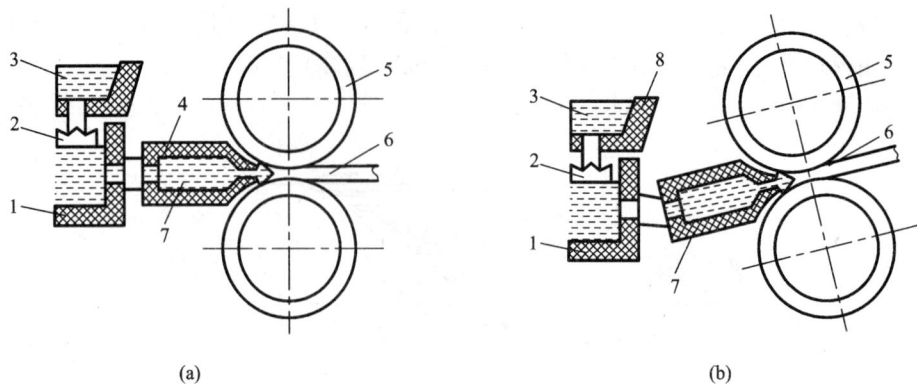

图 2-11　浇注系统

(a)下注式浇注系统；(b)双辊垂直式浇注系统

1—前箱；2—浮漂；3—铝液；4—铸嘴；5—铸轧辊；6—铸轧板；7—铸嘴内部铝液；8—流槽

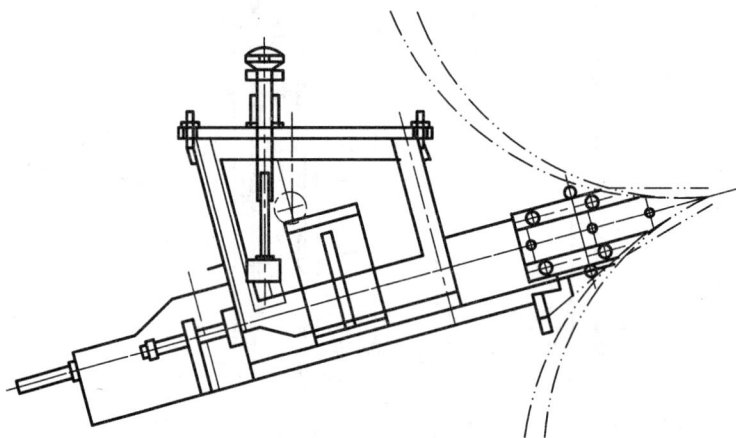

图 2-12　双辊倾斜式铸轧机的浇注系统

(1)前箱

前箱又称为中间包，其外壳由钢板焊成，内衬使用耐火材料制作。它的基本作用是控制由供料嘴流入铸轧辊缝的铝液的压强，也就是说，前箱中的铝液要保持一相对稳定的工艺所要求的高度。前箱中的铝液水平高度随品种、带坯厚度，以及浇注温度和速度的不同而异。此水平高度通常使用浮漂塞头和杠杆浮子机构控制，要求高精度时，可以使用激光测距仪或其他测距设备进行精密检测及控制。

(2)供料嘴

在铸轧带坯生产时，供料嘴是一个很重要的部件。通过供料嘴把铝液输入铸轧辊缝，供料嘴的好坏直接影响带坯的品质和产量，因而对供料嘴的结构和材质及安装水平要求很高。供料嘴内部结构有多种形式，简单介绍两种(如图 2-13 所示)。供料嘴的结构形式对稳定工艺和提高产品品质都起着关键性的作用，其在结构上应保证：铝液通过时流线合理，无死区；铝液在辊缝整个长度上的分布要均匀，铝液转入辊缝的温度也要均匀一致。供料嘴是由几块工件组装而成的,在上下对合的两块间,设置一定形状的挡块,以保证铝液能均匀地分配到整个供料嘴内腔中。制造供料嘴材料应具备的性能是:化学性能稳定,不被铝水所浸润,不粘结,不与铝水有任何化学反应;密度小、轻、保温性能好,不使铝水冷凝;抗温度急变性强,能抵抗铝水进入后由于温度剧变开裂变形;要有足够的强度和刚性。

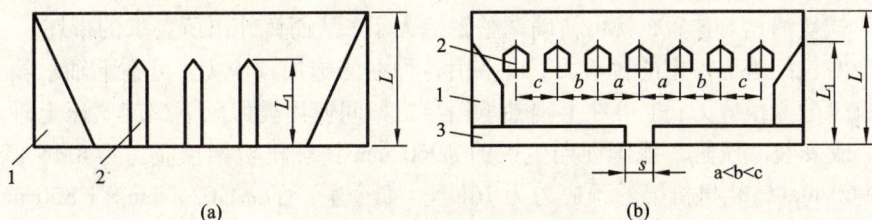

**图 2 - 13 常见铸嘴内部结构**
1—边部垫块;2—中心垫块;3—后垫块

### 4. 铸轧机机座

双辊式铸轧机机座的机架可以分为闭式和开式两种。双辊铸轧机机座示意图见图2-14。

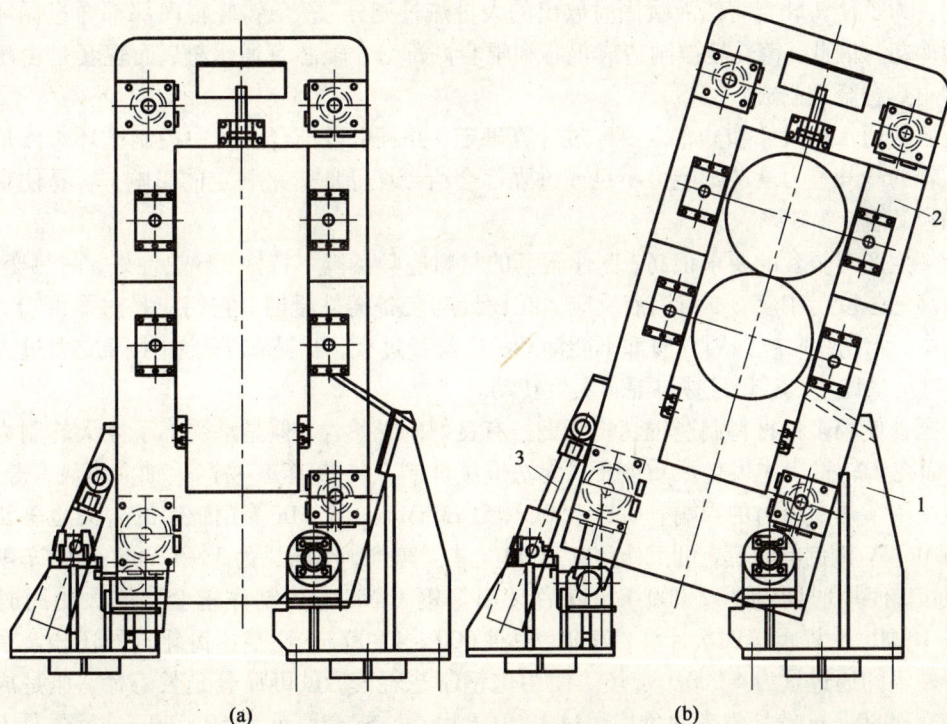

**图 2 - 14 双辊铸轧机机座示意图**
(a)闭式;(b)开式
1—机架底座;2—牌坊;3—倾翻油缸

双辊铸轧机在换辊时,一般利用电器传动装置或液压传动装置将轧辊从机架中抽出和送进，不同之处是倾斜式双辊铸轧机需将机架调整到垂直状态后，才可进行换辊工作。双辊铸轧机只是在磨辊后，才对轧辊进行几毫米的调整。通常，轧辊从新轧辊到报废，全部调整距离也不会超过85 mm。原来生产的铸轧机机架上的压下装置一般采用液压调整装置，其实就是轧制线调整装置。现在生产的铸轧机多数机架采用整体加工，本身就为一体，无须压下装置。双辊铸轧机的辊缝往往是采用两辊中间安装的辊缝调节装置来调整，稍稍改变辊缝调节装置的两块楔块的相对位置，就可精确调整辊缝大小，从而铸轧出所要求的带坯。

通常应对机架施加一定的预应力，可采用各种办法施加预应力：可在下轴承箱与机架间放置液压缸来建立预应力；也可在上辊轴承箱与机架间使用类似下螺旋紧压上轴承箱而建立预应力，或安装液压缸。我国前期生产的 $\phi$960 mm 铸轧机机架预应力为 8MN。法国超级 3C 双辊 $\phi$960 mm 铸轧机机架的预应力为 16MN。如今生产的 $\phi$1 023 mm × 1 850 mm 铸轧机机架的预应力可达 21 MN。

铸轧机机架一般使用 50# 铸钢铸造。没有铸造条件时，也可采用 45# 钢板焊接，固定于地脚板上，再用螺旋或其他装置将两块机架牌坊连接起来。

5. 铸轧辊

铸轧辊作为生产过程中的直接工作元件，起着极为重要的作用，它既承受铝液凝固造成的辊面温度变化应力的影响，又要承受对凝固的带坯施加一定压下量所引起的金属变形抗力的影响。为了使铸轧辊将铝液凝固时放出的大量热量充分散失，铸轧辊内部都通过循环水进行强制冷却。因此，铸轧辊被制造成辊芯和辊套两部分，辊芯有通水槽，而辊套是由耐温度变化的耐热合金钢制成。

辊芯的通水槽尺寸和分布需要经过计算确定，并且可以结合生产中控制循环水流量来控制铸轧辊的冷却能力。冷却能力不足或过强都会给带坯品质带来一定的影响，容易使带坯产生大晶粒、偏析等缺陷。

带坯生产对辊套的要求很高，制作辊套的材料应具备以下特性：导热性好，耐热变负载，有相当高的强度与刚度，不与铝液反应。在设计与装备铸轧辊时，它们应是过盈配合，过盈量要适中，无论纵向或圆周方向都不能活动，过盈量过大，容易在生产中由于应力过大发生开裂；过盈量偏小，辊套容易与辊芯发生转动。

我国曾使用多种材料制造辊套。紫铜虽有良好的导热性，但是承受不了巨大轧制力的作用，辊面在铸轧过程中发生严重变形，无法继续轧制。45# 钢辊套易产生轴向裂纹，寿命短，因而经受不了热变应力的影响。Cr17、50Cr、5CrMnMo、15CrMn 等钢辊套的寿命也不长。用 45CrMnMoWV 钢制的辊套，可工作 400～600 h 才需车削，车削量为 3～5 mm，通常车削三四次即报废，使用时间约为 2 000 h。以后又用炮钢 CrNi3MoV 制作辊套，每次使用时间为 1 000～1 200 h，以重车四次计算，寿命可达 4 000～4 800 h，比亨特铸轧辊的还长。亨特铸轧机铸轧辊的通过量为 4 000 t 带坯。使用炮钢制造辊套，虽可显著延长寿命，但是成本太高，一对 $\phi$980 mm 铸轧辊套的价格超过 12 万人民币。辊套厚度为 50～60 mm，再厚不易传热，再薄则影响寿命。

华北铝业有限公司1991年开始一直研究如何加大铸轧辊的通过量，将原 $\phi$980 mm 铸轧辊的辊芯从 $\phi$880 mm 减小到 $\phi$840 mm，这样壁厚从 50 mm 增加到了 70 mm，为了增强冷却性，将原来的 12 mm × 10 mm 的辊芯水槽改为 14 mm × 4.5 mm，这样加大水流速度，加快了水的热交换面积，更好的起到了冷却的效果。2002 年又将 $\phi$980 mm 铸轧辊的辊套加厚至 80

mm，这样辊套变为 $\phi$1 000 mm。这样大大提高了铸轧辊的使用期限，使每对轧辊的通过量保证在 10 000 t 以上。但是辊套加厚以后，新辊刚开始使用时，容易发生黏辊现象，需要在生产之前充分做好生产准备工作。

循环强制冷却水槽沟开于辊芯上，冷却强度主要取决于槽沟形式。槽沟形式各式各样，有纵向的、环形的、螺旋形的，还有纵向与环形相结合的（如图 2 - 15）。不管采用哪种形式，其冷却强度应保证铸轧辊辊身长度上的温度差 ≤5 ℃。现在生产的辊芯上大都采用纵向与环向槽沟相组合的联合槽沟，具有极好的冷却效果，实测结果表明，辊面同一横线两端的温度差仅 1 ~ 2 ℃。

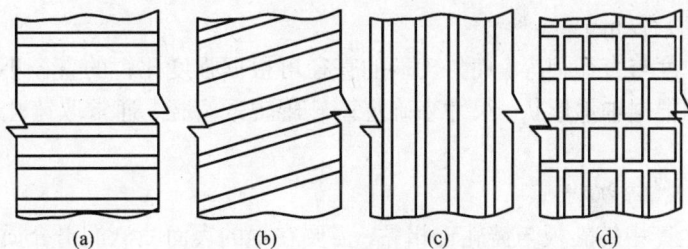

图 2 - 15　辊芯槽沟形式

（a）纵向槽沟；　（b）螺旋形槽沟；　（c）环形槽沟；　（d）纵向 - 环形槽沟

各种轧辊在结构上的主要区别就在于供水系统的不同。供水系统应保证辊面沿轴向和圆周方向能得到迅速而均匀的冷却。现在大部分采用的是由美国亨特工程公司设计的结构演变而来。美国亨特工程公司铸轧辊的结构如图，在其一端有一个设计独特的套管，将冷却水输入和流出轧辊。冷却水进入轧辊后，沿辊径方向流入辊芯与辊套之间，然后相向流经半个圆周，再流入辊径方向水路，流进纵向槽沟，再流入集水装置，最后进入循环水系统或排水系统。这种冷却方式结构复杂，不易制造，加工成本高，但冷却效果好，轧辊表面温度均匀，也比较低，辊芯与辊套配合也较紧密。

我国经几次试验修改后设计的铸轧及铸轧辊的结构如图 2 - 16 所示。辊芯表面布满纵向和横向槽沟，在辊芯中心钻有冷却水输入孔，在中心孔上钻有一排小孔，沿轧辊横截面直径方向上对称分布，并与辊套、辊芯间的槽沟相通。回水孔钻在进入孔左右各差 45°角处，它们分别通向沿轴线方向均匀地分布于辊芯表面的水槽沟，然后流向轴端排出。通过对各种槽沟（螺旋形的、环形的、井字形的等）的冷却效果作对比试验，以井字形的最佳，温度沿辊身长度的分布很均匀。

图 2 - 16　铸轧辊辊芯

辊套与辊芯需采用过盈热装，过盈量一般根据辊径大小及需要的力度来确定。辊套需要在特定的高温下保温数小时后，趁热将辊芯插入其中，待装配好的铸轧辊冷却即可。

一般可通过轧辊弯曲强度及其允许挠度来选择确定铸轧辊直径和辊身长度，不过在确定时应考虑辊芯上的冷却水槽沟的通水孔的设置所造成的强度削弱。辊身长度取决于铸轧带坯的最大宽度：

$$L = L_1 + 2L_2$$

式中：$L$——辊身长度/mm；

　　　$L_1$——生产带坯的最大宽度/mm；

　　　$L_2$——轧辊表面非工作部分长度/mm。

铸轧辊辊颈的直径，可根据辊身直径来确定。使用滑动轴承时，辊颈直径可按下式计算：

$$d = (0.7 \sim 0.75)D$$

式中：$d$——辊颈直径/mm；

　　　$D$——辊身直径/mm。

一般，辊颈长度与直径相等，而传动端的直径可根据强度比辊的直径小 10～15 mm。如采用滚动轴承，则根据轴承形状、尺寸来确定铸轧辊辊颈直径，通常取铸轧辊直径的二分之一左右。

**6. 石墨(火焰)喷涂机构**

为了防止在生产中铸轧板与铸轧辊相黏，需要在辊的表面喷洒润滑介质——石墨。可以利用机械装置在辊面直接喷洒石墨乳，或是采用某种燃气的不完全燃烧，在辊面产生石墨涂层，同样起到润滑防止黏辊的作用。华北铝业有限公司全部采用火焰喷涂机构，一般分为主动机构、到位机构、传动机构、火焰燃烧结构四部分。它是通过步进电机带动传动机构，使火焰燃烧机构匀速行走，火焰在辊面行走形成石墨薄层，也可以通过电机变频来控制火焰行走速度，以便形成达到要求的石墨层。通过电机换向或机械换向来实现火焰机构两个方向行走，并且传动机构可以采用多种形式，例如：丝杠形式、链条形式等。

**7. 牵引机**

牵引机紧接着铸轧机，是用于导引刚从铸轧机生产出来的带坯，使带坯顺利通过剪切机、张力矫直机而达到卷取机。一旦卷取机咬住带坯，牵引机即松开牵引辊，而由卷取机承担带坯拉引任务。

牵引机的牵引辊内通过循环水冷却。牵引辊与带坯件的压力由液压缸建立，以便牵引带坯。由液压马达通过减速箱和连接轴转动牵引辊，刚开始引带坯时，牵引速度应比铸轧速度略小，而由卷取机牵引时，则速度应与铸轧速度相等，所以牵引机应能变速运转。我们可以调整牵引辊的转速，使牵引辊与铸轧速度保持一致。华北铝业有限公司的 1850 铸轧机使用牵引辊直径 $\phi300$ mm，辊身长度 1 900 mm。根据铸轧机大小，生产带坯的最大规格可以适当选择油缸的有效压力，通过调节油缸压力随时调整牵引辊对带坯的压力。牵引辊前部有伸缩导板装置，主要为立板时接带坯的作用。

**8. 剪切机**

剪切机用于剪切带坯加工生产中可供选用的剪切机种类很多，图 2－17 中所示为液压平动剪切机，它台故同步、上切式剪切机，其上刀刃是以中心为分界点，向两边双向倾斜，两下刀刃为平刃。上刀刃的倾斜角为 4.5°，也可采用 1°～6° 的单向倾斜剪床，不过这种剪切机在剪切带坯时，会产生横向推力，故采用双向倾斜的上刃，既可减少剪刃行程，又可消除剪切时的横向推力。

刀片长度应比最大剪切带坯宽度长 180～220 mm。涿神公司生产的 1850 铸轧机中的液压剪的剪切力为 360 kN，液压缸内径 220 mm，柱塞直径 125 mm，工作压力 7 MPa，剪切带坯厚度 6~10 mm，剪切宽度 1 710 mm。

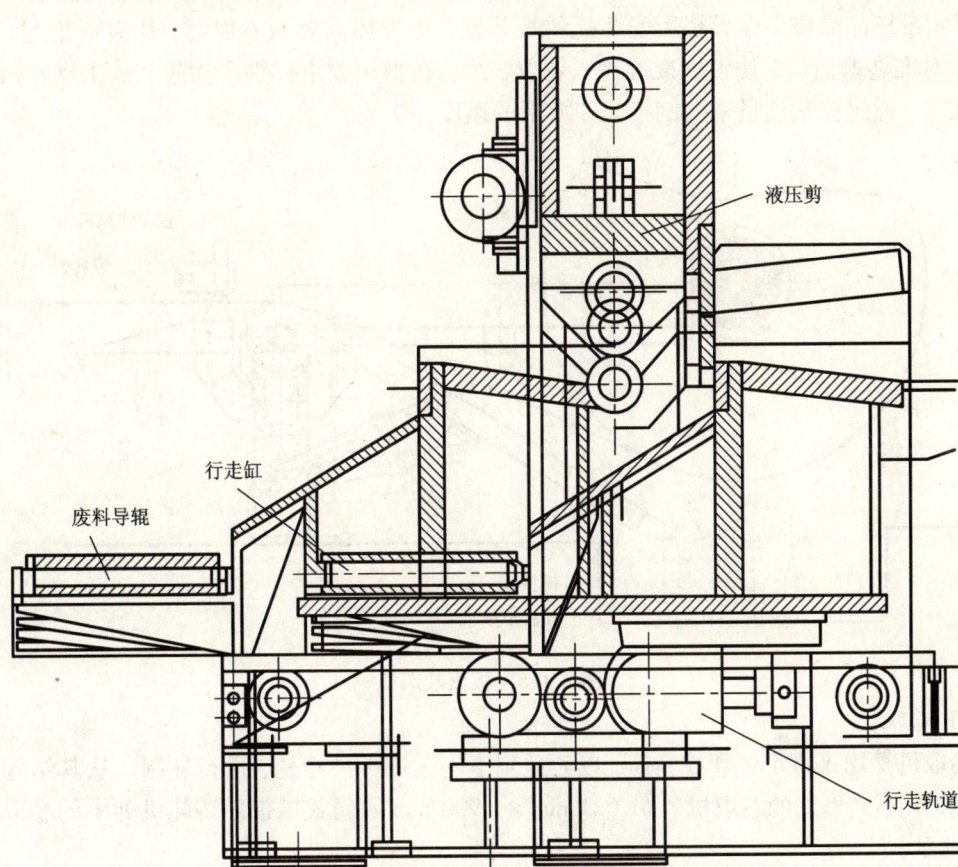

图 2-17　液压平动剪切机示意图

　　为防止带坯被剪断时发生的冲击，剪床上应设置缓冲压板。在剪刀接近带坯时，压板即将带坯牢牢压住，然后，剪床在行走油缸的推动下随之移动，同时下刃向上运动，将带坯剪断，而后剪刀抬起，行走油缸将剪切机拉回原位。剪切过程中可以将牵引辊夹住带坯，减少剪刀对铸轧辊间带坯的冲击。

　　有时铸轧的带坯边缘有许多小的裂纹，为便于冷轧，最好将裂边切除。为此，有些铸轧机制造单位在铸轧机列上设置切边机或铣边机。涿神公司在华北铝业有限公司超薄快速铸轧机中添加的铣边机试验成功，能够很好地满足冷轧要求。它由两个辊面高度与铸轧机辊缝高度相同的导向辊，以及两个装有圆盘刀具的刀架和碎条刀等组成。圆盘剪切下的边条由旋转滚筒上安装的碎条刀切碎，并被风机吸入送进废料斗。

　　9. 矫直机

　　前期制造的双辊式带坯连续铸轧机列中，一般都设有多辊张力矫直机，一方面对带坯进行矫直，另一方面与卷取机共同对带坯建立一定的张力，以确保带坯能顺利地卷成卷。但是，当今生产的铸轧机大都不设置矫直机，由铸轧机机座与卷取机直接建立其间的张力，由偏导辊作为入卷取之前的支撑,使用循环冷却水对辊身进行冷却。此结构既简单,又能满足生产要求。

如图 2-18 所示,偏导辊前须安装风机,对带坯表面上的灰尘进行吹扫,避免卷入带坯卷,影响带坯品品质。偏导辊后安装托料板装置,待带坯需要入卷取时;托料板抬起,并利用限位对准卷取钳口,使带坯准确进入卷取,然后托料板放下。整个抬起和放下动作由油缸动作实现,通过控制油量来控制抬起和放下的速度。

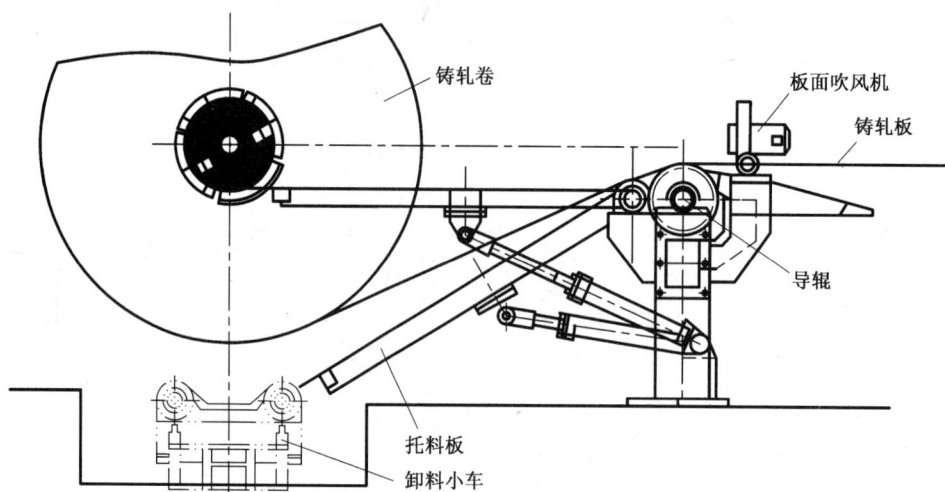

图 2-18 板面吹风机

10. 卷取机

卷取机是用来将带坯卷成卷筒,以便送到下一工序——冷轧,进行轧制。从其结构与类型来看,有不同形式的卷取机。$\phi 1\,023\,mm \times 1\,900\,mm$ 倾斜式铝带坯铸轧机列中的卷取如图 2-19 所示。

图 2-19 卷取机组

本卷取机的部件有:直流电机、行星减速箱、齿轮联轴器、卷取减速箱、卷取支撑、运卷小车、推料装置、控制系统等。卷取机采用可控硅装置控制,能自动与铸轧速度同步运转,调整一定的恒张力。卷取既定的圈数后,剪切机将带坯剪断,这时卷取机快速运转,以便尽快卷完尾料,从而有足够的时间卸卷与做好卷取下一卷的准备工作。采用液压胀缩卷筒,实现卷取的胀缩。

在设计中，将液压悬臂卷筒设计为中心通孔，活塞拉杆装于通孔内，拉杆在通孔端部与活塞相连，而活塞杆在其悬臂端与可移动的牙条相连。牙条内面沿轴方向的槽沟滑动，牙条外表面上的斜齿与胀缩扇形板内的上牙条的斜面配合。当使卷筒胀开或缩回的压力油通向活塞缸中时，活塞杆便拉动下牙条运动，在斜面的作用下，扇形板胀开或在返回弹簧的作用下缩回，又确保其内表面与牙条紧贴。在卷筒胀开时，其上的活动钳口处于自动夹紧状态；而当卷筒缩径时，活动钳口又自动张开。为了完成这一动作，有一块扇形板与中心轴固定在一起，并制成虎口钳式样，在虎口处镶嵌着固定钳口板和活动钳口。活动钳口由沿轴向柱塞缸带动。对旋转着的油缸供油是比较困难的。旋转油缸是在固定套上开有环形供油槽，并用适当的油封装置将相对转动的间隙封住。

涿神公司生产的典型的1850铸轧机卷取机技术参数为：最大张力160 kN，卷筒直径 $\phi510(\phi610)$ mm，筒身有效长度1 900 mm，推料行程2 150 mm，小车升降行程1 000 mm，小车行走行程3 500 mm，卷材宽度最大1 710 mm，卷材外径 $\phi2 000$ mm，卷材最大卷重14 500 kg。

# 第3章 铝及铝合金熔炼

## 3.1 概述

熔炼是使金属合金化的一种方法。熔炼是采用加热的方式改变金属物态，使基本金属和合金化组元按照要求的配比熔化成成分均匀的熔体，并使其满足内部纯洁度、熔体温度和其他特定条件的一种工艺过程。熔体的品质对铝材的加工性能和最终使用性能产生决定性的影响，如果熔体品质先天不足，将给制品的使用带来潜在的危险。因此，熔炼又是对加工制品的品质起到支配作用的一道关键工序。

1. 熔炼目的

熔炼的基本目的是：熔炼出化学成分符合要求，并且获得纯洁度高的铝合金熔体，为后续生产创造有利条件。

（1）获得化学成分均匀并且符合要求的合金

合金材料的组织和性能，除了工艺条件的影响外，主要靠化学成分来保证。如果某一成分或杂质超出标准，就要按化学成分废品来处理，造成很大的损失。同时，在合金成分范围内对一些元素含量进行调整，可以调高铝压延产品的力学性能。

（2）获得纯洁度高的合金熔体

不论是冶炼厂供应的金属或还是炉的废料，往往含有杂质、气体、氧化物或其他夹杂物，必须通过熔炼过程，借助物理化学的精炼作用，排除这些杂质、气体、氧化物等，以提高熔体金属的纯洁度。

（3）重熔回收废料使其得到合理使用

回收的废料往往由于各种原因，不同合金被混杂，成分不清，或者被油等杂物污染，或者是碎屑不能直接用于成形和加工零件，必须借助熔炼过程以获得准确的化学成分，然后通过连续铸轧，生产合格铝板。

2. 熔炼特点

铝非常活泼，能与气体中氧发生反应，如：

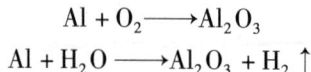

$$Al + O_2 \longrightarrow Al_2O_3$$

$$Al + H_2O \longrightarrow Al_2O_3 + H_2 \uparrow$$

这些反应都是不可逆的，一经反应金属就不能还原，这样就造成金属的损失，而且生成物进入熔体，将会污染金属，造成铝板的内部组织缺陷。

因此在铝合金的熔炼过程中，对工艺设备（如炉型、加热方式等）有严格的选择，对工艺流程也应有严格的选择和控制，如缩短熔炼时间，控制适当的熔化速度，采用熔剂覆盖等。

3. 原材料必须以金属形式加入

原材料必须是以金属材料形式加入的，极个别的组元（如 Be、Zr 等）可以以化工原料形式加入。

4. 铝在熔炼过程中易与其他物质发生反应

由于铝的活性，在熔炼温度下，它与大气中的水分和一系列工艺过程中接触的水分、油、碳氢化合物等，都会发生化学反应，生成氧化物、碳化物等。一方面增加熔体中的含气量，另一方面其生成物可将熔体污染。因此，在熔化过程中必须采用一切措施尽量减少水分，并对工艺设备、工具和原材料等都要严格保持干燥和避免污染，并在不同季节采取不同的保护措施。

5. 任何组元加入后均不能除去

熔化铝合金，任何组元的加入，一般都不能去除。所以对铝合金的加入组元必须格外注意。误加入非合金组元或者加入合金组元过多或过少，都有可能出现化学成分超过规定而不符合要求。

6. 熔化过程易产生冶金缺陷

冶金缺陷在以后加工中难以补救，且直接影响材料的使用性能。冶金缺陷的产生很大部分是在熔化过程中造成的，如含气量高、非金属夹渣、晶粒粗大、金属间化合物的一次晶。适当地控制化学成分和杂质含量以及加入细化剂，对提高熔体品质很重要。

## 3.2　熔炼的基本原理

熔炼的铝合金固体金属在炉内加热熔化所需要的能量，要由熔炼炉的热源供给。由于采用的能源不同，其加热方式也不一样。目前，基本炉型是火焰炉。

### 3.2.1　熔炼基本原理

1. 合金的熔炼

火焰传给被加热物体的热量可分为燃烧气体对流传到受热面的热量和炉壁辐射传给受热面的热量。

金属熔化所需要的理论总热量 $W_{理}$ 可用下式计算

$$W_{理} = \int_{20\,℃}^{T_M} C_P^s \mathrm{d}T + L + \int_{T_M}^{T} C_P^l \mathrm{d}T；$$

式中：$C_P^s$——固体比热/ kJ · (kg · K)$^{-1}$；

$C_P^l$——液体比热/ kJ · (kg · K)$^{-1}$；

$L$——潜热/kJ · kg$^{-1}$；

$T_M$——熔点/℃。

此热量为所需的最小热量，但实际所消耗的能量 $W_{实}$ 要大得多，它们的比值即为热效率 $E$：

$$E = (W_{理}/W_{实}) \times 100\%$$

铝虽然熔点低（660 ℃），但由于熔化潜热（393.56 kJ · kg$^{-1}$）和比热大［固态 1.138 kJ · (kg · ℃)$^{-1}$；液态 1.046 kJ · (kg · ℃)$^{-1}$］，熔化 1kg 所需的热量要比铜的大得多，而铝的黑度（$\varepsilon = 0.2$）仅是铜、铁的 1/4，因此铝及铝合金的火焰炉的热力学设计难度大，很难实现理想的热效率。

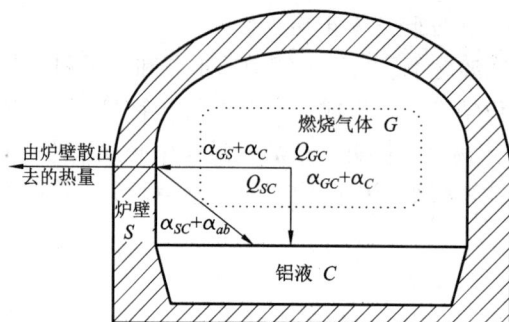

**图 3 - 1   熔炼炉内热交换过程**

图 3 - 1 为火焰炉的热交换过程。火焰给被加热物体的热量($Q$)为

$$Q = Q_{GC} + Q_{SC}$$

式中：$Q_{GC}$——燃烧气体传到受热面的热量/kJ·h$^{-1}$；

$\quad\quad Q_{SC}$——炉壁传给受热面的热量/kJ·h$^{-1}$；

$$Q_{GC} = (\alpha_{GC}\varepsilon_C + \alpha_c)(t_G - t_C);$$

$$Q_{SC} = (\alpha_{SC}\varphi_{SC} + \alpha_{ab}\varepsilon_b)(t_S - t_C);$$

$\quad\quad \alpha_{GC}$——燃烧气体与受热面之间辐射传热系数/kJ·(m$^2$·h·℃)$^{-1}$；

$\quad\quad \alpha_c$——燃烧气体与受热面之间对流传热系数/kJ·(m$^2$·h·℃)$^{-1}$；

$\quad\quad \alpha_{SC}$——炉壁与受热面之间辐射传热系数/kJ·(m$^2$·h·℃)$^{-1}$；

$\quad\quad \alpha_{ab}$——被燃烧气体吸收的炉壁辐射热量的热辐射系数/kJ·(m$^2$·h·℃)$^{-1}$；

$\quad\quad \varphi_{SC}$——炉壁总辐射可用下式计算

$$\frac{1}{\phi_{SC}} = \frac{1}{\varepsilon_C} + \frac{F_C}{F_S}\left(\frac{1}{\varepsilon_S} - 1\right)$$

$\quad\quad F_C$——金属受热面的面积/m$^2$；

$\quad\quad F_S$——炉顶、侧壁的面积/m$^2$；

$\quad\quad \varepsilon_C$、$\varepsilon_S$、$\varepsilon_b$——受热面、炉壁、燃烧气体的黑度。

从以上各式可以看出，火焰传给被加热物体的热量可分为燃烧气体传到受热面的热量和炉壁传给受热面的热量。其受热量的大小主要与炉温和气体流速有关。要提高金属受热量，一方面是要增大$(t_G - t_C)$和$(t_S - t_C)$，即提高炉温，这对炉体和金属熔体都有不利的影响；另一方面，由于铝的黑度很小，提高辐射传热是有限的，因此，只能着眼于增大对流换热系数。对流传热系数与气体流速有以下关系：

当燃烧气体的流速 $v < 5$ m/s 时，

$$\alpha_c = 5.3 + 3.6v$$

当燃烧气体的流速 $v > 5$ m/s 时，

$$\alpha_C = 647 + v^{0.78}$$

由此可见，提高燃烧气体的流速是有效的，以前多采用低速烧嘴(5 ~ 30 m/s)，近来采用了高速烧嘴(100 ~ 300 m/s)，使熔炉的热效率有很大提高。

2. 合金元素的溶解和蒸发

(1)合金元素在铝中的溶解

合金元素添加到熔融铝中的溶解是合金化的重要过程。合金元素的溶解与其性质有密切的关系,受添加金属固态结构结合力的破坏和原子在铝液中的扩散速度控制。合金元素在铝液中的溶解作用可用元素与铝的合金系图来确定,通常与铝形成易熔共晶的元素容易溶解,与铝形成包晶转变的元素不容易溶解。

(2)合金元素的蒸发

蒸发这一物理现象在熔炼过程中始终存在。金属的蒸发(或称挥发)性,主要取决于蒸气压的大小。在相同的熔炼条件下,一般蒸气压高的元素易于挥发。铝合金的添加元素可以分为两类:①蒸气压比铝小的元素:Cu、Cr、Fe、Ni、Ti、Si、V、Zr 等元素,蒸发较慢;②蒸气压比铝大的元素:Mn、Li、Mg、Zn、Na、Cd 等元素,较易蒸发,熔炼过程中损失较大。

### 3.2.2　熔炼过程中的一些物理化学行为

在熔炼铝合金的过程中,若是在大气下的熔炼炉中加热,则随着温度的升高,金属表面与炉气或大气接触,会发生一系列的物理化学作用。根据温度、炉气和金属性质的不同,金属表面可能产生气体的吸附和溶解以及产生氧化物、氢化物、氮化物和碳化物等。

1. 炉内气氛

根据熔炼炉炉型及结构,以及所用燃料或发热方式的不同,炉内气氛中含有各种不同比例的氢气($H_2$)、氧气($O_2$)、水蒸气($H_2O$)、二氧化碳($CO_2$)、一氧化碳($CO$)、氮气($N_2$)、二氧化硫($SO_2$)等,此外还有各种碳氢化合物(主要是以 $CH_4$ 为代表)。表 3 – 1 是几种典型的炉气成分。

表 3 – 1　几种典型炉气成分分析

| 炉　型 | 气体组成(质量分数/%) | | | | | | |
|---|---|---|---|---|---|---|---|
| | $O_2$ | $CO_2$ | $CO$ | $H_2$ | $C_mH_n$ | $SO_2$ | $H_2O$ |
| 燃气反射炉 | 0 ~ 0.40 | 4.1 ~ 10.30 | 0.1 ~ 41.50 | 0 ~ 1.40 | 0 ~ 0.90 | — | 0.25 ~ 0.80 |
| 燃煤反射炉 | 0 ~ 22.40 | 0.30 ~ 13.50 | 0 ~ 7.00 | 0 ~ 2.20 | — | 0 ~ 1.70 | 0 ~ 12.60 |
| 燃油反射炉 | 0 ~ 5.80 | 8.70 ~ 12.80 | 0 ~ 7.20 | 0 ~ 0.20 | — | 0.30 ~ 1.40 | 7.50 ~ 16.40 |
| 坩埚外加热的煤气炉 | 2.90 ~ 4.40 | 10.80 ~ 11.60 | — | — | — | 0.40 ~ 2.10 | 8.00 ~ 13.50 |
| 坩埚上边加热的煤气炉 | 0.20 ~ 3.90 | 7.70 ~ 11.30 | 0.40 ~ 4.40 | — | — | 0.40 ~ 3.00 | 1.80 ~ 12.30 |

2. 金属与炉气的作用

熔炼过程中,金属以熔融或半熔融状态暴露于炉气并与之相互作用的时间长,往往易造成金属大量吸气、氧化和形成其他非金属夹杂。金属与炉气的反应过程大致分为三个阶段:即吸附、扩散和溶解。炉气与铝液反应生成物主要是 $Al_2O_3$ 和 $H_2$。

(1)铝 – 氧反应

铝与氧的亲和力大,易氧化,反应式为:

$$4Al + 3O_2 === 2Al_2O_3$$

在 500~900 ℃范围内，纯铝表面形成一层致密的 $\gamma - Al_2O_3$ 膜。氧化铝膜熔点高，不溶解，密度为 3 470 kg/m³，此膜能阻止铝液的继续氧化。$\gamma - Al_2O_3$ 外表面是疏松的，存在 $\phi(50~100) \times 10^{-10}$ m 的小孔，易吸附水汽。在熔炼温度下其表面的 $\gamma - Al_2O_3$ 膜含有 1%~2% $H_2O$，温度升高，吸附量减少，但在 900 ℃时仍吸附 0.34% 的 $H_2O$。只有温度高于 900 ℃，$\gamma - Al_2O_3$ 完全转变成 $\alpha - Al_2O_3$ 时，才完全脱水。如在熔炼和浇铸时将表面破坏的 $\gamma - Al_2O_3$ 膜搅入铝液中，吸附的水汽与铝液反应造成吸氢。铝液中 $Al_2O_3$ 增加，氢含量也会随之增加。因此在熔炼和铸轧过程中不要轻易破坏氧化铝膜。温度超过 900 ℃时，$\gamma - Al_2O_3$ 开始转变为 $\alpha - Al_2O_3$，密度增大到 3 970 kg/m³，体积收缩约 13%，此时表面氧化膜不再是连续的，氧化反应又将剧烈进行，因此氧化物含量显著增加，严重影响合金性能，所以，大多数铝合金熔炼温度应控制在 750 ℃以下。

加入合金元素对铝合金的氧化膜有一定的影响，在铝中加入 Si、Cu、Zn、Mn、Ni 等，对铝的氧化膜影响较小，合金的氧化膜仍是致密的，阻碍铝液的继续氧化。铝中加入碱土及碱金属时，这类元素均为表面活性物质，又与氧的亲和力较大，富集于表面优先氧化，从而改变了氧化膜的性质。如镁含量大于 1.5% 时，表面膜已全为氧化镁膜组成，多孔疏松，使铝液的氧化无抑制地进行。此时若加入少量 0.03%~0.07% 的铍，可提高氧化膜的致密性。铍亦为表面活性物质，富集表面，且原子体积小，扩散速度大，铍原子可渗入氧化镁膜的松孔中，形成致密氧化铍膜。铝 - 镁合金中加钙、锂也有同样作用。

（2）铝 - 水汽反应

低于 250 ℃时，铝与空气中的水蒸气接触。发生下列反应：

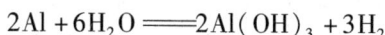

$$2Al + 6H_2O === 2Al(OH)_3 + 3H_2$$

$Al(OH)_3$ 是一种白色粉末，没有防氧化作用，且易吸潮。

在高于 400 ℃的熔炼温度下，铝与水汽发生下列反应：

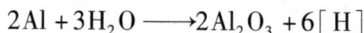

$$2Al + 3H_2O \longrightarrow 2Al_2O_3 + 6[H]$$

生成的游离态的原子[H]，极易溶于铝液中，此反应为铝液吸氢的主要途径，高温下 $Al(OH)_3$ 在炉内也发生分解反应：

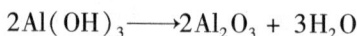

$$2Al(OH)_3 \longrightarrow 2Al_2O_3 + 3H_2O$$

反应产生的 $H_2O$ 气又可与铝反应生成[H]，进入铝液。所以铝锭长期露天存放，是造成熔体含气量多的主要原因。铝液表面如有致密的氧化膜存在，能显著地阻碍铝 - 水汽反应，一旦氧化膜破坏或疏松了，反应仍会剧烈进行。

（3）铝 - 氮气反应

氮是一种惰性气体元素。它在铝中的溶解度很小，几乎不熔于铝。但也有人认为，在较高温度时，氮可能与铝结合成氮化铝，其反应为：

$$2Al + N_2 === 2AlN$$

同时氮还能和合金组元镁形成氮化镁，其反应为：

$$3Mg + N_2 === Mg_3N_2$$

氮还能溶解于铁、锰、铬、锌和钒、钛等金属中，形成氮化物。

氮溶于铝中，与铝及合金元素反应，生成氮化物，形成非金属夹渣，影响金属纯洁度。

有人还认为，氮不但影响金属纯洁度，还能直接影响合金的耐腐蚀性和组织上的稳定性，这是由于氮化物不稳定，遇见水后，马上由固态分解产生气体：

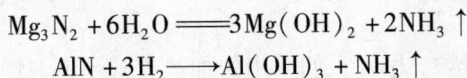

$$Mg_3N_2 + 6H_2O \Longrightarrow 3Mg(OH)_2 + 2NH_3 \uparrow$$

$$AlN + 3H_2 \longrightarrow Al(OH)_3 + NH_3 \uparrow$$

（4）铝－碳氢化合物反应

任何形式的碳氢化合物（$C_mH_n$），在较高的温度下都会分解为碳和氢，其中氢溶解于铝熔体中，而碳则以元素或碳化物形式加入液态铝，并以非金属夹杂物形式存在，其反应式为：

$$4Al + 3C \Longrightarrow Al_4C_3$$

例如，天然气中的 $CH_4$，在熔炼铝的温度下，则发生下列反应：

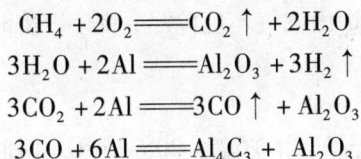

$$CH_4 + 2O_2 \Longrightarrow CO_2 \uparrow + 2H_2O$$

$$3H_2O + 2Al \Longrightarrow Al_2O_3 + 3H_2 \uparrow$$

$$3CO_2 + 2Al \Longrightarrow 3CO \uparrow + Al_2O_3$$

$$3CO + 6Al \Longrightarrow Al_4C_3 + Al_2O_3$$

3. 熔融态铝与炉衬的相互作用

铝在高温下被熔化成熔体后，和炉气接触而产生氧化及吸气等行为，不可避免地要和炉衬相接触而发生作用，其结果是不仅影响炉子的寿命，而且容易使铝熔体受到污染。

金属在高温下与炉衬的作用包括物理作用和化学作用。物理作用是指炉衬在高温下，由于熔体的静压力作用或溶解作用，而被熔蚀破损。化学作用是指金属或金属氧化物与炉衬相互反应。当金属与炉衬内某一元素能形成化合物时，则金属与炉衬间的相互作用在一定高温条件下就可进行，发生溶解或置换反应。例如，当含有 $SiO_2$ 或 $FeO$ 的炉衬熔炼铝合金时，则会发生反应而使合金增硅或增铁：

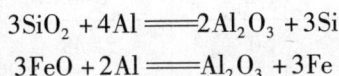

$$3SiO_2 + 4Al \Longrightarrow 2Al_2O_3 + 3Si$$

$$3FeO + 2Al \Longrightarrow Al_2O_3 + 3Fe$$

反应得到的铁和硅，或溶于金属中，或形成金属化合物，因而炉衬被侵蚀，金属被弄脏。熔炼温度越高，这种液固两相间的反应进行得越剧烈。所以炉衬与铝液接触的部分倾向采用高 $Al_2O_3$ 成分的耐火材料。

## 3.3　熔炼工艺流程和操作

根据熔炼的基本原理，结合熔炼设备和连续铸轧生产的特点，熔炼的工艺流程主要体现在成分控制、熔体品质保护及减少烧损等方面。

铝及铝合金一般的工艺流程和操作如图 3 - 2 所示。

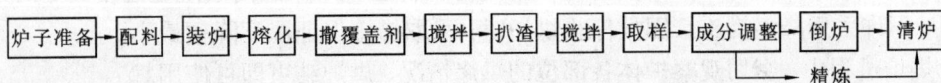

炉子准备 → 配料 → 装炉 → 熔化 → 撒覆盖剂 → 搅拌 → 扒渣 → 搅拌 → 取样 → 成分调整 → 倒炉 → 清炉

成分调整 ← 精炼

图 3 - 2　熔炼工艺流程图

熔炼工艺的基本要求是：尽量缩短熔炼时间，准确地控制化学成分，尽可能减少熔炼烧损，采取最好的精炼办法，以及正确地控制熔炼温度，以获得化学成分符合要求且纯度高的熔体。

**1. 流程各步骤的具体操作**

**（1）炉子准备**

无论是熔炼炉还是静置炉，尽管它们采用的加热方式不同，炉子的准备工作都是非常重要的，它对产品的品质、生产的安全以及炉子的寿命都有很大的影响，因此，对于烘炉、洗炉、清炉等工序都要严格按规程进行。

1）烘炉。炉子在开炉生产前必须要进行烘炉。烘炉的目的，就是使炉体干燥与预热，排除炉体（砖及砌料）与炉床的潮气，并使炉体耐火材料缓缓伸胀，防止加热过快而致使砌体崩裂。对于新修或大修后的炉子，烘炉时必须保证足够的时间，并按一定的制度进行（具体烘炉制度参见工艺规程）。否则，炉内潮气不能除尽，将使熔炼时熔体的含氢量大大增加，造成铸锭严重的气孔与疏松等缺陷。

烘炉前的准备

①新炉烘炉前炉衬应自然养护，养护温度 20~35 ℃、时间 3~6 天。

②炉膛内部和烟道要彻底清扫干净。

③炉子各部分进行全面检查，供风、供气、控制系统运转正常。

④准备好烘炉用燃料及临时加热装置。

烘炉制度见表 3-2（详见本书 3.4 节烘炉制度部分）。

表 3-2　烘炉制度

| 温度/℃ | 升温速度/ ℃·h⁻¹ | 保温温度/ ℃ | 保温时间/h | 温度误差/℃ | 烘烤目的 |
|---|---|---|---|---|---|
| 室温~150 | ≤10 | 150 | ≥48h | ±5 | 排游离水 |
| 150~350 | ≤10 | 50 | ≥48 | ±5 | 排结晶水 |
| 350~600 | ≤10 | 600 | ≥32 | ±10 | 排深层水 |
| 600~1 250 | ≤20 | 1 250 | ≥16 | ±20 | 干透炉衬烧结 |

烘炉注意事项

①烘炉应连续进行，遵循逐步升温、适当保温、内外干燥、防止爆裂的原则。

②烘炉总时间≥200 h，冬季适当延长 20%左右。

③350 ℃以前必须有足够的保温时间，若 350 ℃保温后仍然有大量蒸汽冒出，则减缓升温速度。

④炉温≤400 ℃前，顶盖打开，以利水汽排出。

⑤及时测温，测温点在熔化烧嘴的火口内比较合适。如炉温高于规定温度时，则必须立即保温，不许采用降温措施。因故停止烘炉时，采取措施保证温度降幅最小。

⑥烘炉过程中，密切观察炉体各部位的烘烤情况，烘炉结束即可使用。

熔炉停歇后的烘炉制度

①停炉一个月内，敞开炉门，用烧嘴轻微的火苗干燥 36 h 后，关上炉门逐渐增至常用流量。

②停炉一个月以上，敞开炉门，用烧嘴轻微的火苗干燥 48 h 后，关上炉门逐渐增至常用流量。

2）洗炉。在实际生产中由一种合金改变为生产另一种合金时，往往需要洗炉。洗炉的目的是将残留在熔池内各处的金属和炉渣清除出炉外,以免污染另一种合金,确保产品的化学成分。另外,对新修的炉子,可清出大量的非金属夹杂物。

洗炉原则

①新修、中修或大修后的炉子生产前应进行洗炉。

②长期停歇的炉子,可以根据炉内清洁情况和要熔化的合金制品来决定是否需要洗炉。

③前一炉的合金元素为后一炉的杂质时应该洗炉。

⑤由杂质高的合金转换熔炼纯度高的合金时需要洗炉。

洗炉用料原则

①向高纯度和特殊合金转换时,必须用 100% 的原铝锭。

②新炉开炉,一般合金转换时,可采用原铝锭或纯铝的一级废料。

③中修或长期停炉后,如单纯为清洗炉内脏物,可用纯铝或铝合金的一级废料进行。

④洗炉料用量不少于炉子容量的 40%。

洗炉要求

①装洗炉料前和洗炉后都必须放干,大清炉。

②洗炉温度应控制在 800 ~ 850 ℃,在达到此温度时,应彻底搅动熔体。

③洗炉料应彻底搅拌三次,每次搅拌间隔时间为半小时,并做炉前分析。

3)清炉。清炉就是将炉内残存的结渣彻底清除出炉外,每当金属出炉后,都要进行一次清炉。当合金转换或一般制品连续生产 5 ~ 15 炉时,特殊制品每生产一炉,都要进行大清炉。大清炉时,应均匀向炉内撒一层粉状熔剂,并将炉腔温度升至 800 ℃ 以上,然后用三角形铁铲将炉内各处残存的结渣彻底清除。

清扫烟道

①熔炉大中修后,在清炉前必须清扫烟道除去挥发黏结物。

②熔炉(采用重油为燃烧介质时)连续生产半年后,必须在靠近熔炉竖烟道取样分析硫酸根含量。当竖烟道内温度低于 1 000 ℃ 时,硫酸根含量不允许超过 45% ;当竖烟道内温度高于 1 000 ℃ 以上时,硫酸根含量不允许超过 35%。当硫酸根含量超过规定时,必须彻底清扫烟道渣灰,确保烟道畅通。

(2)炉料选择

炉料的选择是保证产品品质、降低成本的主要方面,因此,炉料的选择应遵循以下原则:

①炉料应保证清洁、干燥、无灰尘、无油污及水分等。

②在保证产品品质和性能的前提下,要根据合金制品的用途及铸轧工艺要求降低重熔用铝锭的用量,适当的多用废料。

③根据产品化学成分及铸轧工艺的要求选用品位适合的重熔用铝锭,同时要注意废料的循环使用造成金属杂质的升高。

④对炉料的选用必须严格注意品质和成本相均衡的原则。

(3)配料计算

配料计算是根据对合金的加工性能和使用性能的要求,控制合金的成分和杂质含量,确定各种炉料品种及配料比,从而计算出每炉的全部炉料量,以便进行炉料的过磅和吊装工作。配料工作对产品品质、工艺过程、成品率以及产品成本都有很大的影响,因而应该十分注意。

配料计算的步骤：

①确定炉料总量。炉料总量由所需生产的铸锭规格、数量及设备容量、炉料熔炼时的烧损率等因素决定。

②计算合金各成分的需要量及杂质含量。

③计算废料用量及废料中所含各元素的数量。

④计算所需的中间合金用量和新金属用量。

⑤校对。

（4）装炉

装入炉的顺序和方法不仅关系到熔炼时间、金属的烧损及热能的消耗，还会影响到金属熔体的品质和炉子的使用寿命。正确的装炉要根据所加入炉料的性质和状态而定，而且还应考虑到最快的熔化速度，最少的烧损以及准确的化学成分控制。装料的原则有：

①装炉料顺序应合理。正确的装料要根据所加入炉料性质与状态而定，而且还应考虑到最快的熔化速度，最少的烧损以及准确的化学成分控制。装料时，先装小块或薄片废料，这样可以减少烧损，同时还保护炉体免受大块炉料的直接冲击而损坏。铝锭和大块料装在中间，最后装中间合金，因为中间合金一般熔点较高，装在上层是由于炉内上部温度高容易熔化，并有充分时间扩散，使中间合金分布均匀，有利于熔体的成分控制。低熔点和易烧损的纯金属待炉料熔化后加入。易烧损的炉料应装在炉底，或加入液态铝中。熔点低易氧化的中间合金装在中下层。所装入的炉料应当在熔池中均匀分布，防止偏重。炉料应尽量一次入炉，二次或多次加料会增加非金属夹杂物及含气量。炉料不与加热元件接触，不妨碍火焰正常流动。装炉时间短，尽可能机械化、自动化。

②对于品质要求高的产品的炉料除上述的装料要求外，在装料前必须向熔池内撒20~30 kg粉状熔剂，在装炉过程中对炉料要分层撒粉状熔剂，这样可提高炉体的纯洁度，也可以减少损耗。

③电炉装料时，应注意炉料最高点距电阻丝的距离不得少于100 mm，否则容易引起短路。

（5）熔化

熔化是炉料从固态转变为液态的过程。这一过程工艺操作的好坏，对产品品质有决定性的影响。

熔化过程中随着炉料温度的升高，特别是当炉料开始熔化后，金属外层表面所覆盖的氧化膜很容易破裂，而失去保护作用。气体在这时很容易侵入，造成内层的进一步氧化。与此同时已熔化的液滴或液流要向炉底流动，当液滴或液流进入底部的液体金属时，其表面的氧化膜就会混入熔体中。为了防止金属的进一步氧化和减少进入熔体中的氧化膜，在炉料软化下塌后，应适当地向金属表面撒一层熔剂粉进行覆盖，这样也可以减少熔化过程中的金属吸气。

熔化操作过程中重点注意以下几点：

①控制熔炼温度。熔炼温度越高，熔化得越快，合金化程度越完全，熔体氧化、吸气的倾向也越大。通常熔炼温度控制在合金液相线温度以上50~100 ℃的范围内。纯铝熔炼温度一般控制在700~750 ℃，合金熔炼温度一般控制在720~760 ℃。

②控制熔炼时间。熔炼时间是指从装炉升温开始到熔体出炉为止，炉料以固态和液态形

式停留于熔炼炉中的总时间。熔炼时间越长,熔炼炉生产效率越低,炉料氧化、吸气程度越严重。精炼后的熔体,在炉中停留的时间越长,熔体重新污染、成分发生变化的可能性越大。

在保证完成工艺操作所必需的时间前提下,应尽量缩短熔炼时间。

火焰炉——每次总熔炼时间不得超过 12 h,液体金属停留时间不得超过 5 h。

电阻熔炼炉——从取样到出炉开始的时间,对于特殊制品和高镁合金不得超过 5 h;其它铝合金不得超过 7 h。

③注意合金化元素加入方式。

④注意熔剂的覆盖。

⑤认真扒渣。

⑥充分搅拌。

(6)覆盖

生产中所用覆盖剂成分为:$KCl$、$NaCl$、$Na_3AlF_6$(冰晶石)等。

生产中对熔剂(覆盖剂)的性能要求有:

①和铝液既不产生化学反应,也不相互溶解。

②熔点应低于铝的熔点,或低于熔炼温度。

③熔剂的密度应明显小于铝液的密度,使熔剂容易上浮。

④有良好的流动性,容易在铝液表面形成连续的覆盖层。

⑤能够吸附或溶解 $Al_2O_3$,有良好的精炼作用。

熔剂覆盖操作过程要注意:

①熔剂使用前要彻底干燥。

②粒度细小均一,覆盖时要均匀。

③覆盖要适时,炉料软化下塌时,炉料化平时,二次装炉前,扒渣后,加镁时,以及熔体表面氧化膜被严重破坏时均应覆盖。

④覆盖剂用量应依炉料状态、炉子类型和熔体表面积来定。在火焰反射炉的情况下,当炉料为纯铝时,覆盖剂的用量约为 2% ,一、二级料为 3% ~5% ,三级料为 8% ~10% ,当炉料全部为碎屑时为 15% ~30% 。

(7)搅拌

铝合金的熔炼工艺中最基本的要求之一是化学成分的均匀性。为达此目的,除配料要求外,搅拌方式对某些熔炼工艺参数是有影响的。国内一些企业在小型熔炼炉熔化铝合金时一般多用人工搅拌,中型以上熔炼炉大多采用机械搅拌,近几年来大型炉也有用电磁搅拌的。运行过程证明,采用电磁搅拌能获得十分明显的效果。

1)国内外常用的几种搅拌方法。采用人工搅拌,多用于容量小的熔铝炉或富有劳动力的情况下,它是一种旧工艺和落后方式。目前一般都采用机械搅拌,也有其他形式的搅拌,如金属泵搅拌、真空装置搅拌、吹入气体搅拌、电磁搅拌以及新开发的全自动熔体喷射搅拌装置搅拌。

2)各种搅拌方法的比较。从各种搅拌方法的比较来看,电磁搅拌效果比较好,熔体温度均匀,搅拌后 3 ~5 min 熔体温度差平均达到 ±10 ℃以内。熔体经电磁搅拌 5 ~10 min 后,合金成分也均匀,实收率高(可提高 0.5% ~1.5%),还大大缩短了熔化时间。

熔化过程中应注意防止熔体过热,特别是炉膛温度较高时,某些区域炉料的温度偏高而容易产生局部过热。为此，当炉料化平后，应适当搅动熔体，以使熔池内各处温度均匀一致，同时也有利于加速熔化。每次搅拌间隔时间 15 min，以加速熔化并防止局部过热。

在取样之前，调整成分之后，都应及时地进行搅拌，其目的在于使合金成分均匀分布和使熔体内温度趋于一致。它看起来似乎是一种极简单的操作，但是在工艺过程中却是一个很重要的工序，它关系到合金成分能否获得准确地控制。

一些密度较大的合金元素容易沉底，且合金元素的加入也不可能绝对均匀，这就造成了熔体上下层之间，炉内各区域之间合金元素分布的不均匀。如果不彻底搅拌，显然容易造成熔体化学成分的不均匀。搅拌应当平稳进行，不应激起太大的波浪，以防止氧化膜卷入熔体中。对特殊合金制品，要求这一操作更加严格。

（8）扒渣

在熔化温度 730 ℃ 以上时进行扒渣，扒渣时要把渣子扒到炉门口处，稍许停留，使金属流回炉内，再将渣子扒出炉外，以减少金属损失。

（9）成分调整

在熔炼过程中，由于各种原因可能会使合金成分发生变化，这种变化可能使熔体的真实成分与配料计算值发生较大的偏差，因而在炉料熔化后，必须取样进行分析，以便根据分析结果确定是否需要调整成分。取样时炉内温度不应低于熔炼温度中限（生产现场规定取样温度 730 ℃ 以上）。为了确定化学成分的均匀性、准确性，对一般较大型的熔炼炉应取两组分析试样。

分析试样的取样部位要有代表性，要求在两个炉门中心部位各取一组试样，取样前试样勺要进行预热。

当快速分析结果和合金成分不相符时，就应调整成分，补料或冲淡。

调整成分是为了保证合金的化学成分在规定的标准之内，避免由于主要的合金成分超出企业内控标准范围而降低合金的工艺性能和制品的最终性能。当然，调整合金组元及杂质的配比，首先应该保证合金的铸轧性能。

1）补料。快速分析结果低于合金要求的化学成分时，就需要补料。为了使补料准确，应按下列原则进行计算：

①先算量少者，后算量多者。

②先算杂质，后算合金元素。

③先算低成分的中间合金，后算高成分的中间合金。

④最后算新金属。

一般可按下式近似地计算出所需补加的料量，然后予以核算。

补料按下式计算：

$$X = (a - b) \cdot Q/d$$

式中：$X$——所需补加的量；

$a$——某成分的要求含量；

$Q$——熔体质量（即投料量）；

$b$——某成分的分析含量；

$d$——补料用中间合金该成分的含量。

例：生产 1235 合金料 10 t，分析结果 Fe：0.27%，需补铁剂多少块？（1235 成分要求 Fe

含量取 0.40%。Fe 剂 0.66 kg/块，含 Fe 量 75%)

则：$X = (0.40\% - 0.27\%) \times 10\,000\text{kg} \div 75\% = 17.33\ \text{kg}$

需铁剂块数：17.33 kg ÷ 0.66 kg/块 = 26 块

也可直接按上式算出铁剂块数。

式中：$X$——所需铁剂块数；

$d$——每块铁剂中纯铁量。

则需铁剂块数：

$X = (0.40\% - 0.27\%) \times 10\,000 \div (0.66 \times 75\%) = 26$ 块

生产中，按补料公式计算量进行补料后，补料结果经常与计算值产生偏差，其原因是：

①生产中，熔炉倒炉后往往有一定的剩料，加之装炉量误差，炉料量多为估算值，估料量不准是主要原因。

②补料用中间合金、金属添加剂成分有一定的公差范围，如：铁剂、锰剂：75 ± 3%；Al - Cu：(20 ± 2) kg。

③补料用中间合金、金属添加剂在炉内有效成分氧化烧损，如铁剂、锰剂实收率在 95% 左右。

④化验室光谱仪分析误差。

⑤熔炼搅拌不均、补料温度不够、静止时间不够、取样不具代表性。

2) 冲淡。快速分析结果高于国家标准的化学成分上限时就需要冲淡。在冲淡时，高于国家标准上限的合金元素应冲至低于国家标准和企业内控标准上限的含量。

冲淡时一般可按下式计算：

$$X = Q(b - a_1) \div (a_1 - a_2)$$

式中：$X$——所需的冲淡量；

$b$——该成分的分析含量；

$a_1$——该成分的内控标准上限要求含量；

$a_2$——所补料中该成分的含量；

$Q$——熔体总量。

调整成分时应注意的事项：

①试样有无代表性。试样无代表性是因为，某些元素密度较大，溶解扩散速度慢，或易于偏析分层。故取样前应充分搅拌，以均匀其成分。由于反射炉熔池表面温度高，炉底温度低，没有对流传热作用，取样前要多次搅拌，每次搅拌时间不得少于 5 min。

②取样部位和操作方法要合理。由于反射炉熔池大而深，尽管取样前进行多次搅拌，熔池内各部位的成分仍然有一定的偏差，因此，试样应在熔池中部最深部位的二分之一处取出。

取样前应将试样模充分加热干燥，取样时操作方法正确，使试样符合要求，否则试样有气孔、夹渣或不符合要求，都会给快速分析带来一定的误差。

③取样时温度要适当。某些密度大的元素，它的溶解扩散速度随着温度的升高而加快。如果取样前熔体温度较低，虽然经过多次搅拌，其溶解扩散速度仍然很慢，此时取出的试样仍然无代表性，因此取样前应控制熔体温度适当高些。

④补料和冲淡时一般都用中间合金，熔点较高和较难熔化的新金属料，应予避免。

⑤补料量和冲淡量在保证合金元素要求的前提下应越少越好。且冲淡时应考虑熔炼炉的容量和是否便于冲淡的有关操作。

⑥如果在冲淡量较大的情况下，还应补入其他合金元素，应使这些合金元素的含量不低于相应的标准或要求。

例：生产 1235 合金料 10 t，分析成分 Fe：0.47%，需补多少纯铝？

$X = 10\,000 \text{ kg} \times (0.47\% - 0.45\%) \div (0.45\% - 0.15\%) = 667 \text{ kg}$

3）合金转组。在生产过程中经常出现合金改变的现象，称为合金转组。具体注意事项为：

①转组前熔炉炉料必须放干。

②倒炉前切取上一熔次板卷。

③倒炉后在过滤流槽取样分析成分，合格后方可卷取成品。

（10）出炉

当熔体经过精炼处理（视工艺要求而定），并扒出表面浮渣后，待温度合适时，即可将金属熔体输注到静置炉，称为出炉。

操作中，注意熔炼温度≤780 ℃。

1）熔体准备。出炉前，用精炼管通入氩气，分别在两个炉门精炼。精炼时，使精炼管在炉底缓慢移动，沿整个熔池处处精炼到，在熔炼炉精炼时间≥20 min。每次立板前静置炉必须精炼且精练时间≥15 min。

2）出炉温度控制。出炉前要搅拌好熔体，并准确测量熔体温度，热电偶应放在熔体深度的中下部进行测量，当熔体温度达到 720 ~ 770 ℃时，才可以出炉。

3）出炉后要及时清理流口、流槽。

（11）清炉

清炉就是将炉内残存的结渣彻底清出炉外。每当金属出炉后，都要进行一次清炉，以保证炉子的原始容量。当合金转换，普通制品连续生产 5 ~ 15 炉，特殊制品每生产一炉，一般就要进行大清炉。大清炉时，应先均匀向炉内撒入一层粉状熔剂，并将炉膛温度升至 800 ℃以上，然后用三角铲将炉内、炉底、炉墙和炉角等处残存的结渣彻底清除。

（12）精炼

工业生产的铝合金绝大多数在熔炼炉不再设气体精炼过程，而主要靠静置炉精炼和在线熔体净化处理。有的铝加工厂仍还设有熔炼炉精炼，其目的是提高熔体的纯净度。这些精炼方法可分为两类：即气体精炼法和熔剂精炼法（具体内容见铝熔体净化处理）

## 3.4 熔铝炉准备及材料（燃料）选择

在工业生产中，利用燃料燃烧产生的热量，或者将电能转化成热量对工件或物料进行加热的设备，称为工业炉。工业炉的分类和结构，见表3－3、表3－4。熔铝炉属于工业炉的一种，常见的有火焰炉、电阻炉和感应电炉。

表 3-3 工业炉的分类

| 分 类 依 据 | 主 要 类 型 |
|---|---|
| 按用途分 | 加热炉、熔炼炉、熔化炉、热处理炉、干燥炉、焙烧炉等。熔铝炉属于熔化炉的一种 |
| 按热源分 | 燃料炉、自热炉、电炉。熔铝炉绝大多数属于燃料炉,有些厂家采用电炉 |
| 按加热方式分 | 火焰炉、电阻炉、感应电炉、电弧炉、矿热炉等。熔铝采用火焰炉、电阻炉和感应电炉 |
| 按结构特点分 | 回转炉、反射炉、多膛炉、步进式炉、罩式炉、马弗炉等 |
| 按水平断面形状分 | 圆形炉、矩形炉 |

表 3-4 一般工业炉热工系统结构

| 名 称 | 主要组成部分 | 说 明 |
|---|---|---|
| 炉窑本体 | 炉体基础 | 混凝土结构 |
| | 炉膛与耐火砌体 | 耐火砖砌体与捣筑料(含隔热保温层) |
| | 作业孔口与炉门 | 炉门、排烟孔、测温测压孔、进出料口等 |
| | 炉壳与外围加固构件 | 钢结构焊接件 |
| | 运转机械 | |
| 热工辅助设施 | 燃料供热系统或电热系统 | 燃烧装置、变压变频、电热元件 |
| | 供风排烟系统 | 热风装置、鼓引风机 |
| | 加排料系统 | |
| | 炉体冷却系统 | 水冷或汽冷装置 |
| | 余热利用系统 | 换热器、蓄热室、余热锅炉系统 |
| | 监控系统 | 检测仪表与控制系统 |

熔铝炉常见炉型见图 3 - 3 至图 3 - 5。

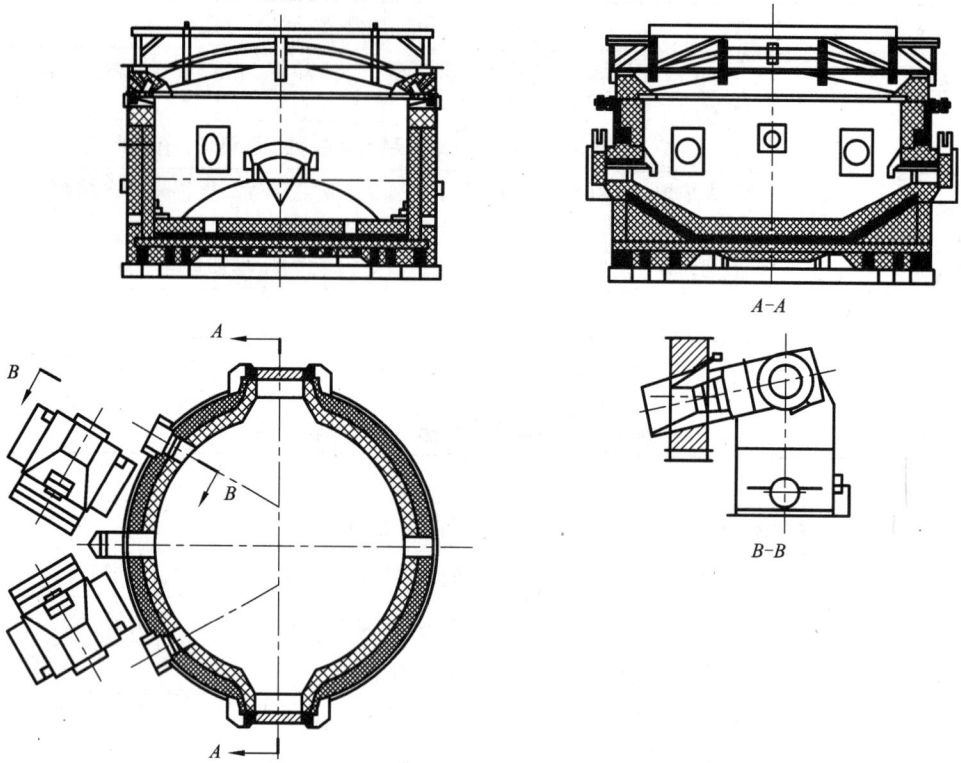

图 3 - 3　15t 蓄热式圆形熔铝炉

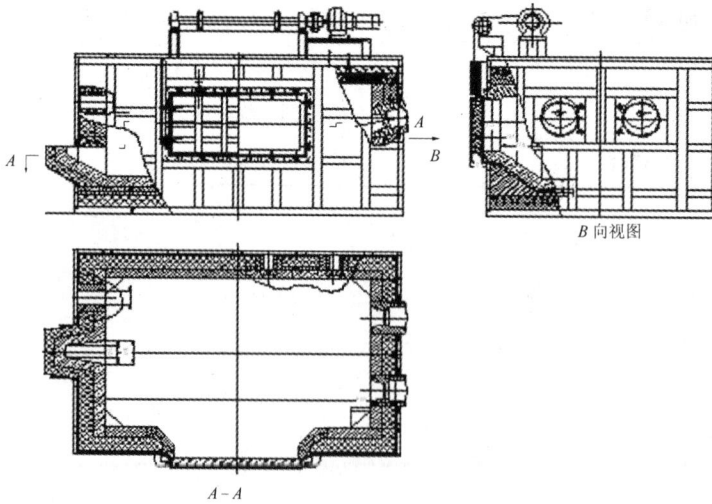

图 3 - 4　25t 蓄热式矩形熔铝炉

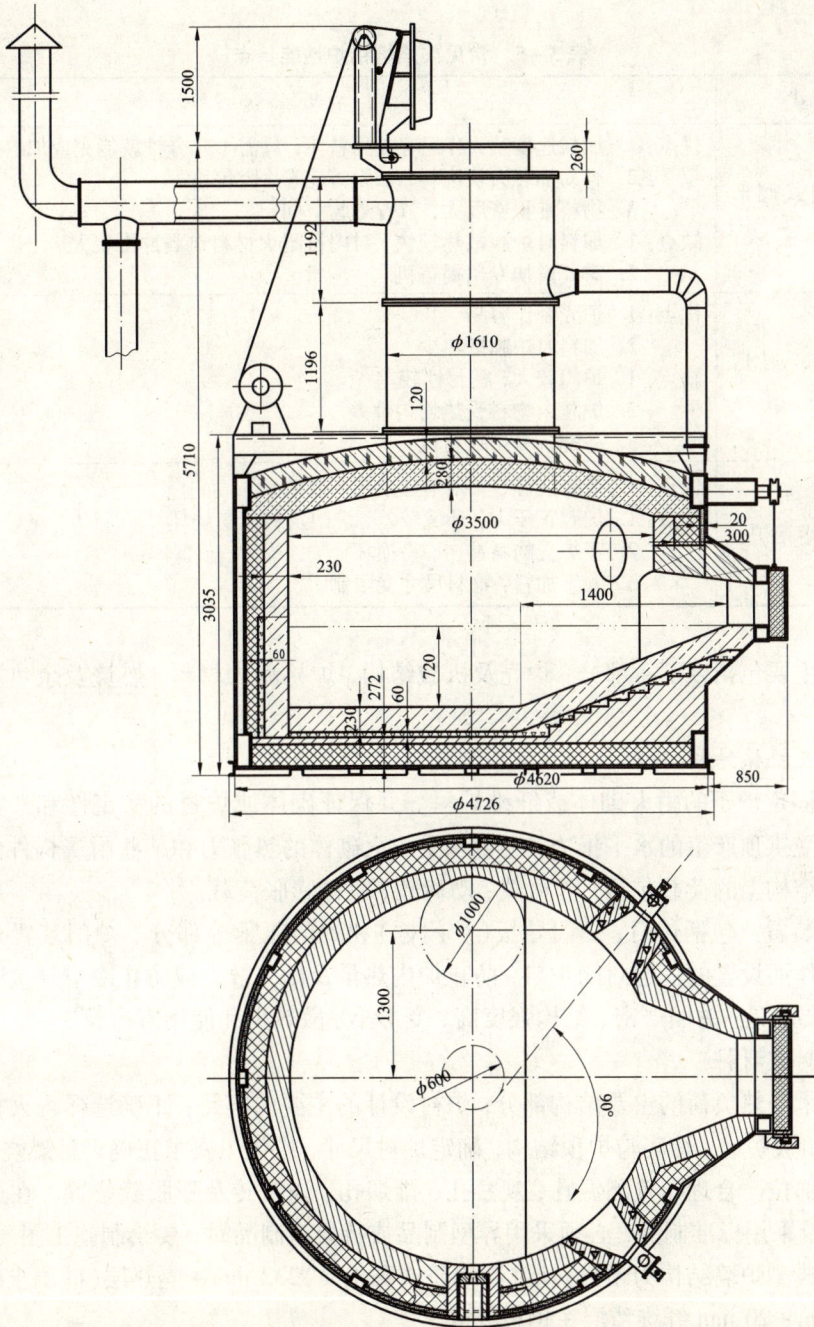

图 3-5　12t 竖炉型快速熔铝炉(尺寸单位:mm)

火焰熔铝炉性能特点见表3-5。

表3-5 常见火焰熔铝炉性能特点

| 结构形式 | 主 要 特 点 |
| --- | --- |
| 顶加料开启式圆形熔铝炉 | 优点：1. 加料速度快，若配有专用料斗，只需十几分钟就能完成加料过程<br>2. 容易加装大块废料，如废铸轧卷，废包块<br>3. 物料堆积密度大，节省炉膛空间<br>缺点：1. 加料时炉膛散热较快，对内衬耐火材料热震冲击较大<br>2. 需要增加专用揭盖机 |
| 炉门加料矩形熔铝炉 | 优点：1. 炉壳制作容易<br>2. 加料时炉膛散热少<br>缺点：1. 炉门较大，密封性较差<br>2. 炉膛内物料受热均匀性差<br>3. 需配备专用加料机 |
| 竖炉形快速熔铝炉 | 优点：1. 节省能源，无须单独余热回收装置<br>缺点：1. 炉膛正压大，环境较差，炉门及料口易烧坏<br>2. 竖炉受物料冲击，易损坏<br>3. 人工加料，物料尺寸受限制 |

熔铝炉主要包括以下4部分：炉壳及机械结构，炉衬耐火材料，燃烧及余热回收系统和控制系统。

1. 炉壳及机械结构

1) 用以固定炉子的耐火砌体或纤维炉衬。并保证砌体或炉衬的稳定性和严密性。炉体钢结构可承受拱顶产生的水平推力，还可承受耐火砌体的热胀力和某些附属构件的质量。作用在炉体钢结构上的荷载包括：静荷载、动荷载、砌体膨胀荷载。

2) 炉门装置。包括炉门、炉门导板（炉门框）和炉门压紧等部分。炉门装置是为加装物料和炉内操作而设置的。起封闭炉口，防止炉内热量及烟气散失或防止冷空气被吸入炉内的作用，基本要求是：关闭严密、结构强度高、变形小、散热少和使用寿命长。

2. 炉衬耐火材料

炉衬是承受热负荷的主要结构部分，炉衬设计的主要内容是：正确选择耐火材料与隔热材料，正确组成炉墙、炉底与炉顶结构，确定炉衬尺寸，按热工要求正确设计燃烧室、排烟道及炉衬其他部位。合理布置测温孔、观察孔、排烟孔、烧嘴砖及膨胀缝位置。在进行炉衬设计时，应尽量采用标准制品，必须采用异型制品或特异型制品时，要绘制施工图。

熔铝炉典型炉墙结构为耐火砖层（高铝质或黏土质）232 mm + 隔热层（硅藻土砖或轻质黏土砖）300 mm + 20 mm 纤维毡层 + 钢板外壳。

熔铝炉典型炉底结构为：高铝砖232 mm + 80 mm 防渗（浇注料）层 + 黏土砖136 mm + 保温层272 mm。

(1) 耐火材料

熔铝炉炉衬一般由耐火层和隔热层组成，分别用耐火材料和隔热材料砌筑。

1) 耐火材料分类。①按耐火度分：耐火度1 580~1 750 ℃时为普通耐火制品。耐火度1 750~2 000 ℃时为高级耐火制品耐火度2 000~3 000 ℃时为特级耐火制品。

②按重量、尺寸、形状分：有标准型、普通型、异型和特异型制品。

③按烧制方法分：有不烧砖、烧制砖和熔铸砖。

④按耐火基体矿物组成分：有高铝砖和黏土质耐火砖。高铝砖的 $Al_2O_3$ 含量大于或等于 48%。按 $Al_2O_3$ 含量分为 48%、55%、65%、75% 和 80% 共五级。此外还有刚玉砖。在熔铝炉中，熔池和炉底部分耐火砖一般采用高铝砖。黏土质耐火砖 $SiO_2$ 含量小于 65%，$Al_2O_3$ 含量在 28%~42% 之间，一般在熔铝炉的炉墙及烟道等部位采用。

2）隔热材料。隔热材料主要包括隔热砖和耐火纤维制品。

隔热砖主要包括：黏土质轻质砖、高铝质轻质砖和硅藻土砖。

耐火纤维制品包括：硅酸铝耐火纤维制品和岩棉制品等。硅酸铝纤维主要成分是 $Al_2O_3$ 和 $SiO_2$，耐火纤维制品具有质轻、耐高温、热容量小、隔热性好、抗热震性能好、质地柔软、可加工性好等优点。用于工业炉窑的炉衬及隔热保温节能效果显著。其缺点是强度低，易受机械碰撞、气流冲刷及物料摩擦作用而损坏。当与熔渣、熔液直接接触时易受熔液侵蚀而丧失隔热能力。

其他还有硅钙板和珍珠岩等。

3）不定形耐火材料。不定形耐火材料是由一定级配的耐火骨料和粉料与一种或多种结合剂混合而成，而无须预先成形、烧成，即可在现场按规定的形状和尺寸构筑成所需要的砌体。不定形耐火材料既有起耐火层又有起隔热层作用的。主要包括：耐火浇注料、耐火可塑料、耐火喷涂料和耐火捣打料等。耐火浇注料便于复杂制品成形，有利于筑炉施工机械化，成本低、降低了劳动强度，整体性好，耐崩裂性好，使用寿命与相应的耐火砖相似，有的比耐火砖还长，因此在工业炉窑上被越来越广泛地应用。

（2）炉衬材料的选择

铝合金熔炼炉常用的耐火材料有普通黏土砖、高铝砖和铬镁砖三种。高铝砖主要用于砌筑与铝熔体相接触的熔池内壁，并作为支撑电热体材料的炉梁砌体。这种砖具有耐火度高、机械强度大、抗渣性好等优点，但价格稍贵。普通黏土砖主要用于不与金属熔体直接接触的部位及炉膛内衬。这种砖具有耐急冷急热性好、导热性小、体积稳定性好、价格低廉等优点。但抗渣性较差、$SiO_2$ 含量较高、与铝液接触时易被还原而污染熔体，且易为铝熔体渗透而结块，增加维修困难，故一般不作为熔炼炉和静置炉熔池的表层材料。国外一些工厂采用铬镁砖作为熔池内衬材料，这种砖密度大，能防止铝熔体渗透，抗碱性渣和抗熔体侵蚀的能力强，不污染铝熔体，耐火度高，耐急冷急热性也较好，但价格较贵。

此外，铝合金熔炼炉常用的炉衬材料还有烧结镁砂和硅藻土质隔热砖。镁砂主要用作熔池液线以下炉墙夹层部位的填充铺底材料，防止铝液渗漏。镁砂干燥程度对铝熔体含气量影响较大，使用前应进行干燥处理（650 ℃，2 h）。硅藻土质隔热砖主要用于炉子的隔热保温层。这种砖具有体积密度小、导热系数小、保温性能较好等优点，但耐压强度较低，工作温度不能太高。

铝合金熔炼炉常用的耐火胶泥是牌号为 NF-34 的黏土质细粒耐火泥。这种耐火胶泥的化学成分与黏土砖相近，而且具有良好的黏结性和较高的耐火强度，抗渣性也较好。

（3）烘炉制度制定的原则

新投产或长时间停产的炉子，使用前必须进行烘炉，按一定升温曲线缓慢加热炉膛各部砌筑衬体，使其所含水分逐渐析出，直至加热到使用温度，从而完全干燥炉体。烘炉过程中严防违反烘炉规程，否则易导致因升温速度过快而使砌体开裂、剥落，影响其使用寿命。

烘炉时间的长短和升温速度是烘炉制度的两个基本工艺参数。这两个参数依炉子结构、耐火砖的种类、炉子砌筑方法和对熔体的品质要求而定。

1) 一般原则。①结构复杂的炉子,烘炉时间宜长,升温速度宜慢。②在烘炉温度范围内,对有相转变并伴随体积急剧变化的耐火砖,在相转变的温度区间,升温速度宜慢,保温时间宜长;对于含有结晶水的耐火砖,在结晶水析出的温度范围内,升温速度宜慢,保温时间宜长。③干砌的炉子,升温速度可快一些,温砌的炉子及自然干燥时间不充分的炉子,应延长低温烘炉时间,并降低低温阶段的升温速度。④用于生产高品质熔体的炉子,其烘炉保温时间宜长一些。

2) 烘炉步骤。①烘炉前必须对烟道系统和各种管道进行清扫,将堵塞杂物清除干净。②根据炉子具体情况制订出烘炉操作规程、烘炉升温曲线和记录表格。③配备烘炉人员,学习烘炉要求和操作规程。④准备烘炉用燃料和烘炉燃烧设备。烘炉时最好使用天然气或煤气,气体燃料具有火焰柔和、温度易于控制、炉温均匀和安装方便的优点。当不具备燃气条件时可用木柴代替,当炉温升至600 ℃以后,即可换用炉子正常生产时使用的燃烧装置继续烘烤。⑤按烘烤烟囱所制订的升温曲线先烘烟囱,使其具有一定温度,从而在烟道中形成负压,具有抽力。⑥按烘炉升温曲线烘烤炉衬砌体,做到缓慢加热,逐渐干燥,保证炉衬砌体不开裂不剥落。

3) 烘炉曲线的确定。①烘炉时间。烘炉所需时间主要根据炉衬砌体的种类、性质、厚度、砌筑方法和施工时所处季节而定。耐火浇注料所需烘烤时间要比耐火砖砌体长;湿法砌筑的砌体所需时间要比干法砌筑的砌体长;热稳定性差的耐火砌体所需时间要比热稳定性好的砌体长;厚度大的砌体所需时间要比厚度小的砌体长;冬季施工的砌体所需时间要比夏季施工的砌体长。

②烘炉升温速度。烘炉升温速度主要取决于炉衬膨胀所产生的应力大小。一般用黏土砖、高铝砖砌筑的可按30～50 ℃/h 的速度升温;用耐火浇注料整体捣打的炉体可按10～20 ℃/h 的速度升温。低温时要慢,高温时可按上限速度升温。

③保温温度及时间。烘炉保温温度和保温时间取决于砌体内游离水和结晶水的排出和 $SiO_2$ 转变时引起体积膨胀的临界温度点。这些温度点是:100 ℃左右、117～163 ℃、180～270 ℃、573 ℃左右、870～1 000 ℃,根据水分含量的多少,在这些温度点上应保温10～20 h。

例如25t 熔铝炉烘炉制度如表3-6所示:

表 3-6 烘炉制度

| 序号 | 温度/℃ | 时间/h | 升温速度/(℃·h⁻¹) | 调温时间 | 记录人 |
|---|---|---|---|---|---|
| 1 | 100 | 24 | | | |
| 2 | 100～250 | 32 | 15 | | |
| 3 | 250～350 | 40 | 20 | | |
| 4 | 350～450 | 16 | 20 | | |
| 5 | 450～550 | 40 | 25 | | |

**续表 3 - 6**

| 序号 | 温度/℃ | 时间/h | 升温速度/(℃·h⁻¹) | 调温时间 | 记录人 |
|---|---|---|---|---|---|
| 6 | 550 ~ 650 | 32 | 25 | | |
| 7 | 650 ~ 750 | 16 | 25 | | |
| 8 | 750 ~ 900 | 16 | 30 | | |
| 9 | 900 ~ 1000 | 8 | 40 | | |
| 10 | 合计 | 224 | | | |

### 3. 燃烧及余热回收系统

该系统主要包括：供风系统、排烟系统、燃烧装置、余热利用系统和燃料供给系统。

（1）供风系统

该系统包括：通风机、风管道、控制阀门等。

风管路在设计时，应采用流程最短、转弯、收缩、扩大、分流、节点最少的方案。空气管路可以铺设在地面以上或地下，应尽可能放于地上。使用预热器的炉子应考虑设置旁通管道，并在空气分配管末端最高点装设带有阀门的放散管。

选用离心通风机时，要充分考虑管路局部阻力与摩擦阻力，使达到燃烧器的风压与风量满足设计要求。风机的额定风量应为最大燃烧负荷理论量的1.2 ~ 1.3倍。在吸风口装有调节挡板，根据需要调节风量。风机最好采用变频器控制，实现风量调节自动化。

（2）排烟系统

该系统主要包括：烟道、烟囱、烟闸和引风机。

利用烟囱或机械装置（引风机、喷射器）将炉内烟气排出炉外的系统称为排烟系统。保证火焰炉排烟通畅是炉子正常运行的先决条件，排烟不畅通时，炉膛压力升高，从炉膛四周不严密处会逸出大量烟气，而增加炉子的热损失，影响到炉内气流的均匀分布，降低了炉温的均匀性且恶化操作环境。

1）烟道。由炉子排烟道出口到烟囱进口的一段排烟通道称为烟道。烟道内衬用耐火砖砌筑，外层用红砖砌筑，烟道底部与基础接触面衬以轻质隔热砖，以便降低基础表面温度，隔热砖要用混凝土基础与周围土壤隔开，防止吸水。烟道的结构强度应能承受烟气的温度作用和地面的载荷。在烟道每隔一段距离要留有检查口，便于检修和清灰。

2）烟囱。排烟方式分自然排烟与机械排烟两类，当排烟阻力小于 500 ~ 600 Pa 时，一般采用自然排烟方式。烟囱分为砖、钢筋混凝土、钢烟囱三种。

①自然排烟的特点：烟囱具有一定高度，有利于烟气自身温度所产生的几何压力（浮力）达到自然排烟的目的不消耗动力，操作管理简便。烟囱高度可大大减少烟气中有害气体和烟尘向地面扩散。但烟囱一次性投资较高。

②当排烟阻力较大时，采用自然排烟方式难以克服排烟阻力，此时应采用机械排烟。分为引风机排烟和喷射排烟两类。引风机排烟受排烟温度限制，一般引风机排烟温度不高于250 ℃，除非采用特种高温风机或将烟气内混入冷空气来降低烟气温度。蓄热式燃烧系统排烟温度一般低于150 ℃，故可采用引风机。喷射排烟不受排烟温度的限制，应用方便但效率低，一般自身预热烧嘴采用喷射排烟方式。

3）烟闸。烟闸是炉子烟道内设置烟道闸门，用以调节炉内压力，对控制炉子热工制度，提高燃料利用率及产品品质等方面有重要作用。分铸铁烟闸、水冷烟闸和耐火材料烟闸三种。安装烟闸时，要掌握好活动间隙，如果间隙太小容易因闸板变形和受热膨胀，发生卡堵现象。如果间隙太小，通过烟闸吸入的冷空气量就大。一般相当于吸入炉内烟气量的20% ~ 30%。

（3）燃烧装置它是以燃料为热源的工业炉用以实现燃料燃烧过程的装置。

根据加热要求，各种燃烧装置应满足以下基本要求：①在规定的热负荷条件下保证燃料的完全燃烧。②具有一定的调节比，燃烧过程要稳定，能向炉内连续供热。③火焰的方向、外形、刚性和铺展性符合炉型及加热工艺的要求。④结构简单，使用维修方便，能保证安全和满足环保要求。

根据燃料的不同，燃烧装置的结构也各不相同。分为气体、液体和固体燃料燃烧装置。

1）气体燃烧器分类见表3-7。

表3-7　气体燃烧器分类

| 按燃烧方法分 | 有焰烧嘴、无焰烧嘴 |
|---|---|
| 按火焰形状分 | 平焰、直焰、扁焰、短火焰、长火焰烧嘴 |
| 按火焰气氛分 | 氧化焰、还原焰、中性焰、低氧化氮烧嘴 |
| 按供风混合方式分 | 高压喷射式、预混式、内混或外混式、低压涡流式、高速或亚高速式烧嘴 |

2）燃油需要经过雾化后再燃烧，因此除具有一般燃烧装置的基本性能外，还应具有良好的雾化能力，以保证燃料的完全燃烧。燃油燃烧器按油的雾化方式分类，见表3-8。

表3-8　油的雾化分类方式

| 气体介质雾化油嘴 | 高压介质<br>（蒸汽或压缩空气） | GW-1型高压油嘴、带扩压管的内混式高压油嘴、多喷孔内混式高压油嘴、JBP型燃油平焰烧嘴 |
|---|---|---|
| | 低压空气雾化 | K型低压油嘴 |
| | | R型低压比例调节油嘴 |
| | | RK型低压油嘴 |
| | | DBR型全热风机械比例调节油嘴 |
| 机械雾化油嘴 | 转杯式油嘴 | 利用燃料油在高速旋转中所产生的离心力使油得到第一次雾化，油粒脱离杯口时与反向旋转的一次风相遇而得到第二次雾化并形成具有一定外形的雾化矩 |

3）固体燃烧装置主要指粉煤燃烧器。尽管粉煤是固体燃料，由于粒度很细，在一定程度上具有液体和气体燃料的燃烧特点。

煤粉要求具有下列特性：①制备煤粉的煤其挥发要求不低于20%，挥发分低时煤粉燃烧困难；②要求灰熔点高于炉温 150 ~ 200 ℃。③水分应控制在 2% ~ 3% 以下，水分过大时易堵塞管道；④煤粉粒度越细，燃烧速度越快，但制备煤粉时，动力消耗大。

煤粉烧嘴分为普通煤粉烧嘴、MFP 型可调旋流煤粉烧嘴、两焰煤粉烧嘴、煤粉平焰烧嘴、水煤浆烧嘴。

4. 控制系统

火焰炉常用的热工过程自动控制系统可按下列方法分类。

(1)按被控制的热工参数分类

1)温度控制系统，如炉膛温度控制、空气预热器热风出口温度控制、燃料油温度控制等。

2)压力控制系统，如炉膛压力、燃料与空气的压力控制等。

3)流量控制系统，如燃料流量、空气流量的控制。

4)物位控制系统，如汽包水位控制、油罐液面控制、冲天炉料位控制等。

(2)按给定值信号的特点分类

1)定值控制系统：被调量保持在工艺规定的某一数值上，如炉温、炉压、油压、液面等热工参数的控制，是目前用得最多的一种基本调节系统。

2)随动控制系统：被控量的给定值决定于某些外来因素，如燃料流量控制等。

3)比率控制系统：指被控量与某个其他量保持一定比率关系而变化的控制方法，如燃烧过程中燃烧用空气量随燃料量的变化而成比例变化的控制系统。

4)程序控制系统：被控量的给定值是预定的时间函数，如烘炉时的炉温控制、热处理炉的升(降)温控制等。

5)最优控制：使被控制量始终保持在最佳的数值上。

(3)按系统的结构分类

1)由各类仪表组成的系统，又分单回路调节系统与多回路调节系统。

2)计算机控制系统，按调节对象跟计算机控制装置的结合形式，分为离线计算机控制系统和实时计算机控制系统。

燃料炉一般需要检测和控制的项目如下表 3 - 9 所示。

表 3 - 9　检测和控制的项目

| 热工参数 | 检测点显示 | 仪表安装 | 自动控制要求 | 调节量与调节机构 |
| --- | --- | --- | --- | --- |
| 炉温 | 一点或多点，炉内合理分布测温点 | 现场指示，仪表柜指示或记录 | 燃煤炉一般不自控，要求高的燃气炉、燃油炉可自控，大炉子分区控温 | 调节燃料流量 |
| 燃料流量 | 被控区段的燃料总管上安装孔板或其他流量计 | 现场指示或累计，仪表柜指示或记录、累计 | 同炉温 | 被控区段燃料总管上的调节阀 |
| 空气流量 | 被控区段的空气总管上安装孔板或其他流量计 | 现场一般不显示，仪表柜上可指示 | 要求控制空燃比时，随燃料量的变化调节空气量 | 被控区段空气总管上的调节阀 |

**续表 3 – 9**

| 热工参数 | 检测点显示 | 仪表安装 | 自动控制要求 | 调节量与调节机构 |
|---|---|---|---|---|
| 炉膛压力 | 测压点一般布置在炉膛前部的炉顶,也可在炉侧墙布置监测点 | 现场指示,仪表柜指示 | 要求高的炉子可自控 | 调烟道闸板开度或引风机频率 |
| 燃料压力 | 炉前总管和烧嘴前 | 现场指示,仪表柜指示 | 燃料流量要求调节时,一般要求自动控制燃料压力 | 调炉前燃料总管上的调压阀 |
| 空气压力 | 炉前总管和烧嘴前 | 现场指示仪表柜指示 | 空气流量要求调节时,一般要求自动控制空气压力 | 调总管上的调节阀 |
| 预热器入口烟气温度 | 靠近预热器的烟道顶部 | 现场指示 | 用掺入冷风法控制预热器入口烟温 | 调节冷风掺入量 |
| 预热器出口热风温度 | 预热器出口的热风管道上 | 现场指示 | 用热风放散法控制预热器出口风温 | 调节热风放散管上的调节阀 |
| 炉气成分 | 炉膛顶部或侧部离烧嘴稍远的地方 | 临时检测现场化验,参与控制可在仪表柜上显示或记录 | 可作为修正量参与空燃比调节 | 空气流量调节的修正量 |
| 烟气成分 | 烟道中取样(尽量避免冷风吸入的影响) | | | |

**5. 燃料选择**

火焰炉所用燃料来源广泛,价格较便宜,便于因地制宜地建造不同结构和不同用途的炉子,在妥善操作和科学管理的条件下,有利于降低生产费用。但火焰炉难于实现精确控制,易造成环境污染,热效率也较低。电炉的最大特点是炉温均匀,便于实现自动控制,加热品质好。电阻炉一般没有烟尘和噪声危害,但限于我国供电量不足和电费较贵而不能广泛采用,但受工艺条件限制,许多加热工艺必须采用电加热。

(1)燃料种类

1)固体燃料:主要为煤,包括粉煤和焦炭。由于燃烧产生的灰渣会污染金属,所以在铝熔化炉中没有直接采用,只有回收废铝生产重熔锭时方可采用。

2)液体燃料:主要为柴油或重油(渣油),有些地区使用复合油。由于价格限制,直接采用柴油的厂家很少。使用重油和渣油时必须对油进行加热和过滤,使油具有符合要求的低黏度和较好的洁净度,才能在燃烧时达到良好雾化效果,使之完全燃烧,达到减少环境污染和节能目的。但含杂质的渣油容易堵塞管路和烧嘴,造成维修工作量加大。

3)气体燃料:主要有发生炉煤气、天然气和液化石油气。天然气是一种清洁燃料,随着国家天然气管网的建设,许多大型企业都开始使用天然气。气体燃料燃烧完全且易于控制,容易实现空气、燃料自动比例调节,还可以对燃料和空气进行高温预热,从而能提高燃烧效能和有效地节约燃料。使用气体燃料可以实现辐射加热、高速气流均匀加热、冲击加热、辐射管加热和少无氧化加热等各种加热工艺要求,是工业炉理想的燃料。

(2)几种常用液体燃料的组成和使用性能

重油:重油从广义来说,是原油加工后各种残渣油的总称。根据原油加工方法的不同,又可把重油分为直馏重油和裂化重油两大类。

直馏重油：即原油经直接分馏后所剩下的渣油。其中常压渣油可以作为炉用燃料使用，减压渣油因含沥青质较多，黏度太大，常需配一部分柴油进行稀释后方可使用。

裂化重油：即原油经过裂解处理后剩下的渣油，它除了含有更多的不饱和烃以外，还含有大量的游离碳素，因此，很不容易燃烧，不能直接作为燃料油使用，还必须加进一部分轻质油品进行调质，以提高其燃烧性能。

1) 重油使用性能有。①黏度：黏度是表示流体质点之间摩擦力大小的一个物理指标。黏度的大小对重油的输送和雾化都有很大影响，所以对重油的黏度应当有一定的要求并保持稳定。重油的黏度随着温度的升高而显著降低。我国通常用恩氏黏度来表示黏度，它是用恩格拉黏度计测出来的。

$$E_t = \frac{t℃时200\ mL\ 油的流出时间}{20\ ℃时200\ mL\ 水的流出时间}$$

式中：$E_t$——$t$ ℃时油的恩氏黏度。

②重油牌号就是按照该种重油在 50 ℃时的恩氏黏度来确定的。例如：20 号重油在 50 ℃时的恩氏黏度为 20。我国商品重油可分为 $20^\#$、$60^\#$、$100^\#$ 和 $200^\#$ 四种牌号。

③发热值：由于重油的主要成分是碳氢化合物且杂质很少，重油的发热量很大，其低发热值为 $Q_{低} = (4.0 \sim 4.2) \times 10^4\ kJ \cdot kg^{-1}$。重油发热值可以根据元素成分用门捷列夫公式计算或者用氧弹量热计直接测定。

密度：在常温条件下(20 ℃)各种重油密度大致范围是 $\rho_{20} = (0.92 \sim 0.98) t/m^3$。随着温度上升，重油的密度略有减小。

其他性能包括：闪点、燃点、着火点、含硫量、残炭、掺混性等。

2) 使用时注意事项。重油中的水分是在运输和储存过程中混进去的。重油含水多时，不仅降低重油的发热值和燃烧温度，而且还容易由于水分的汽化影响供油设备的正常进行，甚至影响火焰的稳定。因此，水分太多时应设法除掉，目前一般都是在储油罐中用自然沉淀的办法使油水分离加以排除。

提高油温降低黏度，虽然有利于重油的输送和雾化，但加热温度也不能太高，否则会由于水分的蒸发和油的气化而产生大量泡沫，造成油罐溢油事故，并引起油压和火焰的波动，严重时会影响油泵的正常运行(气阻)，甚至由于重油焦化而造成输油管道的堵塞。

(3) 常用气体燃料

1) 天然气是一种高热值的优质气体燃料。主要成分甲烷占 90% 以上，天然气分石油伴生天然气和纯粹气田产生的干天然气两种。发热值一般在 33 490 ~ 38 456 kJ/m³ 之间，天然气密度约为 0.7 ~ 0.8 kg/m³，着火温度约为 600 ℃。天然气除可进行长距离管道输送外，还可以进行加压处理，使之在常温下变为液体贮于高压气罐中，称为液化天然气，临界压力为 46.27 kg/cm²。

2) 焦炉煤气是炼焦生产的副产品，1 t 煤在炼焦过程中可以产生 300 ~ 350 m³ 的焦炉煤气。主要成分是 $H_2$ 占 55% ~ 60%，$CH_4$ 占 24% ~ 28%，CO 占 6% ~ 8%，$N_2$ 和 $CO_2$ 占 8% ~ 16%，低发热值一般在 15 000 ~ 17 000 kJ/m³ 范围内。焦炉煤气含有较多的碳氢化合物，具有易燃、易爆性，爆炸极限下限是 4.2%，上限是 37.5%，标准状况下密度 $\rho = 0.45 \sim 0.55$ kg/m³。

3)发生炉煤气:是将固体燃料(煤)在煤气发生炉中进行气化而得到的人造气体燃料。固体燃料气化是一个热化学过程,即在一定温度条件下,借助于某种气化剂的化学作用将固体燃料的可燃质转化为可燃气体的过程。低发热值一般为 5 000 ~ 11 300 kJ/m³。热发生炉煤气可以充分利用煤气本身的物理热,煤气出口温度 500 ~ 600 ℃,出口压力 350 ~ 500 Pa。燃烧后的火焰辐射能力较强,但煤气含尘物多,因易堵塞管道而使煤气输送距离受到限制。只适于在投资费用受到限制,且对燃烧过程及炉温控制要求不高的炉子上使用。

4)液化石油气:主要成分是丙烷($C_3H_4$)、丙烯($C_3H_6$)、丁烷($C_4H_{10}$)、丁烯($C_4H_8$)。密度一般为 2 ~ 2.5 kg/m³,平均密度 2.12 kg/m³,蒸发潜热 418.7 kJ·kg$^{-1}$,低发热值为 91 MJ/m³ 以上;理论空气消耗量 $L_0 = 27.4$ m³/kg。液化石油气的燃烧速度较低,不易发生回火。

6. 蓄热式燃烧系统

蓄热式燃烧系统是 20 世纪 90 年代开始在我国迅速发展起来的一种节能燃烧形式。具有余热回收率高,控制要求比较高的特点,现在普及面比较广泛。

蓄热式燃烧器(RCB)是 20 世纪 80 年代从英国开始兴起的高效燃烧装置,在美国和日本得到很快推广和发展。我国在 90 年代也开始引进并消化吸收该技术,主要应用在钢铁加热、铝锭重熔等方面。

(1)蓄热体的发展

蓄热式换热陶瓷烧嘴是在烟道蓄热室的基础上衍化而来的,早在 1858 年 Willam Siemens 就发明了用于玻璃窑的老式蓄式热室。蓄热室通常用耐火砖砌成格栅形(见图 3 - 6),烟道与蓄热室成对使用,交替运行。图 3 - 7 所示为蓄热室工作的情况:左侧处于蓄热状态(起排烟和蓄热作用),一段时间后(约 20 min),换向轮顺时针转动 90°,左侧开始工作(起风管和放热作用),此时右侧处于蓄热状态。就这样往复运动,烟气中的热能就会被带回炉内,从而起到节能作用。但这种蓄热室体积庞大,占地面积大,投资多。排烟温度仍很高,若要进一步提高热效率,投资费用增加很大。受此限制,无法进一步推广应用于中小型工业炉上,此技术直到 RCB 的发明才有了突飞猛进的发展。

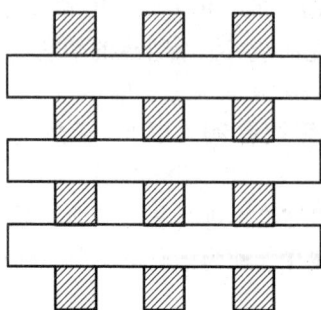

图 3 - 6 水平式蓄热体砌筑形式

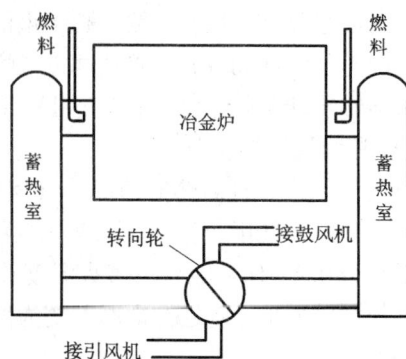

图 3 - 7 老式蓄热室燃烧示意图

陶瓷球蓄热燃烧器于 1982 年 9 月在英国 Hot Work Development 公司和英国燃气公司不列颠 Midland Station 联合完成了 RCB 在玻璃炉上的开发工作。不久,也在美国、加拿大和日本迅速发展起来。氧化铝陶瓷小球具有耐高温、高比表面积、传热速度快的特点，使蓄热室体积大大减小，换向时间不断缩短。从几分钟减少至十几秒，甚至更短。陶瓷球蓄热体可以处理有灰尘和腐蚀性的气体，具有自身反吹清洁功能，更换清洗也较方便，所以应用面很广。近几年又研制出比表面积更大的蜂窝状陶瓷蓄热片，具有更高的热效率。但只适用于处理无灰尘不易堵塞的烟气。25 t 蓄热式熔铝炉工作原理图见图 3-8。

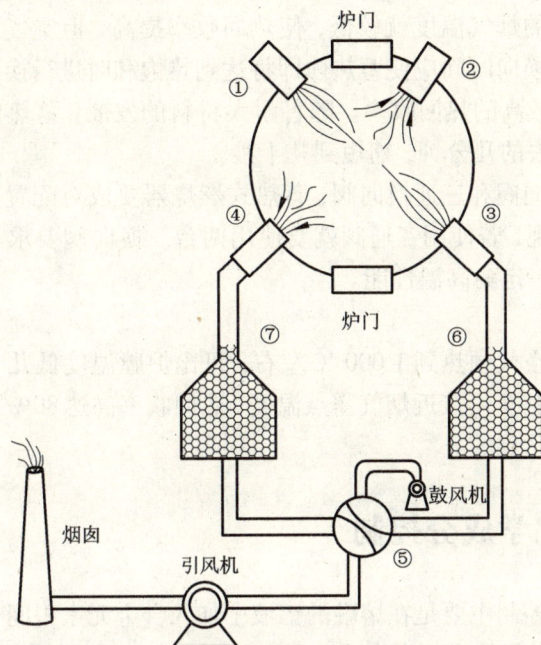

**图 3-8　熔铝炉工作原理图**
①~④—是燃烧器；⑤—四通换向阀；⑥⑦—蓄热室

当①③燃烧器处于工作状态时，空气通过四通换向阀进入蓄热室⑥和另一蓄热室吸热后，在燃烧器内与液化气混合燃烧。烟气从炉内进入②④燃烧器，接着进入蓄热室⑦和另一蓄热室，烟气将蓄热球加热。此时供②④燃烧器的液化气快速切断阀处于关闭状态。烟气经换热后温度降至 150 ℃以下，经引风机排到烟囱中放散。经过 1.5 min 至 2 min（可以根据情况设定），四通阀转动 90°，同时液化气快速切断阀动作，原来开的关闭，闭的打开。气流将逆向运动，与上一状态进行相反过程。就这样交替运行，完成整个熔化过程。该系统还具有超温强制换向功能，当引风机前烟温超过设定值时，不到换向时间也能强制换向，防止把引风机烧坏。另外，还有火焰监测系统，当火焰熄灭时，液化气阀迅速关闭，并声光报警。

（2）蓄热体

对蓄热体材质的要求是：密度大，热导率和比热容要高，耐高温性能好，耐热冲击性能好，耐压强度高和价格经济等性能。主要分蓄热球和蜂窝蓄热体两种形式。常用材质分高铝质、碳化硅质、刚玉质和莫来石质。蜂窝蓄热体较蓄热球具有更大的比表面积，在相同蓄热条件下，蓄热室的体积更小，蓄热能力更强，换向时间更短。蓄热球具有可重复利用，费用较低的优势。蓄热球直径在 $\phi18 \sim \phi20$ mm 之间。蜂窝蓄热体外形尺寸一般为 100 mm ×

100 mm×100 mm 的正方体,壁厚 1 mm,孔径大小约 3 mm,分正六边形、正方形或圆形。

(3)换向时间和换向装置的确定

蓄热室的热工工况是蓄热和释热在交替进行的,换向时间的选择则与炉温高低及蓄热体的透热厚度有关。换向时间较长时,对透热厚度不大的蓄热体在蓄热期内将很快达到热饱和,因而离开预热器的烟气温度将提高,使热回收率降低,还影响换向阀及引风机的寿命,但空气预热温度波动小,对稳定炉温有利。对透热厚度大的蓄热体,在蓄热期内不易达到热饱和,因而离开预热器的烟气温度就较低,使热回收率提高,但空气预热温度波动较大,对炉温的稳定不利。最佳换向时间应使蓄热体即将达到热饱和时进行换向,此时既可使预热温度波动较小,又能获得较高的热回收率。随着耐火材料的发展,蓄热体壁厚明显减薄,故换向时间越来越短,从过去的几分钟,缩短到几十秒。

换向装置分四通换向阀和三通换向阀,蓄热式燃烧器要成对配置,一对燃烧器若使用四通阀,只用一台就可实现,若使用三通阀就要使用两台。换向阀要求具有密封性好、运行寿命长的特点,同时要求一定耐高温性能。

(4)节能效果

蓄热式燃烧器可将空气预热到 1 000 ℃左右,只比炉膛温度低几十度,排出的烟气温度可降低至 200 ℃以下,甚至可接近烟气露点温度,热回收率高达 80% 左右。这是换热器或其他余热回收方式不可能达到的。

## 3.5 铝合金化学成分控制

铝合金化学成分的控制主要是在熔融的铝液中加入合金元素中间合金或金属添加剂,根据化学成分要求,添加定量的中间合金或金属添加剂,达到成分控制的目的。

当需配制合金时,将计算好的有关合金元素以纯金属、中间合金或添加剂投入熔体中。由于添加剂块的密度大于铝液的,它将迅速沉到炉底。添加剂中的助熔剂与铝中的氧化物发生造渣反应,渣在 $AlF_3$ 或 $AlCl_3$ 的作用下浮至液面,助熔剂的反应使添加剂团块迅速散开,纯金属粉末在铝熔体中迅速溶解和扩散,形成新的相组成,达到合金化的目的。

### 3.5.1 铝中间合金

铝中间合金主要是用来调整铝合金成分的一种传统产品,它是将一些熔点较高的金属元素,先配成合金,然后以这种合金(叫中间合金)为原料,添加到合金中去,中间合金市场有供应,这种中间体的熔化温度显著降低,从而使一些熔解温度较高的金属元素能够在较低的温度下加入到铝液当中,以调整熔体的元素含量。

中间合金牌号、成分和特性见表 3 - 10。

表 3 – 10　铝中间合金锭化学成分表（YS/T 282—2000）（1）[①]

| 序号 | 牌号 | 合金元素化学成分/% | | | | | | | | | | | |
|---|---|---|---|---|---|---|---|---|---|---|---|---|---|
| | | Cu | Si | Mn | Ti | Ni | Cr | B | Zr | Sb | Fe | Be | Al |
| 1 | AlCu50 | 48.0~52.0 | — | — | — | — | — | — | — | — | — | — | 余量 |
| 2 | AlSi24 | — | 22.0~26.0 | — | — | — | — | — | — | — | — | — | 余量 |
| 3 | AlSi20 | — | 18.0~21.0 | — | — | — | — | — | — | — | — | — | 余量 |
| 4 | AlSi12 | — | 11.5~13.0 | — | — | — | — | — | — | — | — | — | 余量 |
| 5 | AlMn10 | — | — | 9.0~11.0 | — | — | — | — | — | — | — | — | 余量 |
| 6 | AlTi4 | — | — | — | 3.0~5.0 | — | — | — | — | — | — | — | 余量 |
| 7 | AlTi5 | — | — | — | 4.5~6.0 | — | — | — | — | — | — | — | 余量 |
| 8 | AlNi10 | — | — | — | — | 9.0~11.0 | — | — | — | — | — | — | 余量 |
| 9 | AlCr2 | — | — | — | — | — | 2.0~3.0 | — | — | — | — | — | 余量 |
| 10 | AlB3 | — | — | — | — | — | — | 2.5~3.5 | — | — | — | — | 余量 |
| 11 | AlB1 | — | — | — | — | — | — | 0.5~1.5 | — | — | — | — | 余量 |
| 12 | AlZr4 | — | — | — | — | — | — | — | 3.0~5.0 | — | — | — | 余量 |
| 13 | AlSb4 | — | — | — | — | — | — | — | — | 3.0~5.0 | — | — | 余量 |
| 14 | AlFe20 | — | — | — | — | — | — | — | — | — | 18.0~22.0 | — | 余量 |
| 15 | AlTi5B1 | — | — | — | 4.5~6.0 | — | — | 0.9~1.2 | — | — | — | — | 余量 |
| 16 | AlBe3 | — | — | — | — | — | — | — | — | — | — | 2.0~4.0 | 余量 |
| 17 | AlSr5 | — | Sr4.0~6.0 | — | — | — | — | — | — | — | — | — | 余量 |
| 18 | AlSr10 | — | Sr9.0~11.0 | — | — | — | — | — | — | — | — | — | 余量 |

注：①因化学成分内容多，排版有困难，故分成表（1）和（2），请读者注意。

表 3−10　铝中间合金锭杂质成分表(YS/T 282—2000)(2)

| 序号 | 牌号 | 杂质化学成分/%，不大于 | | | | | | | | | | | | 物理性能 | |
|---|---|---|---|---|---|---|---|---|---|---|---|---|---|---|---|
| | | Cu | Si | Mn | Ti | Ni | Cr | Zr | Fe | Zn | Mg | Pb | Sn | 熔化温度/℃ | 特性 |
| 1 | AlCu50 | — | 0.40 | 0.35 | 0.10 | 0.20 | 0.10 | 0.45 | 0.45 | 0.30 | 0.20 | 0.10 | 0.10 | 570~600 | 脆 |
| 2 | AlSi24 | 0.20 | — | 0.35 | 0.1 | 0.20 | 0.10 | — | 0.45 | 0.2 | 0.40 | 0.10 | 0.10 | 700~800 | 脆 |
| 3 | AlSi20 | 0.20 | — | 0.35 | 0.1 | 0.20 | 0.10 | — | 0.45 | 0.2 | 0.40 | 0.10 | 0.10 | 640~700 | 脆 |
| 4 | AlSi12 | 0.03 | — | 0.10 | 0.10 | — | — | — | 0.35 | 0.08 | — | — | Ca 0.1 | 560~620 | 脆 |
| 5 | AlMn10 | 0.20 | 0.40 | — | 0.1 | 0.20 | 0.10 | — | 0.45 | 0.2 | 0.50 | 0.10 | 0.10 | 770~830 | 韧 |
| 6 | AlTi4 | — | 0.2 | — | — | — | — | — | 0.3 | 0.1 | — | — | — | 1020~1070 | 易偏析 |
| 7 | AlTi5 | 0.15 | 0.50 | 0.35 | — | 0.10 | 0.10 | V 0.25 | 0.45 | 0.15 | 0.50 | 0.10 | 0.10 | 1050~1100 | 易偏析 |
| 8 | AlNi10 | — | 0.2 | 0.1 | — | — | — | — | 0.5 | — | — | 0.1 | — | 680~730 | 韧 |
| 9 | AlCr2 | — | 0.2 | — | — | — | — | — | 0.5 | 0.1 | — | — | — | 900~1000 | 易偏析 |
| 10 | AlB3 | 0.1 | 0.2 | — | — | — | — | — | 0.4 | 0.1 | — | — | — | 800 | 韧 |
| 11 | AlB1 | 0.1 | 0.2 | — | — | — | — | — | 0.3 | 0.1 | — | — | — | 800 | 韧 |
| 12 | AlZr4 | — | 0.2 | — | — | — | — | — | 0.3 | 0.1 | — | 0.1 | — | 800~850 | 易偏析 |
| 13 | AlSb4 | — | 0.2 | — | — | — | — | — | 0.3 | — | — | — | — | 660 | 易偏析 |
| 14 | AlFe20 | 0.1 | 0.2 | 0.3 | — | — | — | — | — | 0.1 | — | — | — | 1020 | 脆 |
| 15 | AlTi5B1 | 0.02 | 0.20 | 0.02 | — | 0.04 | 0.02 | 0.02 | 0.30 | 0.03 | 0.02 | — | — | 800 | 易偏析 |
| 16 | AlBe3 | — | 0.2 | — | — | — | — | — | 0.25 | 0.1 | — | — | — | 820 | 韧 |
| 17 | AlSr5 | 0.01 | — | — | — | — | — | — | 0.2 | 0.05 | 0.05 | — | Ca 0.05 | 680~750 | 韧 |
| 18 | AlSr10 | 0.1 | — | — | — | — | — | — | 0.2 | 0.1 | 0.1 | — | 0.1 | 780~850 | 韧 |

### 3.5.2 金属添加剂

金属添加剂性能稳定、可靠、使用方便，加入熔池后会产生微焰和微量烟气，正确控制加入温度静置时间搅拌程序是提高回收率的关键，储存时注意防潮，受潮后金属添加剂会氧化、粉化。

金属添加剂具体加入方法，待炉料全部熔化至一定温度时，扒除浮渣，将所需的金属添加剂按配料量均匀投入熔池中，静置 10 ~ 20 min，然后搅拌 5 min，取样分析，成分合格后，转入下道工序，如需要几种添加剂，可同时加入。

## 3.6 铝合金废料复化

### 3.6.1 感应电炉

感应电炉是利用高频、中频或工频电流，在被加热的导体中产生感应电流，使导体加热的设备。它主要用于钢、铸铁和有色金属的熔炼。按其结构形式可分为无芯感应电炉和有芯感应炉。按电流频率的不同，又可分为高频感应电炉(200 000 ~ 300 000 Hz)、中频感应电炉(1 000 ~ 2 500 Hz)和工频感应电炉(50 Hz)。

感应电炉主要由炉体、炉架、辅助装置、冷却系统、电源及其控制系统等部分组成。炉体由炉壳、感应器、炉衬(坩埚)磁轭及紧固装置等组成。被熔化的金属置于坩埚之中，坩埚外围绕着一层隔热和绝缘层，在绝缘层外面紧紧贴放着感应器，感应器采用紫铜管绕制，由水冷工作线圈和水冷管组成，水冷管起到均衡炉衬侧壁温度，提高炉衬使用寿命的作用。在感应器的外侧圆周上均匀地分布着条形磁轭，用硅钢片叠制而成，用以约束发散的磁力线，并且能起到顶紧线圈的作用，磁轭与感应器紧贴在一起，但彼此绝缘。炉壳由钢板制成，它与感应器之间留有一定间隙，起着保护感应器不受机械损伤和防尘作用，其上开有必要的窗孔供检查用。炉体安置在能转动的炉架上，可在任意角度停留，极限倾转角度为95°，如图3－9所示。

1. 感应电炉选型

(1)工频感应炉

工频感应电炉是以工业频率的电流(50 或 60Hz)作为电源的感应电炉。工频感应电炉已发展成一种用途比较广泛的冶炼设备，还可作为保温炉使用。工频感应电炉具有不污染环境、节约能源和改善了劳动条件等许多优点。因此，近年来工频感应电炉得到迅速发展。

工频感应电炉全套设备包括四大部分。

1)炉体部分。冶炼铸铁的用工频感应电炉炉体部分由感应炉(两台，一台用于冶炼，另一台备用)、炉盖、炉架、倾炉油缸、炉盖移动启闭装置等组成。

2)电气部分。电气部分由电源变压器、主接触器、平衡电抗器、平衡电容器、补偿电容器和电气控制台等组成。

3)水冷系统。冷却水系统包括电容器冷却、感应器冷却和软电缆冷却等。冷却用水系统是由水泵和循环水池或冷却塔以及管道阀门等组成。

4)液压系统。液压系统包括油箱、油泵、油泵电机、液压系统管道与阀门和液压操作

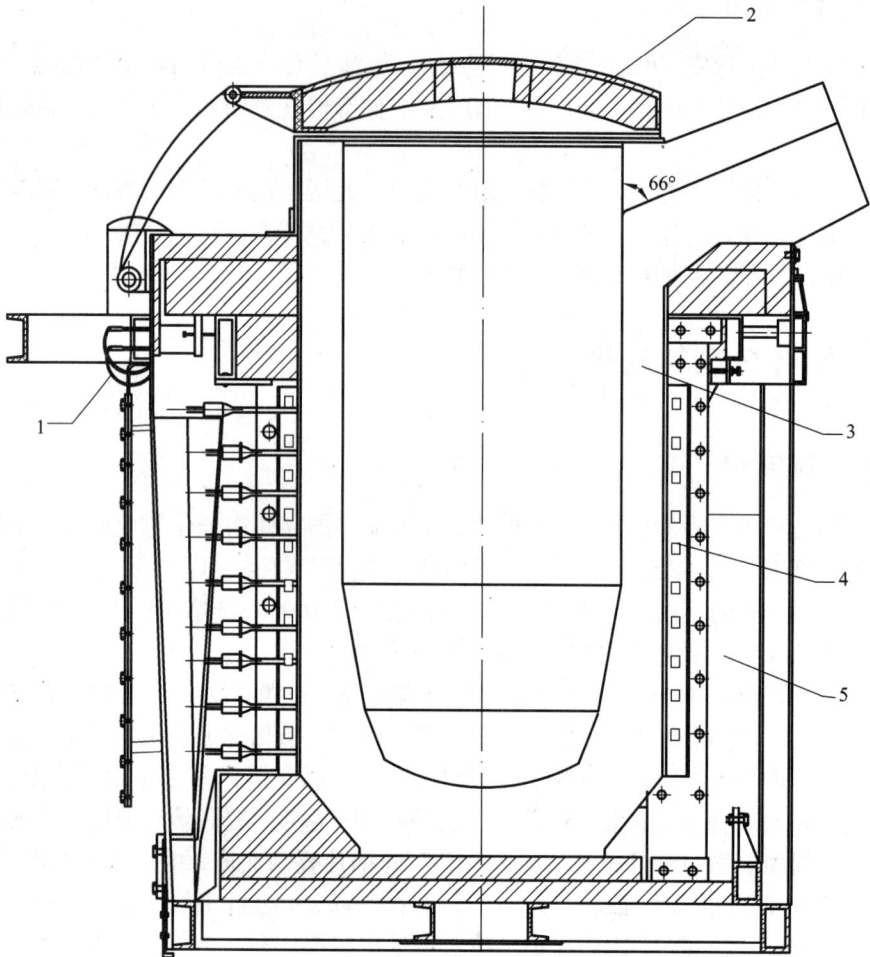

图 3 – 9  感应电炉示意图

1—冷却水管；2—炉盖；3—坩埚或捣打料；4—感应线圈；5—支架

台等。

（2）中频感应电炉

中频感应电炉所用电源频率在 150～10 000 Hz 范围内的感应电炉称为中频感应电炉，其主要频率在 150～2 500 Hz 范围。国产中频感应炉电源频率为 150、1 000 和 2 500 Hz 三种。

中频感应炉是一种适用于冶炼优质合金的特冶设备，和工频感应电炉相比具有以下优点：

①熔化速度快，生产效率高。中频感应电炉的功率密度大，每吨钢液的功率配置比工频感应电炉大 20%～30%。因此，在相同条件下中频感应电炉的熔化速度快，生产效率高。

②适应性强，使用灵活。中频感应电炉每炉合金可以全部出净，更换合金品种方便；而工频感应电炉每炉合金不允许出净，必须保留一部分合金供下炉启动，因此更换合金不方便，只适用于熔炼单一品种。

③电磁搅拌效果较好。由于电磁力是与电源频率的平方根成反比，因此中频电源的搅拌

力比工频电源小。对于均匀化学成分、均匀温度来说，中频电源的搅拌效果比较好。工频电源过大的搅冲力使合金对炉衬的冲刷力增大，不仅降低精炼效果而且会降低坩埚寿命。

④启动操作方便。由于中频电流的集肤效应远大于工频电流，因此中频感应电炉在启动时，对炉料没有特殊要求，装料后即可迅速加热升温；而工频感应电炉则要求有专门制作的开炉料块或熔体合金才能启动加热，而且升温速度很慢。在周期作业的条件下大多使用中频感应电炉。启动方便带来的另一个优点是，在周期作业时可以节约电力。

中频感应电炉的成套设备包括：电源及电气控制部分、炉体部分、传动装置及水冷系统。

1）炉子准备及烘炉。新炉和大中修后的炉子必须按要求验收。新炉及大修后的中频炉，要严格按图 3 - 10 进行烘炉，特殊情况按筑炉单位提供的烘烤制度烘炉。中频炉停歇后的烘炉制度如图 3 - 11。所有烘炉必须放废辊套。

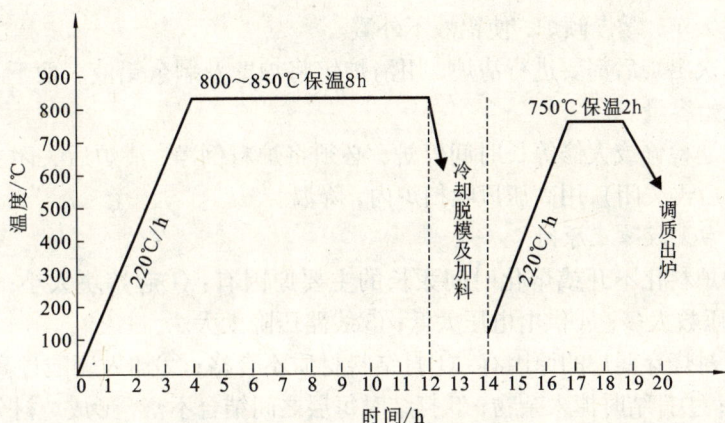

图 3 - 10　中频炉烘炉曲线 1

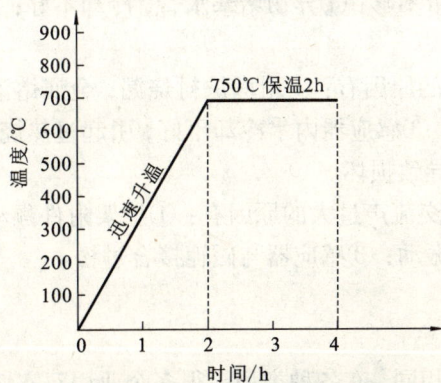

图 3 - 11　中频炉烘炉曲线 2

2）装炉。

①新修、大修后的炉子，第一炉先装铝锭，空隙越少越好；

②炉料要保持清洁，干燥，无杂物；

③装炉按生产卡片进行，不得随意更改；

④熔化前检查循环水是否正常；

⑤每次装炉前，炉内要有足够的剩余铝液；

⑥每次装炉，最下方的金属要浸在铝液中。

3）熔化。

①装完炉料后，将炉盖盖好；

②缓慢转动功率旋钮，使不大于 0.7 mm；

③熔化过程中注意观察仪表，发现异常立即将功率调至零位；

④在达到一定容量且熔化温度达到 730 ℃以上时，进行捞渣、取样。

4）出炉。

①温度控制：合金≤780 ℃，纯铝≤770 ℃；

②出炉前保证熔体洁净，没有浮渣；

③出炉前检查液压系统是否正常；

5）正确指挥天车，缓慢倾炉，使铝液不外溅。

6）清炉。每次出炉后都要进行清炉，用清炉铲将炉壁及剩余铝液表面下方的挂渣清净，以保证炉子的原始容量。

7）停炉。如遇检修或大修等长时间停炉，必须将炉料倒净，清炉后关闭主回路（循环水待炉内温度冷却后再关闭），用高压风吹扫炉内，降温。

**2. 感应电炉常见故障及原因**

1）感应电炉炉料化不开或熔化时间太长的主要原因有：①起熔块太小；②坩埚炉衬太厚；③感应线圈匝数太多；④供电电压太低；⑤线路压降太大。

2）坩埚或炉衬烧穿漏炉的原因有：①打结料材质不合格；②加入硼酸过高；③打结料不均，有偏析现象；④打结时掉入杂物；⑤打结时每层之间结合不密，形成炉衬分层，产生横向裂纹；⑥熔炼温度或烘炉温度过高。

3）感应器烧漏的原因有：①熔炼过程中突然停水；②炉衬变薄或局部凹蚀烧漏；③管径小或阀门没有开大，水的流量不够；④异物堵塞水管，冷却不好；⑤感应器内水垢过厚，影响冷却效果。

4）感应电炉绝缘层损坏的原因有：①坩埚炉衬烧漏，金属熔液烫坏绝缘层；②坩埚炉衬局部凹陷严重，灼坏绝缘层；③感应器内水冷却不好，引起过热烧坏；④拆除坩埚炉衬时，用力过猛，将钢钎触及绝缘层导致损坏。

5）感应电炉工作时产生交流声过大的原因有：①炉架附件颤动引起；②感应器或磁轭装配不紧，或通电后产生机械振动；③感应器与磁轭接合过松。

### 3.6.2 废铝回收炉

燃料熔炼炉与合金入炉相同，有各种类型。很多企业用双室熔炼炉。

双室熔炼炉炉膛被悬挂的隔墙分隔为加热室和熔化室。加热室烧嘴火焰对熔化的铝液加热，而排出的高温烟气经炉顶设置的预热器降温后进入熔化室。冷料经熔化室炉顶设置的竖炉加入（上料机构加料）。隔墙处炉底下方设置一台永磁式搅拌器，经永磁搅拌器的旋转作用力带动炉内铝液的旋转，从而使熔化室内加入的铝料不断地冲熔，从而达到降低烧损与能耗的目的。双室熔炼炉主要由炉体、燃烧系统、永磁搅拌器、上料机构和控制系统等组成。

双室熔炼炉的优点如下。

(1)铝废料的预热、干燥和熔化均不是在火焰的直接猛烈的燃烧之下进行的，而是通过炉内循环流动的铝液对铝料进行浸没式冲熔与熔化，因而烧损少；

(2)在整个熔炼过程中，熔体通过磁力搅拌机进行循环，因而熔体温度和成分均匀；

(3)由于采用空气预热器与竖炉，烟气均进行充分回收与利用，热效率高，能耗低；

(4)在熔炼时无须像国外的双室炉那样需添加熔剂，减少了生产成本。

双室熔炼炉的操作：

开炉时在加热室内加入干净的大块铝废料，进行快速熔化，在熔池内形成一定深度的熔体；同时在从熔化室的投料口投料进行预热；当铝液达到一定深度后开启循环搅拌机，使熔体在加热室、熔化室之间进行循环，高温的熔体对从熔化室加料口投进的铝料进行冲刷熔化；熔炼结束后将铝熔体转注到保温炉(转运包)中，或可直接铸造成铝锭。为实现连续熔炼，双室熔炼炉中应保留一定量的熔体。

本炉型适用于：易拉罐、打包铝屑、打包料以及粉碎料。

# 第4章　炉料准备与配料

在熔炼前期需要准备的炉料主要有纯金属、不同级别废料、中间合金添加剂和覆盖剂的管理和使用。根据生产成分范围的不同，需要对不同原料进行匹配装炉，此过程称为配料。

## 4.1　原材料的管理及使用

### 4.1.1　纯金属的管理、使用和验收

炉料的纯金属主要为铝锭，目前有的企业采用原铝液（电解槽直供给）直接进行熔炼。铝锭的管理主要包括采购、存储、化验和交付。

铝锭的采购属于大宗原辅材料的采购，占用大额资金，对生产经营有很大影响，各生产企业需要根据实际情况制定采购程序并制定供应商品质控制及审核程序。

铝锭的验收主要是抽检化验成分应满足国家标准要求，外观尺寸根据用户要求进行模具设计和铸锭。

铝锭标准及代号：GB/T 1196—2000 重熔用铝锭的化学成分，见表4－1。

表4－1　重熔用铝锭的化学成分

| 牌号 | Al 不小于 | 化学成分 /% | | | | | | | | |
|---|---|---|---|---|---|---|---|---|---|---|
| | | 杂 质 不 大 于 | | | | | | | | |
| | | Si | Fe | Cu | Ga | Mg | Zn | Mn | 其他每种 | 总和 |
| Al99.90 | 99.90 | 0.05 | 0.07 | 0.005 | 0.020 | 0.01 | 0.025 | — | 0.010 | 0.10 |
| Al99.85 | 99.85 | 0.08 | 0.12 | 0.005 | 0.030 | 0.02 | 0.030 | — | 0.015 | 0.15 |
| Al99.70 | 99.70 | 0.10 | 0.20 | 0.010 | 0.03 | 0.02 | 0.03 | — | 0.03 | 0.30 |
| Al99.60 | 99.60 | 0.16 | 0.25 | 0.010 | 0.03 | 0.02 | 0.03 | — | 0.03 | 0.40 |
| Al99.50 | 99.50 | 0.22 | 0.30 | 0.020 | 0.03 | 0.02 | 0.05 | — | 0.03 | 0.50 |
| Al99.00 | 99.00 | 0.42 | 0.50 | 0.020 | 0.05 | 0.02 | 0.05 | — | 0.05 | 1.00 |
| Al99.7E | 99.70 | 0.07 | 0.20 | 0.010 | — | 0.02 | 0.04 | 0.005 | 0.03 | 0.30 |
| Al99.6E | 99.60 | 0.10 | 0.30 | 0.010 | — | 0.02 | 0.04 | 0.007 | 0.03 | 0.40 |

注1：铝含量为100%与表中所列有数值要求的杂质元素含量实测值及等于或大于0.010%的其他杂质总和的差值，求和前数值修约至与表中所列极限数位一致，求和后将数值修约至0.0x%再与100%求差；

注2：对于表中未规定的其他基础质元素含量，如需方有特殊要求时，可由供需双方另行协议；

注3：分析数值的判定采用修约比较法，数值修约规则按GB/T8170的有关规定进行。修约数位与表中所列极限值数位一致。

a　若铝锭中杂质 Zn 含量不小于 0.10% 时，供方应将其作为常规分析元素，并纳入杂质总和；若铝锭中杂质 Zn 含量小于 0.010% 时，供方可不作常规分析，但应监控其含量。

b　Cd、Hg、Pb、As 元素，供方可不作常规分析，但应监控其含量，要求 Cd + Hg + Pb ≤ 0.0095%；As ≤ 0.009%。

c　B ≤ 0.04%；Cr ≤ 0.004%；Mn + Ti + Cr + V ≤ 0.020%。

d　B ≤ 0.04%；Cr ≤ 0.005%；Mn + Ti + Cr + V ≤ 0.030%。

### 4.1.2　废料的保管、交付和验收

1. 废料分级

废料共分为三级，废料分级标准参见表 4-2。工厂对外来废料进厂时可以参照本办法进行分级。

表 4-2　废料分级标准

| 等级 | 废料名称 |
|---|---|
| 一级 | 1. 报废的铸轧板<br>2. 铸轧板的切头、切尾<br>4. 立板前的跑渣料和干净的块状干料<br>5. 铸轧板的低倍试片 |
| | 厚度 1.0 mm 及以上的板材、带材、卷材废品<br>2. 厚度 1.5 mm 及以上的板材、带材、卷材的切头、切尾及试样余料 |
| 二级 | 1. 厚度 0.3 mm 至 1.0 mm 的板材、带材、卷材废品<br>2. 厚度 0.3 mm 至 1.5 mm 的板材、带材、卷材的切头、切尾及试样余料<br>3. 厚度 0.7 mm 及以上的板、带、卷材切边料 |
| | 1. 厚度 0.3 mm 及以上的带卷切头、切尾 |
| 三级 | 1. 熔铸过程中扒渣带出的金属<br>2. 化学成分分析的饼状、棒状试样<br>3. 锯屑 |
| | 1. 厚度小于 0.3 mm 的板材、带材、卷材废品、废料<br>2. 被油污弄脏的一、二级废料 |
| | 箔材的废品、废料 |
| | 1. 锯屑料<br>2. 被油污弄脏的一、二级废料 |
| | 亲水箔、素箔的废品、废料 |
| | 厚度小于 0.3 mm 的废品、废料 |
| | 除铸轧板低倍试片以外的所有试样料及加工屑 |

2. 废料的分组与管理

各种铝及铝合金废料必须按级别、合金牌号不同分开保管，不得混放；同级废料应按以下合金牌号分组存放。

① 1060、1235(1145)、1200

② 8011(8079)

③ 3003(3A21)

④ 3004

⑤ 1100

⑥ 其他特殊合金

注：检验、试验分析用试样及三级锯屑混合料单独存放。

各工序必须按废料的分级和合金分组严格管理，杜绝混料。

当级别不同、合金牌号相同的废料混在一起时，应尽量挑选分开，如果无法分开，则按最低级别废料处理。

被油污弄脏的一级和二级废料，可根据弄脏程度降级处理。

各工序的废料中不允许混入其他金属和非金属杂物。

着色与不着色废料应分开，不得混装。

亲水箔废料与铝箔废料应分开打包、存放。

3. 废料交付

报废的卷材、带材、箔材可成卷返回熔炼，但不能散开。

板材废料长度不大于 2 m，装入料架送交熔炼。

板材废品亦可用铝带捆成捆，返回熔炼，但每捆必须整齐。

铝箔废料、亲水箔废料应打包后送交有关单位。

各单位送交废料时，必须有明显的标记，成捆废料应在两头挂上合金牌号标牌。料箱（架）的废料应在料箱（架）设（挂）合金标牌；对不装箱的成卷废料、卷头（尾）废料要用油漆写明或其他标志注明合金牌号。

## 4.2 配料操作

### 4.2.1 炉料的种类及要求

1. 炉料种类

配制铝合金的炉料分为三大类：纯金属；回炉的废料或复化料；中间合金。

铝合金使用的纯金属主要指纯铝及纯金属形式入炉的合金中的金属元素。

纯铝装炉有固体料和液体料两种。多数铝加工厂用原铝锭装炉，然后以液体料供应给各合金精炼炉。铝合金添加元素，直接装炉的纯金属有铜、镁、锌等，它们在装炉之前多剪成碎块，以便于配料和加速其在铝中的溶解。

废料分本企业的和外来的。本企业废料来源于熔铸及各加工车间各工序的工艺废品及几何废料。此类废料可根据本厂实际情况分级分类使用，品质好的大块废料，可直接回炉配制成品合金；对品质较差的碎屑，需经复化处理后才准许限量的配置成品合金。外来废料多来源于用料工厂，成分较混杂，品质较差，不宜直接使用，需经复化处理并确定其成分后才能使用。

中间合金是一些熔点高或在铝中溶解速度慢的合金元素，多数预先制成中间合金加入，如铜、锰、镍、铁、硅、铬、钛、锆、钒等。中间合金成分均匀，易于破碎，杂质少，熔点应接近铝的熔炼温度。

2. 炉料装炉的要求

炉料入炉前化学成分及杂质含量应清楚。

炉料应清洁,干燥,无灰尘、油污、腐蚀物及水分。

装炉方便,有利于机械化作业,减少装炉时间,从而减少金属损失及提高熔化效率。

### 4.2.2　炉料配比及选用原则

正确地选择配制合金的原料,对于控制合金成分,保证熔体品质以及节约原材料,提高企业经济效益,都有重要意义。其选择及配比原则是如下。

(1)在保证产品品质和性能要求的前提下,选择适当品位的纯金属。品位用高了提高成本,浪费了金属材料;品位用得低达不到品质要求。

(2)在保证产品品质前提下,根据制品用途和工艺要求,应充分利用废料,降低新料用量;但要注意废料循环使用所造成杂质含量的升高,因此废料用量应有适当比例;各种合金及不同制品的重熔铝锭用量,一、二、三级废料及复化料用量应符合表 4-3 规定。

(3)尽量避免完全使用新料或完全使用废料,用电解槽铝液最好掺入部分废料及冷却料。

(4)在保证产品品质前提下,根据工艺要求,应调整好炉料杂质含量的比例,如 Fe、Si 比。

**表 4-3　炉料配比参照表**

| 产　品 | 重熔铝锭/% | 一级废料/% | 二级废料/% | 三级废料/% | 复化料/% |
|---|---|---|---|---|---|
| PS 版坯料 | 100 | — | — | — | — |
| 高档铝箔坯料 | 80 ~ 100 | 0 ~ 20 | — | — | — |
| 其他 | 0 ~ 100 | 0 ~ 100 | 0 ~ 80 | 0 ~ 50 | 0 ~ 30 |

注:配料应根据现场存料情况搭配使用。特殊产品要求的洗炉料只允许当二级废料使用。

## 4.3　熔体过程控制

为了获得高品质铝液,金属的精炼、脱氧、除气、细化处理十分必要。从广义上讲,熔剂是指铝液处理过程中所使用的各种化学物质。这些化学物质通常都是无机物且有多种功能,如除气、除镁、精炼、合金化等。熔剂也包括用来去除铝液中夹杂物和氢的惰性或活性气体,而通常所说的熔剂都是指的固态熔剂。

制作和选用熔剂应满足以下要求:

(1)熔点不能过高;一般在 680 ~ 700 ℃。

(2)密度有显著差别,熔剂的密度应尽量小。

(3)表面张力:覆盖剂的表面张力要小,以增大对熔体表面的润湿性和覆盖效果;精炼剂的表面张力要大,使它既能吸附、溶解熔体中的氧化夹杂物,又易于分离。

(4)黏度:覆盖剂应有较小的黏度,保证有较好的流动性,迅速形成熔剂保护层;精炼剂的黏度应大些,增加氧化夹杂物过渡到熔剂中去的能力,并易与熔体分离。

(5)具有精炼能力,既能去夹杂,又能除气。

（6）不与金属或炉衬反应。

（7）便于保管。

### 4.3.1 熔剂的种类

覆盖剂：覆盖熔体表面，减少金属烧损，防止氢气被金属吸收。

清炉剂：使炉壁上的结渣松散便于脱落和清除。

清渣剂：便于渣铝分离，减少渣中金属损失。

精炼剂：对熔体中的氧化夹杂物和气体净化掉，达到除渣除气的目的。

熔剂的成分。固态熔剂主要是氯盐和氟盐以及其他添加物的混合物。大多数的熔剂是以 KCl - NaCl 为基础的，等摩尔的 KCl - NaCl 在 665 ℃ 形成低熔点共晶。另一种常用成分是 NaF，它和 KCl - NaCl 在 607 ℃ 形成三元共晶。常用的覆盖剂含有 47.5% 的 KCl，47.5% NaCl 和 5% 的 NaF。对于覆盖剂来说，要提高其流动性，其熔点宜低些。

其他覆盖剂是以 $MgCl_2$ - KCl 或光卤石（$MgCl_2 \cdot KCl$）为基的，$MgCl_2$ - KCl 可以在 424 ℃ 形成低熔点共晶，而光卤石则在 485 ℃ 熔化。这些覆盖剂具有很好的流动性，能在铝液表面形成一薄层。但是，由于 $MgCl_2$ 很贵，所以它一般用在无钠熔剂中。这种熔剂用于含 Mg 超过 2% 的合金，或在高镁含量的铝合金中用于除钙。熔剂材料的基本物理性质及一些添加物对熔剂性质（如流动性、润湿性以及化学活性）的影响见表 4 - 4。

表 4 - 4 熔剂材料的性质

| 化合物 | 固态密度/(g·cm$^{-3}$) | 熔点/℃ | 流动性 | 润湿性 | 化学活性 | 放热反应 | 释放气体 | 添加元素 |
|---|---|---|---|---|---|---|---|---|
| $AlF_3$ | 2.882 | | ↑ | | 好 | | | |
| $CaCl_2$ | 2.15 | 782 | ↑ | | | | | |
| $MgCl_2$ | 2.32 | 714 | ↑ | | 好 | | | Mn |
| $MnCl_2$ | 2.98 | 650 | ↑ | | 好 | | | K |
| KF | 2.48 | 858 | ↑ | | 好 | | | Na |
| NaF | 2.558 | 993 | ↑ | | | | | |
| NaCl | 2.165 | 801 | ↑ | | | | | |
| KCl | 1.984 | 770 | ↑ | | | | | |
| $CaF_2$ | 3.18 | 1 360 | ↓ | ↑ | | | | |
| $Na_3AlF_6$ | 2.9 | 1 025 | ↓ | ↑ | 好 | | | |
| $Na_2SiF_6$ | 2.68 | 分解 | ↓ | ↑ | | 是 | | |
| $KNO_3$ | 2.109 | 339 | ↑ | ↑ | 好 | 是 | $N_2$, CO | |
| $NaNO_3$ | 2.261 | 307 | ↑ | ↑ | 好 | 是 | $N_2$, NO | |
| $C_2Cl_6$ | 2.09 | 升华 | | | 好 | | $Cl_2$, $AlCl_3$ | |

续表 4 - 4

| 化合物 | 固态密度 /(g·cm⁻³) | 熔点/℃ | 流动性 | 润湿性 | 化学活性 | 放热反应 | 释放气体 | 添加元素 |
|---|---|---|---|---|---|---|---|---|
| $K_2CO_3$ | 2.42 | 894 | | | 好 | 是 | $CO_2$ | |
| $Na_2CO$ | 2.532 | 851 | | | 好 | 是 | $CO_2$ | |
| $K_2TiF_6$ | | | | | 好 | | | Ti |
| $KBF_4$ | 2.498 | 530 | | | 好 | | | B |

碱金属氟化物是表面活性剂,能降低熔剂和金属以及熔剂和氧化物之间的表面张力。与碱金属氟化物相比,$AlF_3$,$MgF_2$ 和氯化物的表面活性比较差。这是因为使用含有 NaF 和 KF 的氟盐熔剂时,铝液能很容易地吸收一些钠和钾,而钠、钾都是表面活性元素。钾和钠一样,对铸件的最终性能都有负面影响。幸运的是,由于它们性质相似,人们可以像除钠那样去除钾。

碱金属氟化物能少量溶解氧化物,这有助于穿透浮渣表面氧化膜,从而提高润湿性,有助于从铝液中分离氧化物夹杂和从浮渣中将铝分离。但是,碱金属氟化物的熔点一般较高,限制了其应用,而且使用氟盐比纯氯盐带来更严格的环保要求。氟盐熔剂常用冰晶石($Na_3AlF_6$),氟化钙($CaF_2$)或氟硅酸钠($Na_2SiF_6$),总含量一般在 20% 之内。

熔剂中添加的像 $NaNO_3$、$KNO_3$ 这样的含氧化合物和铝反应生成 $Al_2O_3$,并释放出大量的热。这可以局部提高流动性,从而提高铝的实收率。在清炉剂中,这些放热反应能加快熔剂向炉壁夹杂物中渗透。

一些化合物可以在铝液中分解生成 $Cl_2$,CO 或金属卤化物气体(如 $AlCl_3$,$SiF_4$),形成气泡上浮,铝液中的氢向气泡中扩散,从而达到除氢目的。这类化合物中最常用的是 $C_2Cl_6$,它可以产生 $Cl_2$ 和 $AlCl_3$。其他像 $Na_2CO_3$,$K_2CO_3$ 可以分解生成 $CO_2$。

某些化合物和铝或铝中的夹杂物反应,可以用来调节铝液中合金元素的含量。NaF 可以增加微量的钠,起到变质作用;$K_2TiF_6$ 和 $KBF_4$ 可以分别增加钛和硼,起细化作用。$AlF_3$ 在一定程度上可以去除铝液中的杂质元素,如 Ca,Sr,Na 和 Mg。有 Cl 存在时,能形成含 Cl 的化合物,则可以去除 Ca,Li,Mg 和 Sr。

### 4.3.2　熔剂的使用

1. 使用熔剂的原因

铝是十分活泼的元素,极易氧化。当铝液暴露在氧化性气氛里时,其表面很快会形成一层氧化膜,主要是 $Al_2O_3$。其反应如下:

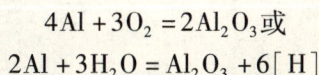

$$4Al + 3O_2 = 2Al_2O_3 \text{ 或}$$
$$2Al + 3H_2O = Al_2O_3 + 6[H]$$

合金中的镁很容易氧化生成氧化镁。此外,表面氧化膜中也可能包含氮化物、碳化物甚至硫化物以及一些合金元素。比铝优先氧化的一些元素富集于表面层中,像铍、镁、钠、钾、硼和钙等。钠变质 Al - Si 合金表面呈蓝色;含有铍的铝 - 镁合金表面有时呈现出金黄色。这都是表面层富集其他元素的缘故。即使扒去这层氧化膜,又很快生成一层新的氧化膜。使用废铝,搅动破坏铝液表面,容易把氧化物带入铝液中,影响铸件品质。由于细小的氧化物颗粒密度和铝的相近，一般悬浮于铝液中，采用铝液静置的办法很难去除，去除的氧化物中通常包含很多铝。尽管熔剂有许多其他用途，使铝减少氧化和去除氧化夹杂物是使用熔剂的主要原因。铝和水汽的反应不仅生成 $Al_2O_3$，而且形成氢，进入铝液。使用某些熔剂，还可以去除铝液中的氢。

2. 熔剂的使用

熔剂有四个作用：形成低熔点高流动性的化合物，如以 KCl – NaCl 为基的熔剂的混合物，分解生成挥发性气体，如 $Cl_2$，$CO_2$ 或 $AlCl_3$，达到除氢目的；作为活性成分的载体；吸收或聚集熔剂反应的产物。根据以上作用，熔剂可分成四类：覆盖剂、渣剂、清炉剂和精炼剂。

（1）覆盖剂

这类熔剂用在许多熔化操作中，特别是高氧化性条件下，如熔炼温度在 775 ℃ 以上，熔炼铝屑和废铝，或熔化含镁在 2% 以上的铝合金时，覆盖在铝液表面的氧化膜和铝液接触很紧密，覆盖剂可以去除固态铝料表层氧化皮带入的夹杂，并阻止铝液在高温炉气下的进一步氧化。一定厚度的覆盖剂对阻止铝屑燃烧也是十分必要的。尽管不同企业使用覆盖剂会带来不同的经济效益，但在熔炼易氧化合金，特别是含镁超过 2% 的铝合金时，对所有企业来说，其效益都是显著的。

（2）清炉剂

这种熔剂可以减少氧化夹杂向炉壁或坩埚壁上聚集，而这种聚集是引起铸件中硬点的主要原因。炉壁上聚集了太多的氧化物也减少了炉子的有效容积。尽管聚集的氧化物颗粒很容易下沉，但是，若在浇注以前这些氧化物颗粒进入铝液，则会留在铸件中造成缺陷。由于炉壁上的聚集物是金属和氧化物的混合物，松散而分散，可以用放热熔剂去除。这类熔剂中通常含有 $Na_2SiF_6$，其反应如下：

$$6Na_2SiF_6 + 2Al_2O_3 = 4Na_3AlF_6 + 3SiO_2 + 3SiF_4$$

随着反应的进行，聚集物中 $Al_2O_3$ 的含量不断增加，并生成很硬的 $Al_2O_3$ 相，这时就需要用手提钻来去除聚集物。

（3）清渣剂

浮渣中通常含有 80% 以上的铝和不到 20% 的氧化铝，因此从浮渣中收得铝具有重要的经济价值。适当的清渣剂可以使其中大部分的（50% 以上）铝释放出来，使湿性渣变为干性渣。为加速这一过程，在清渣剂中加入一些放热性化合物（如 $NaNO_3$，$KNO_3$，$Na_2SiF_6$），使其和铝或镁反应释放大量的热。

清渣剂加入量一般为铝液质量的 0.2% ~ 1.0%，按铝液表面积计算，则为 2.5 $kg/m^2$。加入量与原料的洁净程度和浮渣的多少有关。清渣剂的选择和品质十分关键，熔剂太少，则放热量太少，降低熔剂的使用效率；太多，则放热太多，使铝液过度燃烧，产生大量烟雾，加剧铝的烧损。

（4）精炼剂

如上所述，某些化合物可以在高温铝液中发生反应生成气体，并形成气泡，溶解在铝液中的氢向气泡中扩散，随气泡上浮而析出。其中效果最好的是六氯乙烷，其他像 $Na_2CO_3$、$K_2CO_3$、$Na_2SiF_6$，也有一定的作用。尽管精炼剂的去氢效果不如气体熔剂（如 Ar、$Cl_2$、$N_2$ 等）的好，但它也有一定的去气作用，而且能够较好地去除氧化夹杂物。随着熔剂加入方式的不断发展，熔剂的作用效果也不断提高。

### 4.3.3 熔剂处理方法

最常用的方法是工人用铁铲把熔剂撒到铝液表面或炉壁上，或用钟罩把一定量的熔剂压入铝液中，使其反应。为使熔剂最有效地发挥其作用，必须使熔剂和铝液最大限度地接触，对于清渣剂更是如此。为了达到最佳效果，应该把熔剂搅拌到铝液中去，使其和铝液中氧化物充分接触（对于覆盖剂则应避免搅动铝液）。然后，铝液静置 5 ~ 10 min 使夹杂物上浮，从浮渣中释放出的铝进入铝液。最后，完全扒掉浮渣。清炉剂一般在足够高的温度下使用，这样可以加快反应并软化聚集物。把清炉剂涂在炉壁上，开炉并关上炉门，10 ~ 15 min 后，即可扒掉炉壁上的反应产物以及铝液表面的碎屑。保温炉则应静置以使进入铝液的氧化物下沉。正常温度下使用，应在出铝液之前，扒渣之后，把清炉剂加在靠近炉壁的铝液表面。在出铝液的过程中，随铝液表面的下降，清炉剂不断涂在炉壁上。这样在下一次熔化时，炉壁上的聚集物就可以和熔剂反应，并在扒渣过程中很容易去掉。

近几年来，一些新的熔剂加入装置出现，如熔剂喷射和熔剂旋转喷射等。这些方法克服了传统熔剂加入法不能使熔剂和铝液充分接触的缺点。熔剂喷射法以惰性气体为载体，把一定量的粉状熔剂从吹管吹到铝液底部。熔剂一旦离开吹管，就熔化成一些小液滴，能提供很大的比表面积。这将大大提高熔剂的效用。而且，熔剂喷射和熔剂旋转喷射法还降低熔剂的用量（分别只有铝液质量的 0.2% 和 0.05%，传统的用量是 0.4% ~ 1%），并缩短处理时间（只有 3 ~ 5 min，传统的是 10 ~ 15 min）。

# 第 5 章　熔体处理

　　熔体的处理技术是提高铝及其合金内部纯洁度的关键。金属内部夹杂、夹渣等不纯物对金属材料的塑性加工性能和最终使用性能有重大影响。因而，熔体在铸造之前，必须进行熔体净化处理，以除去熔体中所包含的气体、金属氧化物和非金属夹杂物。在连续铸轧带坯生产过程中，必须向熔体内添加晶粒细化剂，才能获得晶粒细小的带坯，满足后续压延加工的需要。

　　现在国内铝及其合金的熔体净化技术是现代化净化手段和传统净化手段并存。如果按净化所用介质划分，可分为气体精炼、固体熔剂精炼和过滤净化；按照处理工艺划分，可分为炉内精炼和炉外精炼，炉外精炼包括过滤处理。

　　气体精炼从 20 世纪 60 年代开始，以 $N_2$ 和 $N_2 - Cl_2$（或 $N_2 - CCl_4$）通入炉内或浇包内的铝熔体中，起到除气、除渣作用。由于气体介质对铝熔体净化的优劣程度在于其产生的气泡量和细小程度，所以近来发展了弥散小气泡浮选精炼，同时，精炼也从炉内转移到炉外净化处理。例如：法国彼施涅公司的 Alpur，美国联合碳化物公司的 SNIF，美国联合铝业公司的 MINT，英国联合铝业公司的 RDU，英国福塞科日本公司的 GBF 等，都是能够产生弥散小气泡的装置，均使用惰性气体 $N_2$ 或 Ar。上述这些先进的净化技术和装备，我国均已引进。此外，还有一些国产化的净化新装置，例如：西南铝加工厂的类似于 MINT 的装置，大连理工大学的 DUT－89 装置，东北大学的 DGLJ 装置等。弥散小气泡浮选净化的先进装置投资大，成本也高，目前仅在大中型铝加工厂生产专用或特殊产品时使用。

　　炉内精炼有气体精炼和熔剂精炼，其中熔剂精炼应用最广泛。近几年又发展起来了喷粉精炼，是带有传统气体精炼特点的综合性熔剂精炼，达到熔剂浮选精炼之目的。炉内熔剂净化法加上炉外过滤处理，是国内现行广泛采用的净化技术。

　　20 世纪 70 年代以后，国外除改善了传统的炉内精炼之外，还采用了炉外在线式连续净化方法，其中有以惰性气体为主的混合气体精炼，如美国雷诺公司的麦克库克工厂的三气体精炼；有气体与固体介质混合型精炼，如日本的 FF20 氮气和熔剂混合精炼装置，英国联合铝业公司"RDU"快速除气装置；有以除渣为主的各种炉外熔体过滤装置，如玻璃丝布、微孔陶瓷管和泡沫陶瓷板过滤等；还有高效连续除气、除渣的净化装置，如英国铝业公司的 FILD 法，美国铝业公司的 469－Ⅱ型，美国联合碳化物公司的 SNIF 净化装置，法国彼施涅公司的 Alpur 净化装置，美国联合铝业公司的 MINT 法等。它们与传统的炉内净化工艺相比，具有净化效果好、生产效率高、成本低、不污染环境、可在线连续净化的优点，为熔铸生产自动化创造了条件。

　　国内铝加工工业长期以来一直沿用传统的炉内净化工艺。近几年来引进了一些具有 20 世纪 80 年代先进水平的净化装置，如东北轻合金加工厂引进了美国联合碳化物公司的 T－4 型 SNIF 净化装置，西南铝加工厂引进了美国联合铝业公司的 MINT 净化装置，华北铝加工厂引进了法国彼施涅公司的 Alpur 净化装置等。国内也研制出了国产的新型净化装置，如东北工学院研制的小气泡法、过流精炼和泡沫陶瓷三位一体的净化装置；大连理工大学和华东铝加工厂合作的单转子提升式小气泡法净化装置；洛阳有色加工设计院研制的小气泡法净化装置等。国内不少铝加工厂还采用了玻璃丝布过滤、陶瓷管过滤、泡沫陶瓷板过滤等。

# 5.1 熔体中气体及固体杂质的存在形式

铝液污染的三种来源：①铝料本身带入的氧化膜、油污、水分、油漆、纸张、塑料、灰沙和金属杂质，如铜、铁、锌、成分和牌号不同的铝合金等；②在熔化过程中产生的氧化铝，氮化铝，氢，以及耐火材料和操作工具被铝液浸蚀所产生的杂质；③在浇注过程中铝液与含有水分的空气接触所产生的氢和氧化铝(称为"二次污染")。

## 5.1.1 铝中的气体

### 1. 气体在铝中存在的形式

气体在金属中以下述三种形式存在：①以气体夹杂或气泡形态存在；②以氧化物、氮化物、氢化物等固态化合物形态存在；③以液态或固态溶液，即以原子或离子形态分布于金属原子间或晶格中。

熔炼铝合金过程中，从大气、燃料、炉料、耐火材料、熔剂、熔铸工具等带入的气体种类较多，如：$H_2$、$CO_2$、$CO$、$N_2$、$C_nH_n$(碳氢化合物)、$H_2O$ 和 $O_2$ 等。但只有那些容易分解成原子的气体，才能有较多的数量溶入铝液中去。具体地说，铝液所溶解的气体中 80% ~ 90% 是氢。铝合金中的含气量，主要是指含氢量。

熔炼时周围空气中的氢气含量并不多，氢气进入铝中的主要途径是，熔融铝与水蒸气的反应。而水蒸气的主要来源是炉料、炉气、耐火材料及工具等带入熔体的水分。所以氢的主要来源是通过水分与铝液反应而产生的氢原子即 $2Al + 3H_2O = Al_2O_3 + 6[H]$。这种原子态氢，一部分跑到大气中，一部分就进入铝液中。实践证明，不同的季节和地区，因空气的湿度不同，铸锭中的气体含量也随之而异，其含气量随空气湿度的增大而增加。不同情况下，铝中溶解的气体组成见表 5 - 1。

表 5 - 1 铝中溶解的气体组成

| 项目 | 含 量 $\varphi$/% | | | | | | |
|---|---|---|---|---|---|---|---|
| | $H_2$ | $CH_4$ | $H_2O$ | $N_2$ | $O_2$ | $CO_2$ | $CO$ |
| 1 | 92.2 | 2.9 | 1.4 | 3.1 | 0 | 0.4 | — |
| 2 | 95.0 | 4.5 | | 0.5 | | | |
| 3 | 68.0 | 5.0 | — | 10.0 | | 1.7 | 15.0 |

### 2. 影响气体含量的因素

(1)温度对含氢量的影响

当熔融金属的温度升高时，金属和气体分子的热运动加剧，气体在金属内部的扩散速度也增大，因而，在一般情况下，气体在金属中的溶解度随温度的升高而增加。许多试验已证明这一普遍规律,如图 5 – 1 所示。

(2)熔炼时间对气体在金属中的溶解度的影响

对任何化学反应,时间因素总是有利于一种反应的连续进行,最终达到气体溶解于金属的饱和状态。因此,在任何情况下暴露时间越长,吸气就越多,特别是熔体于高温下长时间的暴露,就增加了吸气的机会。如图 5 – 2 所示,因而,在熔炼过程中,总是力求缩短熔炼时间,以尽量降低熔体的含气量。

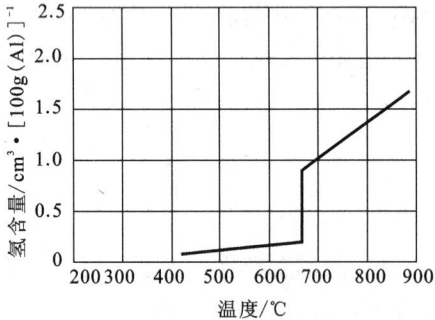

图 5 – 1　气体溶解度同温度关系示意图

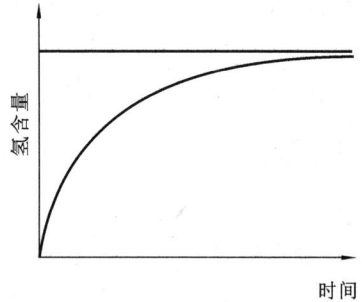

图 5 – 2　金属中含氢量与时间的关系

(3)合金元素的影响

与气体结合力较大的合金元素,如钛、锆、镁等会使合金中的气体溶解度增大,而铜、硅、锰、锌等合金元素可降低铝合金中气体的溶解度。

(4)压力的影响

在温度相同的条件下,气体在金属中的溶解度随炉气成分中的氢气分压增大而增大,故火焰炉熔炼的铝熔体中的氢溶解度比电炉中的大。

(5)其他元素

金属表面氧化膜状态及熔炼时间对气体在铝熔体中的溶解度也有影响。

### 5.1.2　铝中的非金属夹杂

液态铝与氧气、氮气、硫、碳等发生化学反应而生成的化合物以及混入的其他夹杂物中其中以氧化夹杂物($Al_2O_3$)对金属的污染最大。一般在铸锭中氧化夹杂物的总量占 0.002% ~0.02%。

1. 铝熔体中存在的非金属夹杂物

(1)氧化物:合金在熔化和转铸过程中,铝与炉气中的氧及水汽体作用,生成 $Al_2O_3$、$MgO$、$SiO_2$ 和 $Al_2O_3 \cdot MgO$(尖晶石)。

(2)残余的细化剂 Al – Ti – B 中间合金的粗大 $TiB_2$ 粒子。

(3)在熔体净化处理时产生的氯化物(主要是氯化镁)、氮化物和碳化物。

(4)耐火砖碎片、脱离的流槽和工具上的保护涂料。

2. 铝合金中夹杂物的来源

(1)铝合金在熔化状态时表面与炉气中氧化性气体作用而生成的氧化物,如 $Al_2O_3$ 等。

这种氧化膜在铝液表面可以保护铝液不再被氧化。但这种表面膜一旦破裂便裹入铝液中，因 $Al_2O_3$ 熔点高（2 050 ℃）、密度（3.5~4.0g/cm³）比铝液大，不上浮，故易于在铸件中形成氧化物夹杂。

（2）炉料中所含氧化物也是合金中氧化物夹杂的一个重要来源。如铝锭、中间合金等原含有 $Al_2O_3$ 等夹杂物，铝锭表面的铝锈 $Al(OH)_3$ 等，在熔炼时都能直接污染铝液。

铝合金中与氧亲和力小于铝的元素，如硅、锌、铜等，在氧化薄膜的保护下不易氧化，即使有少量的元素被氧化了，得到的氧化物也较致密，不破坏氧化铝膜的连续性。

铝合金中与氧亲和力大于铝的元素，如镁。镁比铝轻，比铝更容易氧化。氧化后生成的氧化镁，本身不致密又能破坏致密的氧化铝薄膜。由于镁能破坏氧化铝薄膜的保护作用，所以熔炼铝镁类合金时，要在熔剂覆盖下进行。

3. 铝熔体中的金属杂质

铝合金中所不希望的其他金属元素统称为金属杂质，其主要来源有：

（1）人为因素：原材料带入的和由于洗炉不彻底、混料、电热材料掉入。

（2）由于铝熔体和炉衬、工具、各种精炼剂、添加剂接触的过程中产生的各种化学反应而生成的金属。例如，当熔体与炉衬接触时，炉衬耐火材料中含有的氧化物 $SiO_2$、$Fe_2O_3$ 与铝熔体反应，析出活性比铝低的金属。

$$4Al + 3SiO_2 = 2Al_2O_3 + 3Si$$
$$2Al + Fe_2O_3 = Al_2O_3 + 2Fe$$

（3）渣耙、精炼框、热电偶等各种铁质工具，由于使用不当而造成铁熔于铝熔体中，有时可能造成铁元素超过技术标准要求。

（4）当采用氯盐精炼铝熔体时，由于下面的反应使铝熔体受到金属污染：

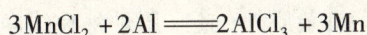

$$3ZnCl_2 + 2Al = 2AlCl_3 + 3Zn$$
$$3MnCl_2 + 2Al = 2AlCl_3 + 3Mn$$

在生产中经常引起问题的是铁杂质和高镁合金中的钠杂质。

## 5.2  熔体净化及检测

### 5.2.1  熔体净化的目的和要求

铝液净化的目的是清除铝液中的气体（主要是氢）和固体杂质（主要是氧化铝）。净化铝液需要采用能使氧化铝与金属熔体分离，将氢驱出熔池，而本身不溶解于铝液的物质，这种物质称为熔剂。熔剂绝大多数是固体或气体。固体熔剂按其功能可分为：阻止铝液氧化和吸气的覆盖熔剂；促使氧化物与铝液分离后进入浮渣的除渣剂；驱除溶解于铝液中过饱和氢的除气熔剂。在铝镁合金熔炼中，覆盖熔剂还具有阻止镁从铝液蒸发的作用。但在纯铝熔炼中，一般不使用覆盖熔剂，因为熔池表面的氧化膜具有较好的隔离能力，可在不剧烈搅动的条件下阻止熔池内部铝液继续氧化和吸气。

对熔体纯洁度的要求，一般由于合金的品种和用途的不同而有一定的差异，通常氢含量要求 0.15 cm³/100 g(Al) 以下，对于一些特殊用途的航空材料要求0.1 cm³/100 g(Al) 以下；非金属夹杂物由于检测不能精确定量，就很难有定量的要求；钠一般控制在 $5 \times 10^{-6}$ 以下。

鉴于铝料本身会带入一定夹杂，在熔化过程中又受到各种污染，所以必须进行净化处理才能获得洁净的铝液，为下一步加工提供合格铝熔体。由于夹杂和夹渣弥散分布在铝熔体中，因而所采取的净化措施必须遍及炉膛内铝熔体的各个部位，不留死角，才可能较彻底清除夹渣和夹杂。其方法是当铝液达到一定温度，黏度较小时，借助于熔剂，使夹渣从熔体中上浮或下沉，与金属分离。鉴于铝料熔化以后，仍不断地氧化和吸气，造成二次污染，所以净化处理的时间应安排在临铸轧之前，最好在净化处理后不久开始铸轧。为此，净化处理既应达到全面性，又应符合时间性的要求。

为了达到净化目的，首先必须尽量减少污染物进入炉膛，不能认为任何杂物只要进入熔炉就能被"烧掉"而不留痕迹，或者成为灰渣浮出液面，或者沉入炉底与铝液分离。铝料本身和一切与铝液发生接触的物质必须保持"干净"。所谓"干"，就是铝锭与废料应存放室内，不沾水分，保证砌炉用的炉砖和耐火材料、熔剂、操作工具等充分干燥。所谓"净"，就是事先清除铝料中夹带的泥砂、杂物、异类金属件等，防止它们进入炉膛，黏在炉底和炉壁上的结块应及时清理。前一炉次遗留的与本炉次成分不同的铝液必须放完，必要时采取洗炉措施。空气中所含水分一般无法控制，所以往往发现潮湿季节生产的铝材品质较差；在地下水位较高的地区还发现每逢涨潮时铝材的气泡废品就增多，使成品率下降。

铝料原有的氧化膜和腐蚀物是熔体中夹渣和夹杂的重要来源。铝料的表面积与体积之比值越大，则氧化倾向也越大，在熔化过程中金属的继续氧化和熔炼损耗也越多。把薄而碎的废料预先打包后再投入铝液中时，虽然可减少与空气接触的机会，但由于打包废料内含有许多空气间隙，投炉后将浮在铝液表面不易下沉，达不到隔离空气的预期效果，所以应事先熔铸成锭或熔化成铝水再投入熔炉。

悬浮在铝液内部的氧化膜和杂质颗粒，在敞开面很宽的熔炉内很难被彻底清除。采用喷粉机施加熔剂的效果较好，但仍难达到全面净化铝液的目的。因此，现代熔铸车间除在大容量的熔炉内利用熔剂清除部分污染杂质外，还采用炉外在线净化装置，将保温炉流出的铝液进行全面的净化处理，以彻底清除铝液中残存的气体和夹渣。

炉外净化装置的原理是，让铝液与惰性气体在备有加热器的小型净化炉内充分接触，使存在于铝液内的氢扩散到氢分压为零的惰性气泡中，并逸出液面。悬浮于铝液内部的固体夹渣也将吸附在气泡表面一起被清除。经过在线净化处理以后，铝液的含氢量可降低到原来数值的一半；非金属夹杂物颗粒直径在 $50~\mu m$ 以下的可清除 $50\%$，在 $100~\mu m$ 以上的可清除 $90\%$。在惰性气体内加入 $0.5\% \sim 3\%~Cl_2$，可使除氢率从 $50\%$ 提高到 $65\%$，还可清除 $60\% \sim 75\%$ 的 Na 和 Li，这对生产铝-镁合金和从电解槽直接提取铝液生产铝材时很重要。

惰性气体可以通过旋转喷头、雾化喷嘴或多孔陶瓷板分散成微小气泡进入铝液。炉外净化装置都有发明者的专利名称。为了防止铝液在净化炉中受到二次污染，有的装置还用惰性气体覆盖铝液表面。惰性气体可以用氮或氩气。氮必须用纯度大于 $99.995\%$ 的高纯氮，其露点低于 $-70~℃$，含氧量小于 $3 \times 10^{-6}$。氩的纯度应大于 $99.98\%$，含水和含氧量都小于 $0.01\%$。氩的成本比氮的高，但其优点是在高温时不会与铝液反应生成化合物。铝液经过在线净化以后，含氢量应达到 $0.12~mL/100g(Al)$ 以下。对于品质要求严格的产品，含氢量应达到 $0.10~mL/100g(Al)$ 以下。

铝液通过净化装置的时间很短，处理以后，其中较细小尺寸的夹渣和夹杂在如此短时间内很难与铝液全部分离，为了保证铝液的洁净程度，所有炉外净化装置都带有过滤装置，以便清除悬浮杂物。铝液中杂物的形状为薄膜或颗粒,薄膜厚度 0.1~0.5 μm,长度或宽度 10~5 000 μm;颗粒直径 0.1~50 μm;杂物中有 $Al_2O_3$、$SiO_2$、MgO 等氧化物,也有 $AlF_3$、$Al_4C_3$、AlN 等非氧化物。

铝液过滤普遍采用泡沫陶瓷板,当铝液通过泡沫陶瓷内迂回曲折又相互沟通的孔道时,内部的杂物在流体动力、惯性、截阻、碰撞、吸附等作用下沉积在孔道壁上,使洁净的铝液进入铸轧流盘。泡沫陶瓷板的过滤效率与其微孔直径直接有关,但所截住的杂物直径比微孔的平均直径小得多。采用 12 孔/cm、厚 50 mm 的过滤板可以将 100 μm 以上夹渣等杂物清除 80%。为提高过滤效率,也可先用玻璃纤维网进行粗过滤,然后用泡沫陶瓷板进行精过滤。试验证明,铝液过滤可使 6 μm 厚铝箔精轧时的断头率减少 44%。泡沫陶瓷板通常是一个炉次更换一次,以保证铝液的通过能力,并防止孔道中沉积的杂物和渣粒重新进入铝液中。

采用炉内净化铝液的方法只能清除铝料本身和在熔化过程中所新增的杂质,而不能消除铝液在浇注过程中所受到的二次污染。同时,由于炉膛面积大,熔池深度浅,较难使熔剂遍及炉膛每个角落以便对全部铝液进行有效的净化。因此,在现代熔铸工艺中采用炉外在线净化处理法,使铝液在流出熔炉或静置炉后,在特制的容器内与气体熔剂对流接触,然后流入半连续铸轧结晶器或连续铸轧的供料嘴,从而保证全部铝液得到有效净化,并防止发生二次污染。

根据斯托克斯定律,固体颗粒或气泡在液体介质中上升或下降速度与它们和介质的密度之差及颗粒或气泡直径的平方成正比,与介质的粒度成反比。

$$v = 2/9(\rho_1 - \rho_2)gR^2/\nu$$

式中:$v$——下降速度(上升速度为负值)/$(\mathrm{m \cdot s^{-1}})$;

$\rho_1$——固体颗粒或气泡密度/$(\mathrm{kg \cdot m^{-3}})$;

$\rho_2$——液体介质密度/$(\mathrm{kg \cdot m^{-3}})$;

$g$——重力加速度/$(9.81 \mathrm{\ m \cdot s^{-2}})$;

$R$——颗粒或气泡半径/m;

$\nu$——动力黏度/$(\mathrm{Pa \cdot s})$。

由于铝液黏度随温度的上升而减小,在进行净化处理时,熔体温度不应过低,以利于氧化杂质和气体的下沉或上浮。但熔体温度也不宜过高,否则将加剧铝液的氧化和吸气。杂质颗粒的下沉和气泡的上浮需要一定的时间,因此在净化处理以后,应让铝液在炉膛内静置一段时间再开始浇注。

以原子状态溶解于铝液中的氢,可以在固态物质的表面以较低的自由能结合成氢分子。因此,在氧化物颗粒的表面大都吸附着从熔体中析出的氢。当铝与水分起化学反应时,同时生成氧化铝和氢,这也是使氢吸附在氧化铝表面的根源。生产实践证明,当铝中含氧化杂质较多时,含氢量也较多。

氯是净化铝液最有效的气体熔剂。氯与铝生成气态 $AlCl_3$,在铝液中以微细气泡的形式从熔池底部上升到表面。在上升过程中,氧化铝颗粒附着在气泡表面,铝液中的氢则扩散入气泡内部与气泡一同上升。所以氯既能除灰,又能除气。但氯有毒性,故现多数用 90% 氮和 10% 氯的混合气体代替。固体熔剂一般采用熔点低于铝熔点的 NaCl、KCl、$CaF_2$、$Na_3AlF_6$ 和 $Na_2SiF_6$ 等混合盐。用于铝镁合金熔炼的熔剂不应含 Na。在高温时能分解释放氯的固态 $C_2Cl_6$ 和 $CCl_4$ 也可作为熔剂用。有些熔剂,如 $K_2TiF_6$ 和 $KBF_4$,还具有细化晶粒的作用。

为了提高净化效果,应使熔剂所产生的气泡弥散地、自下而上地穿过熔池。熔剂必须干燥。铝液净化以后的含氢量应低于(0.15~0.20) mL/0.1g(Al)。对于要求较高的产品含氢量应低于(0.10~0.15) mL/0.1g(Al)。氧化铝在铝液中不溶解。氧化铝颗粒在铝液中分布不均匀,难以测定其含量的正确数据。实验测定的氧化铝含量在0.003%~0.04%之间。从熔炉或静置炉流出的铝液经玻璃丝布、多孔耐火管、泡沫陶瓷过滤以后,可进一步清除氧化杂质,对降低含氢量也有一定效果。

铝的净化处理。铝料的表面都有一层厚薄不均的氧化膜,有时还吸附水分,夹杂灰沙,黏有油污,涂有油漆等。在熔化时,铝料在高温环境中进一步氧化,氧化膜厚度增加,并与气氛中的水分起化学反应,生成氧化铝和氢,使氧化夹杂和气体含量增加。所以,铝料熔化以后,必须进行净化处理,以清除铝液内部的杂质和气体。

用于净化铝液的物质统称为熔剂。熔剂在室温多数是固体或气体,也有个别熔剂是液体,如 $CCl_4$。固体熔剂的优点是体积小,容易运输和储存,但都具有较强的吸湿性,必须密封包装。为了提高固体熔剂的净化效果,可将熔剂压紧成紧密小块用铝箔包裹,放入长柄的钻孔容器内插入熔池底部。对以 NaCl 和 KCl 的混合盐为基体的熔剂,可先按配比将混合盐熔化后,加入难熔组分,例如 $Na_3AlF_6$,经搅拌冷却后注入密封铁箱内。熔剂使用前应存放在室温较高的干燥地点,如熔炉旁,以防受潮。在熔炉内施加覆盖熔剂,可以减少熔化消耗,阻止铝液从炉膛气氛中吸收气体,但覆盖熔剂的耗用量大(约相当于铝料重量的10%),使生产成本提高,中小型铝加工厂一般不采用。净化熔剂的使用通常是在铝料熔化以后将按配比混合的粉状熔剂撒在熔池表面,然后用长柄工具搅动铝液,促使灰渣上浮。在搅动过程中,部分熔剂加入熔池内部,与铝液发生化学反应,生成不溶于铝的气态物质,在气泡上升过程中起除气和除灰的作用。使用较多的一种熔剂是2份冰晶石与1份氯化铵混合的粉末,其净化铝液时的化学反应如下:

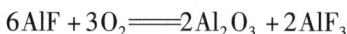

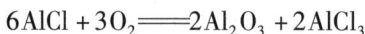

$$Na_3AlF_6 + Al \Longrightarrow 2AlF_3 + 3Na$$
$$NH_4Cl + 2Al \Longrightarrow AlN + AlCl + 2H_2$$
$$AlF_3 + 2Al \Longrightarrow 3AlF$$
$$AlCl_3 + 2Al \Longrightarrow 3AlCl$$
$$6AlF + 3O_2 \Longrightarrow 2Al_2O_3 + 2AlF_3$$
$$6AlCl + 3O_2 \Longrightarrow 2Al_2O_3 + 2AlCl_3$$

以上化学反应中所生成的 $Al_2O_3$,AlN 和 $H_2$,连同铝液中原有的 $Al_2O_3$ 和 $H_2$ 一起被 $AlF_3$ 和 $AlCl_3$ 气泡带出液面。有时也用 $Na_2SiF_6$ 作为熔剂,但其净化效果不如 $Na_3AlF_6$。用 $Na_2SiF_6$ 作熔剂时的化学反应如下:

$$Na_2SiF_6 + 2Al \Longrightarrow 2AlF + 2Na + Si$$
$$Na_2SiF_6 + 2Al \Longrightarrow 2NaF + SiF_4$$
$$3SiF_4 + 2Al_2O_3 \Longrightarrow 3SiO_2 + 4AlF_3$$

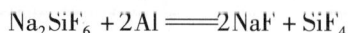

### 5.2.2 炉内净化处理

炉内净化处理,炉内净化处理可分为吸附净化和非吸附净化两大类。

1. 吸附净化

吸附净化是依靠精炼剂产生的吸附作用达到除去氧化夹杂和气体的目的。

（1）浮游法

1）惰性气体吹洗。惰性气体指与熔融铝及溶解的氢不起化学反应，又不溶解于铝中的气体，通常使用氮气。铝液中的夹杂物 $Al_2O_3$ 能自动吸附在氮气泡上而被带出液面。氮气的除气原理，是由于氮气泡中最初的 $P_{H_2} = 0$，在气泡和铝液的界面上有压力差，使溶于金属液中的氢不断吸入气泡中，这一吸入过程直至气泡中氢的分压力和铝液中氢的分压力相等时才会停止，气泡浮出液面，气泡中的氢气即逸出而进入大气中。因此，气泡的上升过程中既带出氧化夹杂，也带出氢。通氮的温度最好控制在 710～720 ℃，以免氮与铝液反应形成氮化铝。镁和氮易生成氮化镁。因此铝镁系合金不适于用氮气精炼。

2）活性气体吹洗。对铝来说，活性气体主要是氯气，氯气本身也不溶于铝中，但氯与铝及溶于铝液中的氢都迅速发生化学反应：

$$Cl_2 + H_2 = 2HCl\uparrow + 184.8kJ$$

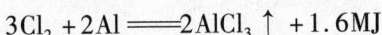
$$3Cl_2 + 2Al = 2AlCl_3\uparrow + 1.6MJ$$

反应生成物 HCl 和 $2AlCl_3$（沸点 183 ℃）都是气态，不溶于铝液，和未参加反应的氯一起都能起到精炼作用，因此净化效果比吹氮时要好得多，同时除钠效果也显著。氯气虽然精炼效果好，但其对人体有害、污染环境，易腐蚀设备及加热元件，且易使合金铸锭结晶组织粗大，使用时应注意通风和防护。

3）混合气体吹洗。单纯用氮气精炼效果差，用氯气又对环境及设备有害，所以多采用混合气体精炼，以提高精炼效果，减少其有害作用。

混合气体有两气体混合，$N_2 - Cl_2$，也有三气体混合，$N_2 - Cl_2 - CO$。$N_2 - Cl_2$ 的混合比多采用 9:1 或 8:2，效果较好。$N_2 - Cl_2 - CO$ 混合比一般为 8:1:1。在铝液中的反应如下：

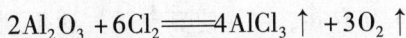
$$2Al_2O_3 + 6Cl_2 = 4AlCl_3\uparrow + 3O_2\uparrow$$

$$3O_2 + 6CO = 6CO_2\uparrow$$

$$Al_2O_3 + 3Cl_2 + 6CO = 2AlCl_3\uparrow + 2CO_2\uparrow$$

$AlCl_3$ 和 $CO_2$ 都有精炼作用，又能部分分解 $Al_2O_3$，所以明显地增加精炼效果。

4）氯盐净化。常用的氯盐有氯化锌（$ZnCl_2$），氯化锰（$MnCl_2$），六氯乙烷（$C_2Cl_6$）、四氯化碳（$CCl_4$）、四氯化钛（$TiCl_4$）等，在熔体中的反应如下：

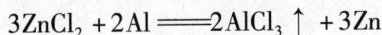
$$3ZnCl_2 + 2Al = 2AlCl_3\uparrow + 3Zn$$

$$3MnCl_2 + 2Al = 2AlCl_3\uparrow + 3Mn$$

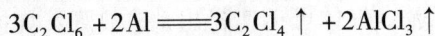
$$3C_2Cl_6 + 2Al = 3C_2Cl_4\uparrow + 2AlCl_3\uparrow$$

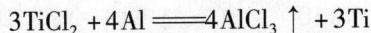
$$3TiCl_2 + 4Al = 4AlCl_3\uparrow + 3Ti$$

因氯盐皆有吸潮的特点，使用时应注意脱水和保持干燥；Zn 对部分合金含量有控制，使用时应注意用量。$C_2Cl_6$ 为白色晶体、密度为 2 091 kg/m³，升华温度为 185.5 ℃。$C_2Cl_4$ 沸点为 121 ℃，不溶于铝，它和 $AlCl_3$ 一起参与精炼，因此精炼效果好，但密度小反应快，不好控制。

5）无毒精炼剂。铝合金精炼剂主要是碱金属的氯盐和氟盐，工业上常用的几种熔剂见表5－2。

表 5 - 2　工业熔剂

| 熔剂种类 | 主要成分/% | 主要用途 |
|---|---|---|
| 覆盖剂 | NaCl　　　39<br>KCl　　　50<br>$Na_3AlF_6$　　6.6<br>$CaF_2$　　　4.4 | Al - Cu 系、Al - Cu - Mg 系、Al - Cu - Si 系、Al - Cu - Mg - Zn 系 |
| | KCl、$MgCl_2$ 80<br>$CaF_2$　　　20 | Al - Mg 系、Al - Mg - Si 系 |
| 精炼剂 | NaCl　　　47<br>KCl　　　30<br>$Na_3AlF_6$　　23 | 除 Al - Mg 系、Al - Mg - Si 系以外的其他系合金 |
| | KCl、$MgCl_2$　60<br>$CaF_2$　　　40 | Al - Mg 系、Al - Mg - Si 系 |

　　熔剂的精炼作用主要是靠其吸附和溶解氧化夹杂的能力。45% NaCl + 55% KCl 构成的熔剂熔点只有 650 ℃，表面张力小，是常用的覆盖剂。加入少量的氟盐($NaF$、$Na_3AlF_6$、$CaF_2$ 等)，提高了熔剂的分离性，防止产生熔剂夹杂。一般熔盐对氧化物的溶解能力并不大，通常为 1% ~ 2%，如在熔剂中加入冰晶石($Na_3AlF_6$)，就使熔剂对氧化物的溶解能力大大加强。

　　2. 非吸附净化 – 真空处理

　　根据氢气溶解度与其分压的平方根关系，在真空下，铝液吸气的倾向趋于零，而且溶解在铝液中的氢有强烈的析出倾向，生成的气泡在上浮过程中能将非金属夹杂带出铝液，使熔体得到净化。由于铝液表面有致密的 $\gamma - Al_2O_3$ 膜存在，往往使真空除气达不到预想的效果，因此在真空除气之前，必须清除氧化膜的阻碍作用，真空净化才能达到预想效果。真空处理有三种方法：

　　(1)静态真空处理。熔体在静置炉内进行真空处理，熔体表面撒上一层熔剂，以便气体顺利通过氧化膜。

　　(2)静态真空处理加电磁搅拌。熔体在静置炉内进行真空处理的同时，对熔体施加电磁搅拌、提高净化效果。

　　(3)动态真空处理。真空处理炉达到一定真空度后(约 1 333.3 Pa)，向真空炉内喷射熔体的喷射速度为 1 ~ 1.5T/min，形成细小液滴，气体可迅速析出，钠被蒸发烧掉。处理后熔体的气体含量低于 0.12 cm³/100 g，氧含量低于 $6 \times 10^{-6}$。真空处理炉一般为 20、30、50t 级三种。

　　真空处理不但净化效果好，而且对环境没有任何污染。

### 5.2.3　炉外连续处理

　　炉外熔体的连续处理也叫在线处理或联机处理。因炉内处理除渣效果不佳，而且熔体又有二次污染的可能，为提高处理效果和保证熔体品质的稳定可靠，炉外连续净化得到迅速发展。这种处理技术净化效果好，公害小，是今后熔体处理的方向。炉外处理方法很多，按其主要作用可分为以除气为主的，如 Air - Liquide 法；以过滤除渣为主的玻璃丝布、陶瓷管和陶瓷泡沫过滤法等；除气、除渣兼有的，如：Alcoa469、FILD、Alpur、MINT 法等。

1. 过滤除渣技术

(1)玻璃丝布过滤

玻璃丝布过滤铝熔体在国内外已广泛应用。国产玻璃丝布孔眼尺寸为 1.2 mm × 1.5 mm，孔目数 30 目/cm³，过流量 200 kg/min 左右。此法特点是适用性强、操作简便、成本低，但过滤效果不稳定，只能除去尺寸较大的夹杂，对微小夹杂无效。所以适用于要求不高的生产情况，且玻璃丝布只能使用一次。

(2)刚玉微孔陶瓷管过滤器

陶瓷管过滤器中装有外径 100 mm，内径 60 mm，长度 500～900 mm 的陶瓷过滤管数根。熔体通过陶瓷管的大小不等、曲折的微细孔道，熔体中的杂质被阻滞、沉降及介质表面对杂质产生吸附和范得瓦尔斯力作用，将熔体中杂质颗粒滤除。过滤精度，20 目陶瓷管能滤除 5 μm 以上的夹杂颗粒，16 目的可滤除 8～10 μm 的杂质颗粒。陶瓷管的使用寿命，一般通过量可达 300～600 t。

(3)陶瓷泡沫过滤板(CFF)

陶瓷泡沫过滤板是近年来发展起来的新型陶瓷过滤材料。一般制成厚度 50 mm，长度为 200～600 mm 的过滤片，孔隙度高达 0.8%～0.9%。它的特点是使用方便，过滤效果好，过滤时不需要很高的压头，初期为 100～150 mm，过滤后只需 2～10 mm，价格较便宜。但是陶瓷泡沫过滤板较脆、易破损，通常也只能使用一次。

2. 除气技术

炉内除气主要在静置炉居多，除气使用的精炼介质有：熔剂(包括块状和粉状)、四氯化碳、六氯乙烷、氯气及其他混合气体等，对于半连续生产来说，它不失为一种好方法；但对于连续生产来说，在炉料交接或半炉料时进行精炼，容易把已沉淀的杂质重新搅起来，影响熔体品质，且在炉内精炼时气泡大小不易控制，精炼效果并不理想，建议采用在线除气。如需在炉内进行除气，最好在熔炼炉精炼，使静置炉真正起静置作用。同时建议对熔炼炉至静置炉之间的供流系统作相应改进，以减少倒炉时的吸气及造渣。

目前国内外常用的在线除气方法有：SNIF 法、ALPUR 法、RDU 法、MINT 法等，无论采用哪种装置和方法，哪种除气介质，其机理是一样的，即依据分压差实现熔体脱气。

(1)除气机理

当用于精炼除气的气体被吹入熔体中时，会产生或反应产生大量的气泡，在气泡与金属的接触面上，开始时气泡内部与金属中的氢存在分压差，由于分压差的作用，熔体中的氢向气泡内渗透，当气泡上升到金属表面时，氢即被带入大气中，从而实现脱气；相关杂质亦被带到熔体表面，实现熔体净化。

(2)影响铝熔体脱气的因素

1)除气介质。除气介质中的惰性气体主要以 $N_2$、$Ar_2$ 为主，它不与铝发生化学反应；而活性气体以 $Cl_2$ 为主，与铝发生化学反应生成氯化铝蒸气，并且直接与氢起化学反应，其净化效果较单纯用惰性气体好。

氯气的净化过程如下：

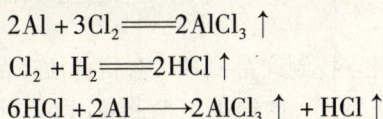

$$2Al + 3Cl_2 \Longrightarrow 2AlCl_3 \uparrow$$

$$Cl_2 + H_2 \Longrightarrow 2HCl \uparrow$$

$$6HCl + 2Al \longrightarrow 2AlCl_3 \uparrow + HCl \uparrow$$

2）扩散速度。除气时要想气泡中的氢浓度很快达到平衡，氢的扩散速度是关键。相同条件下，杂质少的熔体要比杂质多的熔体扩散更快，脱气更好。

3）脱气时间。脱气时间较短时，其气泡和熔体的氢来不及达到平衡即逸出表面，效果不理想；增长脱气时间有利于氢原子进一步扩散到气泡中去，增大脱气效果；为此除气的熔池需有一定的深度。

4）气泡表面积。在相同条件下，气泡愈小，其表面积愈大，其与熔体的接触面积增大，脱气效果愈好；为此如何获得微小气泡，增大气泡表面积是除气的关键。

目前铝熔体的在线除气装置为获得微小气泡，提高脱气效果，一方面是利用石墨转子的叶轮把气泡打碎，另一方面是采用多喷嘴形式，但均不是很理想，因为石墨转子除易堵塞外，还给熔体也带来一定的污染；采用多喷嘴，其耗气量增加，且不利于获得微气泡。该方法具有如下的优点：

①精炼气体通过砖体的微通道获得微小气泡、增大气泡表面积，提高精炼效果。

②可实现多砖体除气，适用于不同流量的生产作业。

③占地面积小，安装简单，成本低。

④操作方便、稳定性好、使用寿命长。

（3）除气技术

1）Air – Liquide 法。Air – Liquide 法是炉外连续处理的一种初级形式。装置的底部装有透气砖（塞），氮气通过透气砖形成微小气泡，在熔体中上升，气泡在和熔体接触及运动的过程中吸附气体，吸附杂质，带出表面，产生净化效果。此法虽有除渣作用，但效果不甚理想。

2）FILD 法：FILD 法（Fumeless In – Line Dgassing）是英国铝业公司（BACO）研制成功的连续净化方法。

3）Aloca 469 法：此法由美国铝业公司（Aloca）研究。

4）SNIF 法：为旋转喷嘴惰性气体浮游法的简称，是美国联合碳化物公司研制的一种铝熔体炉外处理装置。此法没有过滤装置，在两个室中设有两个石墨制的气体旋转喷嘴，气体通过喷嘴的转子形成分散细小的气泡，同时随着转子搅动的熔体使气泡均匀地分散到整个熔体中去，从而产生除气、除渣的净化效果。此法避免了单一方向吹入气体造成气泡的聚集，上浮形成的气体连续通道，使气体与熔体接触时间缩短而影响净化效果。吹入气体为氮气和氩气，为提高净化效果可混入2%～5%的氯气。

5）Alpur 法：是法国彼施涅公司研制。也是利用旋转喷嘴，使精炼气体呈微细气泡喷出分散于熔体中。但与 SNIF 的喷嘴不同，它同时搅动熔体进入喷嘴内与气泡接触，使净化效果提高。气体为氮气和氩气。

6）MINT 法：（Melt In – Line Treatment System），此法是美国联合铝业公司（Conalco）于1982年发明的一种熔体炉外处理装置。铝熔体从反应器的入口以切线方式进入圆筒形反应室，使熔体在其中产生旋转。反应器的下部装有气体喷嘴，分散喷出细小气泡，靠旋转熔体作用使气泡均匀分散到整个反应器中，产生较好的净化效果，熔体从反应室流出后进入陶瓷泡沫过滤器，可进一步除去非金属夹杂。净化采用的气体为氩气，也可添加少量的氯气。

3. 熔体检测

先进的检测技术是铝加工过程中实现自动化、控制产品品质、获得优质产品必不可少的手段。近年来，电子技术、微机和软件业的迅速发展，使铝加工检测技术有了很大进展，出现了许多检测时间短、精度高、操作简便、便于携带的先进仪器，极大地促进了铝加工生产技术水平的提高。

（1）熔体合金成分分析方法

铝合金的化学成分分析方法可分为化学分析法和光谱化学分析法两大类。化学分析法具有分析准确度高，不受试样状态影响，设备比较简单等优点。

光谱化学分析法是一种仪器分析方法，分析速度快，分析过程简单。根据分析原理的不同，可分为发射光谱分析法，荧光 X 射线光谱分析法和原子吸收光谱法。

目前铝加工业仪器分析使用最多的是发射光谱法（OES）和荧光 X 射线光谱法（即 XRF 或 XF）。

1）发射光谱分析法。发射光谱分析法是在试样被激发后发光的过程中，经分光仪器得到不同波长及强度的原子或离子被激发的光线的线状光谱。测量这些谱线即可确定试样成分。

瑞士 ARL 公司是著名的光谱仪公司。ARLA460 金属分析仪元素检测限可达到很低的水平，在不到 1 min 的时间内，化验员可检测出 60 种元素的含量。发射光谱仪可以采用工厂校准来代替研究实验室校准，后者是极其复杂的多变量回归，用来消除基体效应以及光谱干扰。对铝来说，根据实验室的要求，可用专用合金校准（比总体校准要精确）。这些合金包括纯铝、低合金元素含量的合金（微合金化合金），AlSi、AlSiCu、AlCu、AlZn、AlMn、Al－Mg。对超纯铝也可以给出精确的分析结果。装上 SparkDAT 功能的 ARLA460 金属分析仪可以收集各个火花点的信息，离线检测金属中的夹杂。

德国斯派克公司生产各类不同用途的系列光谱仪，其中废金属分类用手持式分光计"spectrosort"无须电源插座和保护气体，无放射源，适于金属鉴定，进口货物检测，金属废料分类以及金属加工过程中许多其他工作。这种金属分析器可在 4 s 内给出准确可靠的测试结果。

YSI 公司的 ARC－MET930SP 是可用于铝合金成分分析的便携式分光计，采用氩弧激发源，分析速度和精度很高。铝合金元素的校准范围：$Si(0\% \sim 16\%)$，$Mg(0\% \sim 10\%)$，$Cu(0\% \sim 7\%)$，$Mn(0\% \sim 2\%)$，$Zn(0\% \sim 8\%)$，$Ni(0\% \sim 2\%)$，铝合金中的其他元素如 Fe、Pb、Bi、Cr、Ti、Sn、V、Ca、Be 等也可分析。

ARL Laser Spark 采用了激光激发源，维护容易，投资少，其最大优点是分析操作不受分析表面品质的影响，无须清理电极，也不需要进行试样准备。

电感耦合等离子体原子发射光谱法（ICP－AES 或 ICP）是用一种合成溶液标准对液体试样进行分析，可同时分析多种元素。它采用电感耦合等离子体激发源使样品激发到原子或离子状态，发出光。进行 ICP 分析时样品温度可达 10 000 ℃。即使最难解离化合物的元素也会被高效率地原子化，因而检出限大大降低。ICP 仪分两种类型：径向型和轴向型，后者检出限比前者可降低 5 ~ 10 倍。有的仪器同时配有这两种观察方式。同时型 ICP 仪可在不到 1 min 的时间内分析一个试样中的 60 种元素。顺序型 ICP 仪可每分钟分析 5 种元素。

法国 Jobin Yvon 公司生产的光谱仪 ULTIMA C 适用于数量大、速度快、又需要在复杂基体中达到最低检测极限的成分分析场合。它采用专利的伴随金属分析器，能同时分析所有元素。仪器的检测限很低，如 Pb，Ss，Se 为 $1.5 \times 10^{-9}$，Cl，Br（远紫外线任选）为 $200 \times 10^{-9}$，Cd 为 $0.09 \times 10^{-9}$。在仪器校准过程（ICP）中，其大面积（110 mm × 110 mm）的衍射光栅和两个反射镜提供高品质信号和高分辨水平，UITIMA C 的高分辨率消除了大部分光谱干扰，在各种应用场合都可获得可靠和精确的结果。ULTIMA C 通过径向观测能分析含有最多 30% 固体溶质的溶液，从而减少干扰。

2）荧光 X 射线法（XRF，XF）。荧光 X 射线法基本原理：当试样受到一次辐射的 X 射线波长比被测元素的吸收限波长稍短时，该元素就会发射出大量的二次标识 X 射线，即荧光 X 射线。各元素的荧光 X 射线波长是固定不变的，故又称为特征辐射线，其强度与试样中该元素的浓度成正比。该法是非破坏性分析，测定部位是 100 $\mu m$ 的表面层，对高含量元素的分析准确度很高，分析速度快，测定成分范围宽 $[(1 \times 10^{-6})\% \sim 100\%$，灵敏度高的甚至可分析低到 $1 \times 10^{-9}$ 的含量]。可分析固体、粉末、液体、薄膜及镀层等类型的样品。

荧光 X 射线系统有顺序操作和同时操作两类，前者灵活性大，在分析内容预先知道时后者速度快。20 世纪 80 年代中期，ARL 公司将两种操作结合在一起，其优点是既保留了其灵活性，又可很快地进行全部分析。这一技术已被铝加工业广泛接受。

由于更精密的耦合镜片和先进的测角仪技术的出现，荧光 X 射线法的性能已有了很大改进。ARL 公司开发的第 4 代莫尔条纹测角器，采用荧光 X 射线工作原理。由于采用了两个小圆格栅用于晶体和探测器的定位，再现性优于 0.000 2°，探测器在 0 ~ 152° 之间转动，它可装配 4 个准直器和 9 块晶体。由于应用了现代电子技术，可进行多种自调和迅速的操作，并可自动进行常规参量管理。

XRF 通常用来分析元素或氧化物含量，不能检测特殊的相或矿物。在一些特殊的生产工艺中 X 射线衍射法（XRD）可用来检测这些内容。

新的 X 射线光谱仪与 XRD 系统集成在一起成为 X 射线分析仪。再装配上顺序和同时类型的 XRF 装置则可进行快速而灵活的元素及氧化物分析，而 XRD 系统可用于专门的相和矿物的分析。

ARL Quant AS 和 UniQuant 软件包可用来分析未知的、非常规的样品。Quant AS 是建立在扫描基础上的程序，而 UniQuant 采用峰值分析，这些半定量分析程序的主要优点：①无须相应的标准样品；②可分析各种规则及不规则形状的、成分均匀或不均匀的样品；③在 10 ~ 20 min 内即可给出分析结果。

便携式 X 荧光能谱仪可进行材料分类、鉴别、零件无损分析及无法在实验室分析的合金材料的分析。

3）原子吸收光谱法。原子吸收光谱法的基本原理是在待测元素的特定和独有波长上，测量试样产生的原子蒸气对辐射的吸收值以确定待测元素含量。在铝、镁合金成分分析中多用于微量元素的测定。该法是绝对分析方法，无须标准样品，分析准确度高。

原子吸收分光光度计的光源一般为空心阴极灯。北京有色金属研究总院研制的高性能空心阴极灯发光强度比普通灯增加数倍至数十倍，由于消除了自吸收，使测定灵敏度提高，标准曲线的线性也更加明显。

目前绝大多数商品原子吸收分光光度计都是单道型仪器。这类仪器只有一个单色器和一个检测器，工作时只使用一只空心灯，不能同时测定两种或两种以上的元素。

单道型仪器又分为单光束型和双光束型两种。

原子化器的原子化方式主要有火焰原子化和石墨炉原子化，后者的检测灵敏度比前者高得多，石墨炉法的检出限一般为 $1 \times 10^{-14} \sim 1 \times 10^{-10}$ g。

（2）熔体测渣方法

测渣方法有化学法、熔剂法、金相分析法、过滤法等。目前采用的主要是后两种方法。超声波法目前还不适用。

1) 金相法。普通金相法是利用金相显微镜来观察凝固的试样中的夹杂物,误差较大。这些试样可预先进行过滤以浓缩夹杂物,也可不过滤。前者费时费钱;后者灵敏度低,易受人为干扰。

加拿大铝业公司的 PoDFA (Porous Disc Filtration Analysis) 系统,也是用于测定铝液洁净度的品质控制工具。它是唯一的既可对夹杂物性质进行定性分析也可对夹杂物浓度进行定量分析的品质控制工具。生产者可根据 PoDFA 的测定结果正式决定铝液是否可用于一些夹杂物要求严格的产品的生产。该法先通过过滤将夹杂物富集,然后用金相显微镜来进行夹杂物分析。

一种新的便携式配有 EDX ( energy – dispersive X – ray analysis 能量分散 X 射线分析) 扫描式电子显微镜可用于夹杂检测。它不需要通常电子显微镜的典型实验室环境,可应用于现场,是一种万能的质量检查工具。操作简单,即可以以分析扫描电镜方式也可以以自动分析方式使用。操作及日常维护成本很低。试样制备与普通金相试样相同,试样形状并不重要,日常分析用试样形状应以保证成本较低为原则。

在 Personal SEM 上,分析表面根据四角坐标(four coner coordinates)来设定,调整焦点,放大倍数调整合适后,分析程序计算要分析的那些区域,通过仪器自动平台的移动逐个扫描要分析的区域。根据放大倍数,分析程序将这些区域进一步分成放大的“电子”工作区,使分析速度达到最佳值。为记录图像,Personal SEM 有一个 SE(二次电子用于表面形貌)探测头和一个 BSE(背散射电子用于表面元素对比)探测头。BSE 探测头显示金属试样中的外来夹杂。材料中要研究的相通过对比度阈进行探测并被测量和分析。EDX 对夹杂物的分析可根据要求在中心,沿对角线、整个表面,或在周边进行。可以选择相应的检测方式测定专门的检测内容如:尺寸、长度、宽度、外貌、化学成分和亮度。在线统计可显示每个夹杂的尺寸(长、宽、面积)和所含的元素。这样就可对夹杂进行识别和分类。为了归档和进一步的数据处理,所有粒子检测结果都被保存在数据档案中。根据保存的夹杂物的数据,可在一台独立的 PC 机上输出统计结果。一次分析的总时间为 $0.5 \sim 2$ h。

2) 过滤法。Qualiflash 是一种评价铝液洁净度的过滤技术。当铝液进入一个底部有过滤器的温控罩内时,氧化物会阻塞模压陶瓷的过滤器。过滤的金属被保留在有 10 个刻度的锭模中。根据铝液停止流动时锭模中铝的数量来确定铝液洁净度。Qualiflash 是一种便携式仪器,可用于炉前分析,一次测试仅需 20s 的时间。

LAIS 是让铝液通过一个细氧化铝烧结块。冷却剖切后将试样镶嵌抛光进行金相分析,用烧结块(即过滤片)上夹杂物的面积除以过滤的金属量作为指标。

加拿大 Bomem Inc(公司)开发了 Prefil – Footprinter,其测渣原理(见图 5 – 3)是在严格的条件下通过压力过滤使液态铝通过细孔陶瓷圆片。测试结果是过滤出去的金属质量与时间的关系曲线,该曲线 3 min 内即可在计算机屏幕上显示出来。根据该曲线的斜率,与给定的合金、生产工艺或阶段的标准铝液夹杂水平相对比即可确定夹杂含量。斜率越大,夹杂含量越少。数据库的建立可以确定生产中在专门检测条件下测量的铝液夹杂的极限。数据库专门用于比较和参考。在相同的检测条件下测得结果可与数据库进行对比。

测量后残余的金属可用来进行标准的金相分析,以确定各种夹杂的数量。

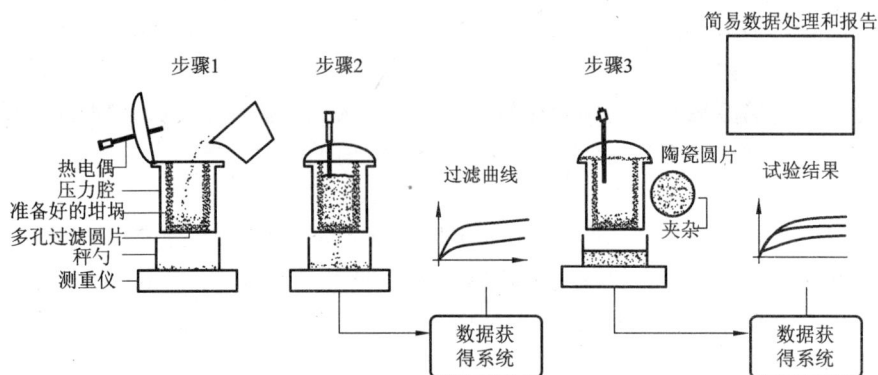

**图 5 - 3　Prefil - Footprinter 法测渣原理**

Prefil - Footprinter 的测量过程由三个阶段组成。首先将底部有多孔陶瓷圆片的坩埚预热并放入压力室中，放一勺铝液于坩埚内，关上盖，打开加压按钮。然后当铝液温度降到规定值时，系统在坩埚内施加一恒定压力强迫铝液通过过滤圆盘。与计算机相连的负载测量装置记录下过滤出的金属质量与时间的关系曲线，并即时显示在计算机屏幕上。在不到 3 min 的时间内结束试验后，压力腔中压力自动降低。试验结果与有关信息一同被保存。

PoDFA 法及金相分析法对比后发现，Prefil - Footprinter 与金相分析法具有较好的一致性。A356. 2 合金的检测表明，Prefil 法与 PoDFA 法具有较好的一致性。

Prefil 法测量夹杂速度快，比单纯的金属取样法灵敏，可用于铝液质量控制。

3) LiMCA 系统。Bomen 公司开发的 LiMCA 系统直接测量铝液中悬浮的绝缘粒子的密度，并实时分析尺寸为 20 ~ 300 μm 夹杂物的体积分布。由于配备了先进的信号和数据处理电子装置，仪器可通过分析电压波动频率及波动幅度的分布来推测铝液中粒子的密度及体积分布。粒子密度以每公斤铝液夹杂物粒子个数来表示。它可以表示成关于铸轧时间的函数。粒子的体积分布用直方图表示，表示每单位粒子尺寸范围内粒子的密度。LiMCA Ⅱ适用于工艺开发、过程控制和质量控制。过滤前使用硅酸铝取样头，过滤后使用带伸长管的硼硅玻璃取样头。伸长管可减小微气泡对测量结果的影响，LiMCA Ⅱ能在 l min 的时间内测出熔体的洁净度。它几乎能连续监测铸轧过程中洁净度的变化情况，将其显示为工艺参数和熔体处理操作的函数，或仅显示为时间的函数。熔炼炉准备、合金配制、原料混合、静置时间以及类似的参数对熔体洁净度的影响很容易检测出来。日常操作：如液面高度控制，流盘中的紊流的影响可直接看到。对应相应的铸轧参数，夹杂从静止炉出口到达铸锭尾端的时间可以测出以便及时停止铸轧，减小切尾量。

LiMCA 根据电敏感区原理工作，在电敏感区两个浸于金属液中的电极间通有恒定的电流，两个电极被一个绝缘试样管所分开。管壁开有一个小孔，允许铝液出入。当绝缘性的夹杂通过这个敏感区小孔时，由于电阻改变产生电压脉冲信号（如图 5 - 4）。采用 DSP（digital signal processing）技术的 LiMCA 系统（如图 5 - 5）不仅记录电压脉冲的高度，同时还记录脉冲起始斜率、终了斜率、达到峰值的时间、整个脉冲时间长度、每个脉冲的起始和终了时间等 6 个参数，DSP 技术与模式识别技术相结合，可分析夹杂粒子在通过电敏感区过程中产生的电压脉冲，以便将微气泡与夹杂区分开来。DSP - Based LiMCA 比采用模拟技术的 LiMCA Ⅱ 在成本和灵活性方面更具有优势。

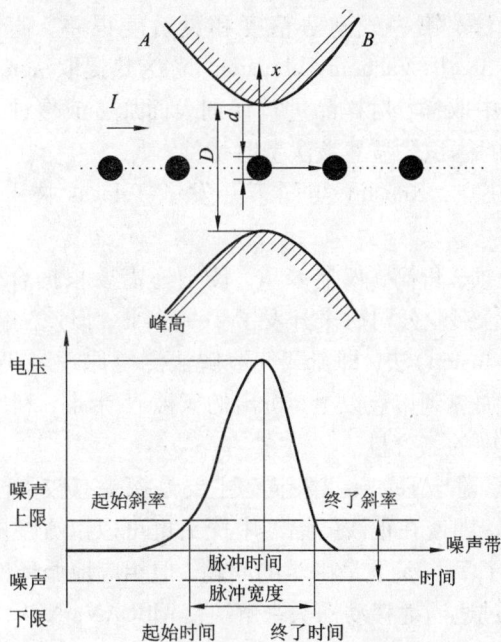

图 5-4　夹杂粒子通过小孔时产生的电压脉冲

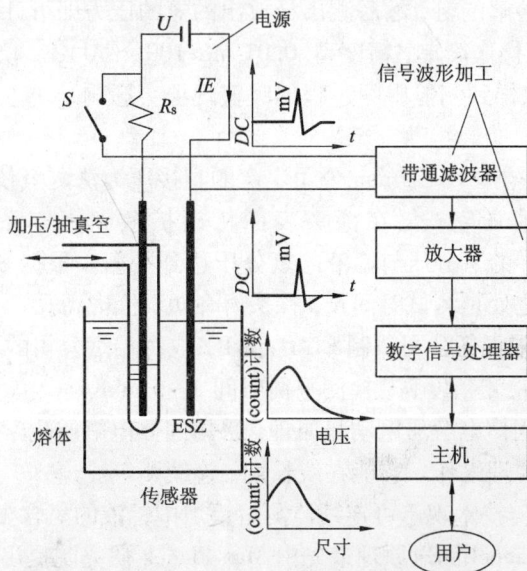

图 5-5　采用 DSP 技术的 LiMCA 系统

（3）熔体测氢方法

氢含量是铝液十分重要的质量指标。

间接测定法，如密度法、第一气泡法精度和灵敏度很差。直接定量测定法最早是由 Ransley 和 Talbot 研究的 VSF 法（Vacuum Subfusion，称为热提取法或真空半固态法）。该法是从铝液、铝铸件或加工件中取样，对样品进行仔细表面加工或侵蚀，抽真空，加热到半固态温度，然后测量析出的氢的体积。显然该法费时费钱。

为了克服 VSF 法的缺点，Ransley 与同事开发了 Telegas 技术，又称为闭路循环技术（CLR）或循环气体法。

Telegas 测氢仪探头易损，价高，仪器笨重，读数还需要根据合金成分及铝液温度修正。为解决这些问题，美国联合铝业公司后来开发了 Telegas II，但该法仍需较贵的探头。

NCF（Nitrogen carrier fusion）法，即氮载气溶解法测氢原理与 Telegas 法大体相同，这是一种取样法。将所取试样加热到熔点以上，析出的氢被 $N_2$ 带走，利用热导率探测仪求出氮气中氢的含量即可确定铝液中的氢含量。

AISCAN 测氢仪工作原理与 Telegas II 相同，主要是探头有较大改进，结实价廉的浸没式探头无须预热或少量处理，即使在很浅的铝液中探头也可以以方便的角度使用，另外它无须将气流吹入铝液中，解决了 Telegas II 最困难的问题，但相应地循环惰性气体中的氢达到平衡所需时间也加长，这可通过适当地移动探头来解决。AISCAN，NCF，Telegas 和 VSF 法的每次分析成本相对比例为 1:2:3:4。

AISCAN 每次测量时间约为 10 min，精度为 +0.01 mL/100g（Al）或 ±5%，探头寿命与合金有关，多数情况下，至少可承受 10 次浸渍，或在铝液中 3 h 以上的累计时间。在纯铝中的寿命会更长些。目前第三种类型的这种仪器 AISCAN CM 已出现，其功能更强大。

Hyscan 测氢仪测量时用钢勺取 100 g 待测铝熔体倒入不锈钢样品室中，抽真空，使样品在凝固过程中析出所有溶解的氢，然后测出释放出的氢的压力即可计算出氢含量。该法速度快（整个过程约 5 min），操作简单，精度高[0.01 mL/100 g（Al）]。仪器坚固耐用，无易损探头，使用费用低，但从取样到测氢中间过程的吸氢现象会影响结果准确性。该种测氢仪多用于压铸前铝液的测氢。

E. Fromm 测氢仪是德国 E. Fromm 公司生产的直接压力法测氢仪，其工作原理是将一特殊探头插入铝液中并抽真空，氢在探头表面析出扩散到真空系统中，经过一段时间（20～30 min）真空系统中的氢分压与铝液的氢分压达到平衡。根据 Sieverts 定律即可算出铝液中氢含量。该法不足之处是测试时间长，探头寿命短，价格高。

西南铝业（集团）有限责任公司研制 ELH-IIIB，成都瑞杰公司的 HAD-II 测氢仪工作原理都与 Telegas 法相同，检测精度高，检测平衡时间 3～5 min。

NCH 测氢仪，根据固体电解质电动势原理，采用固体电解化学传感器制成。其氢传感器是根据氢浓度差电池原理工作。它能在线长期、连续测氢。

Chapel（即哈培尔法）技术现已可连续监测熔铝炉中铝液的氢含量，但要求探头及设备结构必须适应炉子结构，Chapel 测氢原理最先由 Max Planck 研究院提出，由 RWTH-Aachen 对其进行了完善。由于采用了紧凑式 SiN 探头和新开发的探头密封，该技术可对铝熔炼炉内的铝液连续测氢。为保证测量结果准确，测量点必须尽可能靠近放流口，配有法兰及密封 SiN 探头可以在放流口测量正在流出的铝液的氢含量，使输给控制中心的测量结果可用来及时调整生产的各工序。

哈培尔法原理与"第一气泡法"相同。铝液中氢的溶解度 $CH$、氢分压 $p_{H_2}$、铝液温度 $t$ 之间存在如下关系：

$$CH = K\sqrt{p_{H_2}}e^{E_s/2\pi t}$$

式中：$K$——常数；

$\quad\quad E_s$——氢的摩尔溶解热；

$\quad\quad R$——气体常数。

上式中最难确定的是 $P_{H_2}$，第一气泡法是根据第一个气泡从铝液中析出时的压力来确定气泡中的氢压力 $p_{H_2}$，它近似等于作用在析出气泡上的外部压力 $p_{外}$。测出 $p_{外}$ 即可确定 $p_{H_2}$。

哈培尔法中的圆柱形多孔石墨探头通过一个气密陶瓷管与压力测定仪相连。探头浸入铝液后迅速抽出探头内的空气，此时探头就像一个人造气泡。铝液中的氢向这个气泡中扩散，直到气泡中的压力与铝液中的氢分压 $p_{H_2}$ 相等。此时测出探头中的气压即可确定铝液的氢分压。探头结构及气路图见图 5-6(a)，图 5-6(b)。图 5-6(c)是测量过程中探头内气压变化曲线，可大致分为三个阶段：①抽真空阶段对应图中 AB 段；②消除壅压阶段；③铝液中的氢向探头中扩散的阶段。为了缩短压力达到平衡的时间，可以向探头中注入一定量的氢气。无论是否达到平衡，探头内的压力都有显示。这种方法适用于连续测氢，当然更可以间隔测量，每次测量循环时间仅为 1 min。

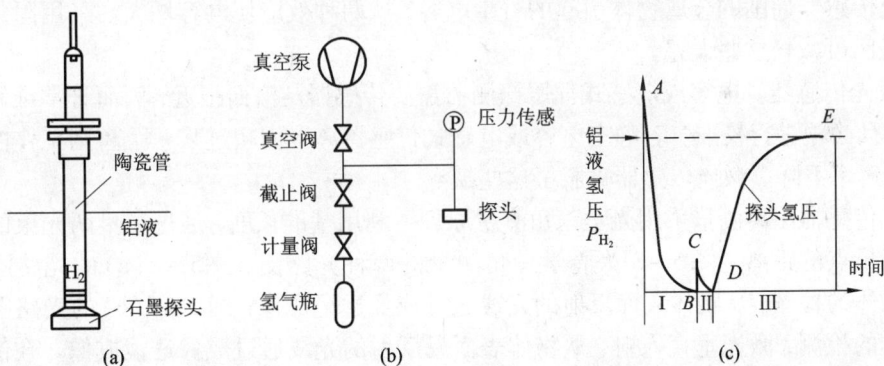

图 5-6　哈培尔法

（a）探头结构；（b）气路原理图；（c）测量中气压曲线

德国一家公司正在开发铝液快速测试仪（图 5-7），这种多用途测试仪测试铝液氢含量的时间不到 1 min，并可采用 Straube-Pfeiffer 真空气体试验法测量氧化夹杂含量，此外还可在降低压力的条件下制作密度测试样品。该机采用取样法进行测量。

（4）液面高度测定

铸轧板及连续铸轧过程的稳定性都与铝液液面高度精确稳定的控制密切相关。目前铝液填充程度由各种漂浮系统控制，由于这些系统与铝液直接接触，会产生错误的控制（例如当其上粘有金属时）。此外，为了进行过程和质量控制，希望获得一些重要的工艺数据，采用漂浮系统很难满足这些要求。解决这一问题的新方法是使用非接触式液面高度传感器。

1）电容传感器。电容式位置传感器响应速度快，再现性好，对来自烟雾、化学气体、粒

图 5 - 7　多用途铝液检测仪

子的污染不敏感，电学特性良好，在操作环境下稳定性好，此外，在电磁铸轧中不受磁场影响。

电容传感器感应头与金属液面分别作为电容器的两个极板构成一个电容。通常电容量大小与探头和液面的距离成反比。该电容一般用来控制一个振荡器，然后转换为 4 ~ 20 mA 的输出电流送给液面控制器。

湿度、压力、温度对介质的介电常数都有轻微的影响，但最主要的是电容器极板的边缘效应以及传感器周围的金属物体引起的寄生电容，这两种效应使电容增大。采用附加电路束集电容场区可减轻这些误差。

2) 激光传感器。电容或电感式伺服探测器需要传感器与液面很近，因而日常维修工作量很大，并且必须进行校准。若静态电容或电感式传感器离液面超过某一距离则工作曲线变得平缓，分辨率下降。激光传感器克服了这些缺点。

激光传感器距离测量采用光学三角测量原理。利用基准长度，通过测量两光束的角度即可确定测量点的距离。图 5 - 8 为光学三角测量的两种光路图。图 5 - 8(a) 的光路图用于光滑镜面物体的检测，从物体表面反射的光线通过成像透镜成像；图 5 - 8(b) 的光路图用于非镜面物体的检测，激光垂直入射，从物体表面漫反射的光线通过成像透镜成像。在像面上可放置横向光电效应传感器件、电荷耦合摄像器件(CCD)或光电二极管阵列传感器测量像点位置。

尽管目前的激光探头可以离液面很远，但由于铝的反射率很高，激光探头需要很大的能量，因而被划为第三类保护级别，需要采取特殊的劳动保护措施。而且这些探测仪并不适用于所有的合金及现场条件。PreciNleter AB 公司开发的新型激光三角传感器 ProH 可避免上述的缺点。由于采用了新的发光及 CCD 线计算专利方法，即使对高反射率的纯铝液也可进行无系统误差的测量，同时该技术对烟雾不敏感。传感器可安装在距最低测量点 1m 高处，线性工作范围为 200 ~ 325 mm。

(5) 非金属夹杂物的检查方法

铝合金的非金属夹杂物，由于其分布不均匀，大小形态各异，铸锭的局部检查很难有真正的代表性，所以要做到准确的定量化是比较困难的。常用的检查方法有：铸锭断面的低倍组织检查；断口检查；金相检查；氧分析；超声波探伤检查；根据制品暴露的缺陷来判定夹杂

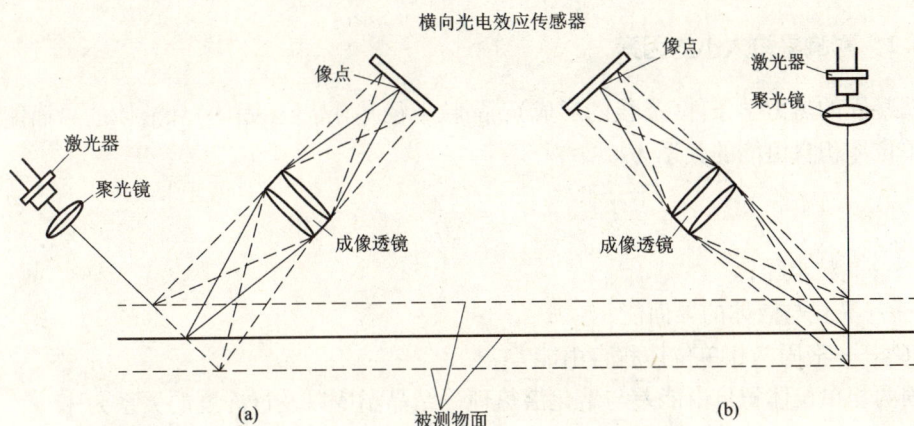

**图 5 – 8　光学三角测量原理图**

(a)用于光滑镜面物体的检测；(b)用于非镜面物体的检测

物，另外还有 Olin Frit Test 法，即取一定的熔体试样，使其通过标准陶瓷过滤器，然后用显微镜观察标准过滤器的断面，检查夹杂物的残留量的多少，此法对夹杂物的大小、多少定量较准。

## 5.3　晶粒细化技术

理想的铝板晶粒是整个截面上具有均匀、细小的等轴晶，这样压力加工时变形均匀、性能优异、塑性好，利于连续铸轧及随后的塑性加工。要得到这样的组织，通常需要对熔体进行细化处理。凡是能够促进形核、抑制晶粒长大的处理，都能细化晶粒。工业生产时最普遍采用的是利用 AlTiB 线材进行晶粒细化，匹配的工艺参数及相互关系后续进行详细介绍。

### 5.3.1　晶粒的概念

金属结晶完成后，每个晶核成长为一个外形不规则的小晶体，称为晶粒。晶粒大小可以用单位面积的晶粒数目或者晶粒的平均直径表示，金属的晶粒直径一般在 0.1 ~ 0.001 mm 范围之内，但也有特大或特小者。金属的结晶其实就是金属的凝固。纯金属的结晶过程如图 5 – 9 所示，在结晶过程中，晶粒的数目越多，晶核长大速度越慢，金属凝固后晶粒数目就越多，晶粒就越细；反之，晶核数目越少，晶体长大得越快，晶粒就越粗大。

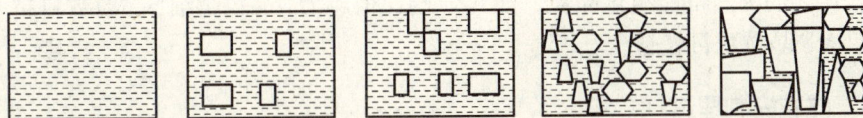

**图 5 – 9　纯金属的结晶过程示意图**

在生产中我们可以通过改变金属结晶条件来控制晶核数目及其长大速度，从而控制晶粒的大小,以提高铸件的性能。

### 5.3.2 影响晶粒大小的因素

金属凝固的热力学条件(晶核的形成):晶粒半径 $r$ 与晶粒(固体)和液体的界面能以及液固两相单位体积自由能的关系为

$$r = \frac{2\gamma}{\Delta G_V}$$

其中:$r$——晶粒半径;

　　　$\gamma$——晶粒与液体的界面能;

　　　$\Delta G_V$——液固两相单位体积自由能差。

液固两相单位体积自由能差与熔化潜热理论结晶温度以及过冷度的关系为

$$\Delta G_V = L_M \frac{\Delta T}{T_M}$$

其中:$L_M$——熔化潜热;

　　　$T_M$——理论结晶温度(熔点);

　　　$\Delta T$——过冷度。

金属凝固的动力学条件(晶粒的长大):凝固后单位体积中晶粒数目与形核率和晶核长大速度的关系为

$$N_{(t)} = 0.9 \left(\frac{I}{v}\right)^{\frac{3}{4}}$$

其中:$N_{(t)}$——凝固后单位体积中晶粒数;

　　　$I$——形核率;

　　　$v$——晶核长大速度。

在过冷的熔体中,液固两相单位体积自由能差 $\Delta G_v$ 为负值,其绝对值与过冷度 $\Delta T$ 成正比,随过冷度 $\Delta T$ 的增加呈直线增加;形核率 $I$ 和晶核长大速度 $U$ 都随过冷度 $\Delta T$ 的增加而增加,但两者的增长速率不同,形核率 $I$ 的增长速率大于晶核长大速度 $U$ 的增长速率。也就是说,过冷度 $\Delta T$ 越大,晶粒越细小。

根据金属结晶原理,结晶是由晶核形成和晶核长大两个基本过程组成的,因此晶粒的大小必然与晶核的形核率 $N$ 和晶粒长大速度 $v_g$ 这两个因素有关,经计算得出,单位面积的晶粒数目 $Z$ 与形核率 $N$ 及晶核长大速度 $v_g$ 有如下关系:

$$Z = 1 \cdot 1 (N/v_g)^{1/2}$$

由上式可知,凡能促进形核率 $N$,抑制长大速度 $v_g$ 的因素都能细化晶粒;反之,凡能抑制形核促进其长大的因素都能粗化晶粒。即 $N/v_g$ 的比值越大,晶粒越细,晶粒数目越多;反之,则晶粒越粗大,晶粒数目就越少。

### 5.3.3 晶粒控制理论

控制金属晶粒大小,在原则上就是控制形核率 $N$ 和长大速度 $v_g$ 两者的比值。

1. 控制过冷度

金属的形核率 $N$ 和长大速度 $v_g$ 都是随着过冷度而变化的,但是两者的变化率并不相同,其关系如图 5 – 10 所示。

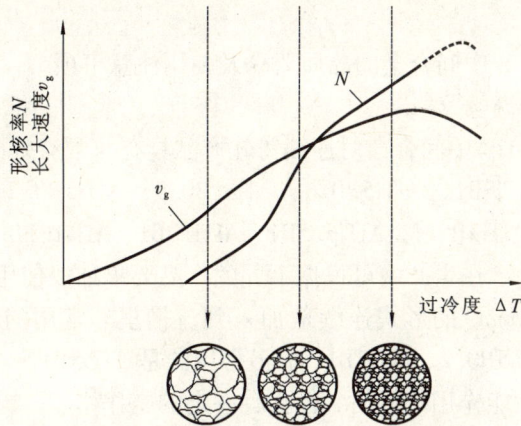

**图 5 – 10　金属结晶时形核率 $N$ 和长大速度 $v_g$ 与过冷度的关系**

由图可见，在液态金属一般可以达到过冷范围内，过冷度 $\Delta T$ 越大，$N/v_g$ 比值越大，晶粒越细。实践证明，过冷度和冷却速度有关。冷却速度越大，过冷度也就越大。所以，控制金属结晶时的冷却速度就可以控制过冷度 $\Delta T$，从而控制晶粒的大小。

我们在生产实践中，加快液态金属的冷却速度，从而增加过冷度 $\Delta T$ 的主要方式有：降低浇注温度从而降低铸型(辊)温度；采用蓄热大和散热快的金属铸型(辊)；局部加入冷金属以及采用冷却水对铸型(辊)冷却等。采用上述这些方式，一般都能增加金属结晶时的冷却速度和过冷度 $\Delta T$，从而细化晶粒，改善其金属性能。

2. 变质处理

所谓变质处理是在浇注之前，向液体金属中加入某中物质，促使非自发形核或抑制晶粒的长大速度，从而细化晶粒的方法。

在变质处理过程中，有的向液体金属中加入同类金属的细粒或结构完全对应的高熔点物质的细粒，在液态中直接起晶核的作用而增加晶核数目；也有的向液体金属中加入少量的某种元素或化合物，成为形核的基底而促进非自发形核，使形核率 $N$ 大大增加，从而细化晶粒。

3. 动态晶粒细化法

动态晶粒细化就是对凝固的金属进行振动和搅拌，一方面依靠从外面输入能量促使晶核提前形成，另一方面使成长中的枝晶破碎，增加晶核数目。面前采用机械振荡、超声波振荡、音频振动和电磁搅拌等物理方法来细化晶粒。这些细化手段，都是物理搅拌，都能起到物理细化晶粒的作用，它们一方面引起液体内温度起伏，促进正在成长的枝晶局部熔断而形成碎晶，这就等于增加液体中的晶粒数目。

### 5.3.4　生产过程控制

在铸轧生产过程中，晶粒度的调整其实运用了以上三种方法。调整铸轧区大小、提高铸轧速度、升高前箱液面、增大冷却强度、降低浇注温度等这些方法就是在控制过冷度(将在第5.5 节进行详细介绍)；在铸轧过程中加入铝钛硼丝，其实是对熔体进行变质处理；熔炉金属体化透后对熔体进行人工或电磁搅拌、静置炉精炼、除气转子搅拌等这些都属于物理搅拌，在很多情况下，对熔体中正在成长的枝晶局部起到了熔断作用，这些都属于物理细化晶粒法。

本节重点介绍对 AlTiB 中间合金的品质要求及使用注意事项。

1. AlTiB 中间合金品质要求

在铝合金生产中，AlTiB 中间合金对连续铸轧产品具有非常有效的晶粒细化作用。AlTiB 中间合金的种类有 AlTi5B1、AlTi5B0.6、AlTi5B0.5、AlTi5B0.2、AlTi5B0.1、AlTi3B1、AlTi3B0.5、AlTi3B0.2、AlTi3B0.1、AlTi6.5B1、AlTi10B1、AlTi10B0.4、AlTi10B0.15 等，形状主要有锭状和棒状两种，在生产中可根据不同的产品要求加以使用。一般情况下，连续铸轧以金属棒材（$\phi9 \sim \phi10$ mm）的形式连续地加入到流槽里。常用的 AlTiB 中间合金品种有 AlTi5B1、AlTi5B0.5、AlTi5B0.2、AlTi3B1，而最常用的是 AlTi5B1。AlTiB 中间合金，在细化晶粒、改善产品组织和性能作用的同时，也会有一定的副作用，影响产品的品质，特别是当 AlTiB 中间合金本身的品质不好时，不但晶粒细化效果不好，还可能使铝加工产品产生严重的品质问题。

（1）化学成分要求

化学成分是衡量 AlTiB 中间合金是否合格的主要指标之一，对晶粒细化效果有着重要的影响。铝钛硼中间合金棒料化学成分要求见表 5 - 3。

表 5 - 3　AlTiB 中间合金的化学成分范围/%

| 化学 | AlTi5B1 | | AlTi5B0.5 | | AlTi5B0.2 | | AlTi3B1 | |
|---|---|---|---|---|---|---|---|---|
| 元素 | 最低 | 最高 | 最低 | 最高 | 最低 | 最高 | 最低 | 最高 |
| 钛 | 4.5 | 5.5 | 4.5 | 5.5 | 4.5 | 5.5 | 3.0 | 3.6 |
| 硼 | 0.9 | 1.4 | 0.3 | 0.8 | 0.15 | 0.25 | 0.9 | 1.4 |
| 矾 | — | 0.2 | — | 0.2 | — | 0.2 | — | 0.2 |
| 铁 | — | 0.3 | — | 0.3 | — | 0.3 | — | 0.3 |
| 硅 | — | 0.2 | — | 0.2 | — | 0.2 | — | 0.2 |
| 其他成分[①]（各） | — | 0.03 | — | 0.03 | — | 0.03 | | 0.03 |

注：①其他成分包括锌、铬、铜、锰、镍和锆等。

（2）金相组织要求

除了化学成分外，另一个衡量 AlTiB 中间合金品质好坏的主要因素是其内部金相组织。在 AlTiB 中间合金中，$TiAl_3$、$TiB_2$ 相的数量、形状、分布及尺寸等不但直接影响晶粒细化效果，有些组织缺陷如粗大的 $TiAl_3$、$TiB_2$ 相，过多的粗大棒状 $TiAl_3$ 相，$TiB_2$ 相聚集团块，难熔的金属或非金属夹杂物、针孔和孔洞等，都可能造成铝加工产品的品质问题，严重时可能出现废品。AlTiB 中间合金的内部金相组织规定如下：

1）$TiAl_3$、$TiB_2$ 相的粒度。$TiAl_3$ 相的平均粒度为 30 μm × 50 μm，95% 的粒度小于 150 μm，

最大粒度为 200 μm。

TiB$_2$ 相的粒度可达到 5 μm，但大部分（90% 以上）应小于 2 μm，粒度大于 5 μm 的 TiB$_2$ 相应少于 0.000 2%。

2）TiAl$_3$ 和 TiB$_2$ 相的分布。TiAl$_3$ 相的分布要相对均匀，而 TiB$_2$ 相的分布则应弥散均匀。在横断面上，可允许的最大 TiB$_2$ 聚集团块是 25 μm，这些团块用较高倍数的显微镜观察应是刚分离开的。在纵断面上，这种团块在每平方厘米上不应超过 3 处，且每处的尺寸不应大于 100 μm × 10 μm。不允许存在超大和异常的如圆环状和发纹状的 TiB$_2$ 团块。

3）夹杂物。不允许有未熔解的钛、硅等以及其他金属或非金属（如耐火材料）聚合型夹杂物。在横断面上，每平方厘米大于 100 μm 的氧化物不得多于 3 处或大于 200 μm 的氧化膜夹杂不得多于 1 处。在纵断面上，每平方厘米内氧化膜的总长度不得超过 1 000 μm。

4）针孔或孔洞

当针孔或孔洞较多，产品的密度小于 2.5 g/cm$^3$ 时，该棒料就不能使用。

**2. 注意事项**

在 AlTiB 中间合金进行使用前，必须进行化学成分及高倍组织抽检，使用过程中要注意加入量和加入位置。

（1）使用前品质检测

正常的 AlTiB 棒材的金相组织如图 5-11 所示。

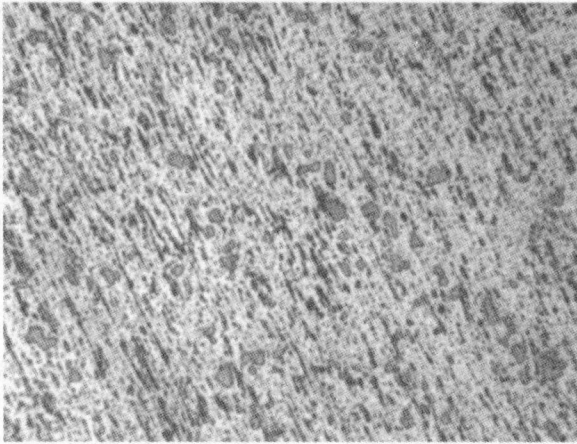

图 5-11 AlTi5B1 纵断面 100×

（2）加入位置及用量

加入优质的 Al-Ti-B 丝，其加入速度要根据铸轧速度的快慢进行调整，使熔体中 Ti 的质量分数（以 TiAl$_3$ 和 TiB$_2$ 的形式存在）达到 0.002% 左右。细化剂加入的位置要位于静置炉出流口附近，以便能充分溶解，并在除气箱处得到充分搅拌。

# 第6章　铝及铝合金连续铸轧带坯生产

## 6.1　连续铸轧工艺特点、分类与原理

### 6.1.1　连续铸轧工艺特点

我国的铝板带双辊连续铸轧工艺技术研究开发工作始于1963年10月，1964年1月进行了双辊下注式铝带坯连续铸轧模拟试验，4月15日开始工业性试验，7~9月份相继铸轧成宽250 mm和400 mm的铝板。1965年生产出宽为700 mm铸轧板，随后，在华北铝加工厂相继于1979年7月研制成功 $\phi$650 mm×1 300 mm和1981年底研制成 $\phi$650 mm×1 600 mm双辊式连续轧机并投入试生产。1983年上半年研制成 $\phi$980 mm×1 600 mm超型铸轧机，并于同年8月通过部级验收。经过40多年的努力，铝板带双辊连续铸轧工艺技术在我国得到迅速推广和普及，涿神公司、洛阳有色金属加工设计研究院等设备制造公司经过吸收消化国外先进技术，在开发设计和制造方面做了许多工作。连续铸轧工艺具有如下特点。

①占地面积小，投资少，见效快，建设周期短，投资回收期短。

②金属通过量大，可以用回收废料作原料，生产成本低廉，在价格上颇具竞争力。

③明显地减少从铝水—铸锭—热轧板带或重轧的时间，省去了铸锭、铣面、开坯等工序，提高了劳动生产率，降低了由于热轧所需的一系列工序的能耗和成本。

④双辊连续铸轧工艺的生产线设备简单，配置合理，结构紧凑，方便操作。

⑤可实现连续铸轧操作，卷成大卷。

### 6.1.2　连续铸轧工艺分类

**1. 按金属浇铸流向分类**

(1)倾斜式：金属浇铸流向与地面水平线成一定角度，一般为15°，或两辊中心连线与地面垂直线成一定度角。

(2)水平式：金属浇铸流向与地面水平线平行或两辊中心连线与地面垂直。

(3)下铸式：金属浇铸流向与地面水平线垂直，如图6-1所示。

**2. 按轧辊辊缝控制系统分类**

(1)预应力式

上、下辊轴承箱间放置垫块，预设辊缝，液压缸给定一定压力，使轴承箱与垫块完全压靠，机座处于预应力状态。一般情况下倾斜式轧机采用预应力式，水平式轧机采用非预应力式。

(2)非预应力式

调整轧辊辊缝时，依靠压下缸与平衡缸(或平衡钩)的压力调整，得到适当的辊缝；轴承

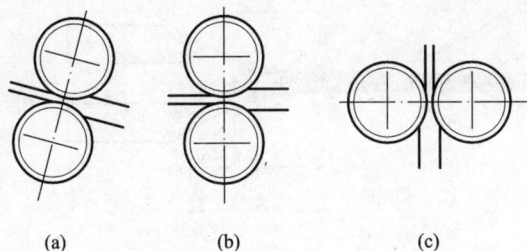

**图6-1　金属浇注流向**

(a)倾斜式；(b)水平式；(c)下注式

箱间的垫片为预防上下轧辊压靠用。

**3. 按轧辊驱动方式分**

(1)集中驱动。用一台电机驱动两个铸轧辊，上、下辊辊径差要求小于1mm，两辊线速度有差异，结晶凝固前沿中心线不对称。

(2)单独驱动。上、下轧辊分别各由一台电机驱动。

**4. 按板坯厚度分类**

(1)常规板铸轧。板坯厚度6～10 mm，铸轧速度一般小于1.5 m/min。

(2)薄板快速铸轧。板坯厚度1～3 mm，一般铸轧速度为(10～12) m/min；据资料介绍，其铸轧速度最大可达30 m/min以上。

### 6.1.3　连续铸轧工作原理、工艺参数及其相互关系

**1. 铸轧机的工作原理**

铸轧机的铸轧过程是靠铝熔体的静压力作用，通过前箱与供料嘴将液态金属输送到被水冷却的两个轧辊之间，使液态金属快速凝固结晶，结晶后的固态金属铝被转动的铸轧辊咬入，并给以一定的轧制加工率，经受一定量的变形，连续轧制出板卷坯料。

**2. 铸轧主要工艺参数**

**(1)铸轧速度**

铸轧速度是指铸轧板的出板速度。铸轧速度要比铸轧辊线速度大一定的前滑值，辊径不同，前滑值不同，前滑值一般为6%～10%。

在铸轧实际生产操作中，铸轧速度是最便于调整的工艺参数。

在铸轧过程中，要保持连续铸轧的稳定性，主要是调整铸轧速度，使铸轧速度与液体金属在铸轧区内的凝固速度成一定比例。如铸轧速度大于凝固速度很多时，易使铸轧板冷却不足，呈熔融状态，被带出辊缝；铸轧速度过小，液态金属在铸轧区内停留时间过长，会致使液态金属凝固于铸嘴内，使铸嘴与固态金属一起被轧出来，破坏了铸轧过程。

影响铸轧速度的因素主要有：合金种类、铸轧区长度、铸轧板厚度、浇注(前箱)温度、冷却强度、辊套厚度等。

**(2)铸轧区**

铸轧区是指铸嘴前沿至轧辊中心连线之间的区域，是连续铸轧的关键参数。

铸轧区由固相区、液固两相区和液相区组成，见图6-2。

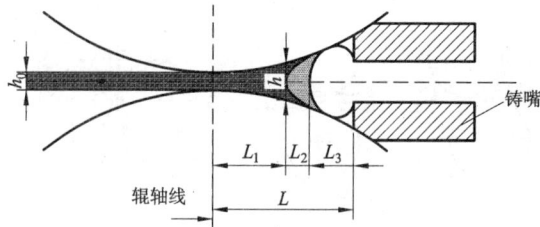

**图6-2 铸轧过程区域图**

$h_0$—板带厚度；$h$—金属凝固厚度；$L$—铸轧区；$L_1$—固相区；$L_2$—固液区；$L_3$—液相区

由图知：

$$L = L_1 + L_2 + L_3 \qquad (6-1)$$

1）固相区。固相区又称变形区或热加工区，此区域的金属已完全凝固，可近似表示为：

$$L_1 = \sqrt{R \cdot (h - h_0)} \qquad (6-2)$$

固相区的热加工率表示为：

$$\varepsilon = \frac{h - h_0}{h} \qquad (6-3)$$

固相区的特点：

①固相区随着铸轧速度的增加而减小，随铸轧区的增加而相应增加。

②在铸轧区和铸轧速度相同的条件下，板厚减薄，固相区增加。

③在此区域，轧辊对金属不断地进行冷却，轧制也同时进行，铸轧板出辊时的温度比固相线温度要低得多。在相同的板厚条件下，铸轧区越大、铸轧速度越慢、冷却强度越大、其铸轧板固相区越长，热加工率也愈高。

2）液固两相区。在此区域的金属正处在凝固之中，其长短与合金的结晶区间有关，结晶区间大的合金，其区域稍长；纯铝和低合金较短。同时，铸轧时冷却强度较大，该区域较短。

3）液相区。液相区又称液穴区，该区域的金属全是液态。相同工艺条件下，其液穴的深度随下列参数变化：

①铸轧速度提高，液穴加深。

②前箱液面高度增高，液穴加深。

③铸轧区增大，液穴加深。

④冷却强度减小，液穴加深。

铸轧区是连续铸轧工艺至关重要的地方，铸轧区长度不仅影响其他工艺参数，而且对铸轧板品质起着决定性作用。铸轧区长度偏小时，将减慢铸轧速度，同时铸轧板热加工率减小；铸轧区增长后，既可提高铸轧速度，同时铸轧板热加工率增大，使铸轧板组织致密。

影响铸轧区的因素很多，如铸轧辊辊径、板厚、合金种类、轧机额定轧制力、冷却强度等。

（3）冷却强度

液态金属铝铸轧成固体板，其热量是经铸轧辊套快速传递，被辊芯内循环冷却水所吸收而带走。在单位时间内铸轧辊套单位面积上所导出的热量被称为冷却强度。在铸轧过程中，冷却强度增大，有利于凝固结晶和提高铸轧速度。

影响冷却强度的因素很多，如辊套材质及其热传导性能、辊套壁厚、辊芯水槽结构、冷却水水温、压力和流量等。影响冷却强度的因素如下。

①辊套的材质。辊套材质要有一定的耐热强度，其热传导系数增加，冷却强度增大。

②辊芯结构。有利于增加冷却水流量和传热面积的辊芯结构其冷却强度增大。

③辊套的厚度。辊套厚度要适当，如辊套太厚，会造成辊面温度升高，易黏辊；如辊套太薄，会造成辊面温度过低，影响铸轧板质量。辊套厚度的选择一般遵循原则是：当轧辊辊芯直径大于 $\phi700$ mm，辊套壁厚以 70～80 mm 为宜，当轧辊辊芯直径小于 $\phi700$ mm，辊套壁厚 50～60 mm 为宜。

④冷却水水温、压力和流量。增大冷却水流量、提高冷却水压力有利于提高冷却强度；显然冷却水不能高。水温高冷却强度降低。

（4）前箱液面高度

在铸轧过程中要维持铸轧的连续性，前箱液面高度是一个极重要的参数。正常铸轧时，金属液穴在铸嘴前沿与轧辊的间隙处存在一弯曲面，其表面膜的表面张力产生的附加压力 $p_1$ 为：

$$p_1 = \frac{2\sigma}{d} \qquad\qquad (6-4)$$

式中：$\sigma$——表面膜张力；

$d$——嘴辊缝隙。

在前箱液面高度下，熔体对铸嘴间隙作用的静压力 $p_2$ 为：

$$p_2 = 2\rho g h \qquad\qquad (6-5)$$

式中：$\rho$——金属液体密度；

$g$——重力加速度；

$h$——液面高度。

正常铸轧时，静压力和表面张力处于平衡状态，即：

$$p_1 = P_2 \qquad\qquad (6-6)$$

由式（6-4）、式（6-5）和式（6-6）得

$$h = \frac{2\sigma}{\rho g d}$$

式中，前箱液面高度与嘴辊缝隙有关，嘴辊缝隙增大，液面高度降低。

在铸轧生产中对铸嘴时，要充分考虑到嘴辊间隙控制，既要保证嘴辊不能接触，又要保证液态金属不能从嘴辊间隙流出。一般情况下，下辊嘴辊间隙控制在 0.5～1.5 mm，上辊嘴辊间隙控制在 1.0～2.0 mm。

在铸轧生产中，调整前箱液面高度，主要是调整前箱静压力和液膜表面张力的关系，在维持 $P_1 \geqslant P_2$ 条件下，前箱液面越高越好，因为在液穴中的熔体金属对结晶面的压力大，不仅能保证金属结晶的连续性，并能获得较为致密的组织；前箱液面过低，静压力小，会造成金属供流不足或金属熔体在铸轧区域局部过冷凝固，影响铸轧板品质，甚至造成铸轧中断。此外，调整液面高度的时间一般要在切卷前后，正常生产过程中要尽量保证前箱液面稳定，防止因液面波动较大而将氧化皮压入铸轧板，影响铸轧板品质。

（5）浇铸温度

浇铸温度一般指前箱的熔体金属温度。控制前箱内熔体金属温度的稳定，就是控制铸轧区内液穴中的熔体金属温度的稳定，从而使铸轧过程中结晶速度恒定。因此，铸轧过程中前箱温度波动不宜过大。在铸轧生产中，浇铸温度一般控制在 680~710 ℃。合金不同，前箱温度控制区间不同，但都尽量把温度控制在下限，因为低的浇注温度不仅有利于晶粒细化，同时有利于提高铸轧速度，提高产能。同时，在铸轧生产过程中，浇注温度设定还要充分考虑到环境温度的影响。

必须指出，控制熔炼炉和静置炉内的熔体温度对稳定铸轧工艺和提高铸轧板品质极为重要，因为炉内熔体金属温度过高或局部过热，会减少金属自发晶核形成，易造成铸轧板晶粒粗大。因此除合理的控制熔炼炉熔体金属温度外，还要控制静置炉的定温，其定温要充分考虑到流槽的长度、温降、除气箱的加热功率等。在保证正常生产的条件下，静置炉定温尽量定低。一般情况下，静置炉定温控制在 770~810 ℃。

3. 工艺参数之间的关系

（1）前箱温度与铸轧速度之间的关系

前箱温度较高时，应配合较低的铸轧速度；反之，前箱温度较低时，应配合较高的铸轧速度。考虑到较低的前箱温度利于晶粒细化，较高的铸轧速度利于提高产能，因此，实际铸轧过程中，应当是控制较低的前箱温度配以较高的铸轧速度。

（2）铸轧区长度与铸轧速度之间的关系

在相同的工装条件下，铸轧区偏大时，有利于提高铸轧速度；反之铸轧区偏小时，铸轧速度也要慢一些。

（3）铸轧速度和板坯厚度的关系

在其他工艺参数不变的情况下，铸轧速度随板坯厚度的增加而减小。生产实践证明，铸轧速度与板坯厚度的乘积为一常数，得出下列经验公式：

$$v \cdot \delta = \kappa \tag{6-7}$$

式中：$v$——铸轧速度；

$\delta$——板坯厚度；

$\kappa$——生产率常数。

在冷加工变形率能够保证最终成品性能的情况下，铸轧生产时可以采用板坯厚度薄一些，铸轧速度快一些的生产方式，以便于简化冷轧工序轧制道次。

# 6.2 铸轧生产及操作

## 6.2.1 铸轧生产工艺流程

铸轧生产工业流程见图 6-3，静置炉内的金属熔体经除气系统在线除气、除渣，过滤系统在线过滤后，通过液面控制系统，将铝液稳定地输入铸嘴，并由铸嘴输送至铸轧机辊缝间，经过连续轧制成为铸轧板，剪切后由卷取机卷成铸轧卷。

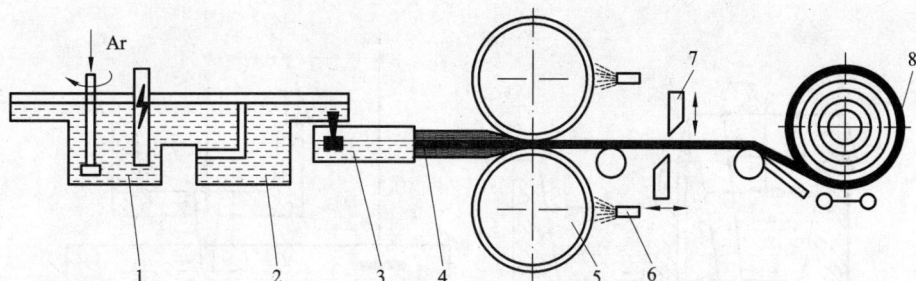

图 6-3　铸轧生产工艺流程图

1—除气系统；2—过滤系统；3—液面控制；4—铸嘴；
5—铸轧机；6—喷涂系统；7—剪切机；8—板卷

## 6.2.2　铸轧主要工装设备

连续铸轧流程如图 6-4，主要工装设备有熔体净化装置、液面控制系统、供流系统、铸轧机、铸轧辊系统、润滑系统和冷却系统等。熔体净化装置在第 5 章已经做过介绍，本章不再做叙述。

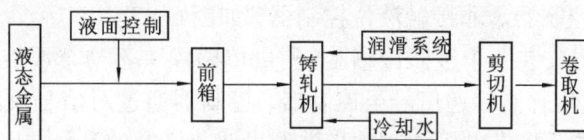

图 6-4　连续铸轧流程

1. 液面控制系统

液面控制系统的作用就是稳定前箱液面高度，保持液态金属供给充足、平稳，确保铸轧的连续性。液面控制系统一般分为两级控制。第一级控制系统主要来控制保温炉出炉后的液面稳定性；第二级主要是控制前箱液面高度及稳定性。

（1）第一级控制

目前国内采用的主要有两种控制方式，人工控制和自动控制。自动控制分为电机控制和气动控制

（2）前箱液面控制系统

1）杠杆控流器。杠杆控流器，即利用杠杆的工作原理实现前箱液面的平稳控制，原理如图6-5所示。

图 6-5(a) 为水平式控流，适用于同水平供流的连续铸轧，图 6-5(b) 为垂直式，适用于供流流槽和前箱流槽有落差的供流方式。其原理都是通过前箱流槽液面的升降，带动浮漂的升降，再通过连杆作用于钎塞，实现金属液体的平稳供应。该控流方式要注意钎塞（一般用石墨堵头）上积渣的清理，清理时间尽量控制在切卷前后。

2）浮漂控流器。浮漂控流器，如图 6-6，适用于供流流槽与前箱流槽有落差的供流方

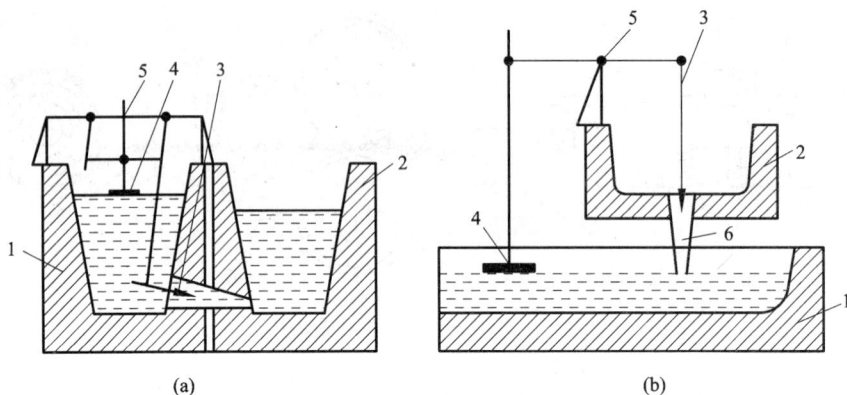

图6-5 杠杆控流器

1—前箱流槽；2—供流流槽；3—钎塞；4—浮漂；5—连杆；6—流管

式。根据液体浮力原理，通过前箱流槽内金属液面的升降，带动浮漂上下移动，控制浮漂与竖管缝隙的大小来控制金属流量，以达到控制液面的稳定。调整液面高度主要是通过调整供流流槽的升降来实现的。制作浮漂的材料最好选用密度较小的耐火材料，以提高其灵敏度。该控流方式要注意清理竖管与浮漂间的积渣，防止因积渣造成控流系统灵敏度下降。

3）非接触式液位控制器。非接触液位控制器，如图6-7。

在前箱流槽的上方安装一个液面传感器（测量传感探头不与金属液接触，参照系是金属液体的上表面）。通过传感器传递信号至控制器，控制器通过对信号反映的液面水平与设定点的比较，再输送信号至步进电机。通过步进电机调节钎塞的升降，从而有效控制液体金属的流量。该控流系统存在的困难是置于竖管上方的步进电机长期受高温铝水烘烤，灵敏度不高。

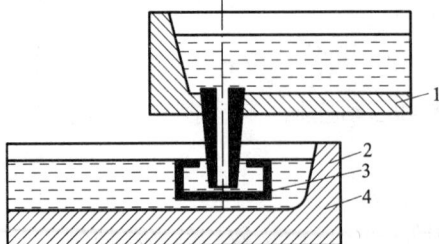

图6-6 浮漂控流器

1—供流槽；2—流管；3—浮漂；4—前箱流槽

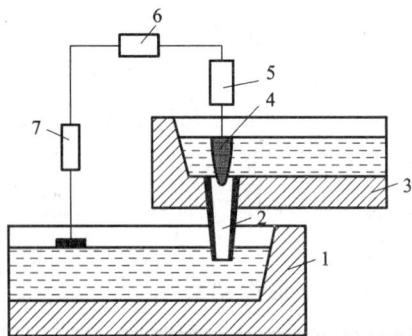

图6-7 非接触式液面控制器

1—前箱流槽；2—流管；3—供流流槽；
4—钎塞；5—调速控制器；6—控制器；
7—速度调节器

## 2.供流系统

供流系统由流槽、除气装置、过滤装置、前箱和铸嘴组成。由于各生产企业的装备不一样，供流系统的材料、构造也不一样。

（1）供料嘴

供料嘴又称铸嘴，是连续铸轧过程中直接输送和分布金属液体到铸轧辊缝的关键部件。它由上下嘴扇、若干块垫片、边部耳子组成。

1）供料嘴的材质要求。常用材料有 MARINITE、STYRITE 及国内仿制的中耐 1 号、中耐 2 号等。较普遍使用的是 STYRITE 及与其性能相近的材料，它是一种用陶瓷纤维、硅酸铝纤维通过真空压制的耐火板，是一种轻质的耐火产品，其具有下述性能：

①在高温下，稳定性好、膨胀系数小。

②保温性好，导热系数小。

③具有良好的抗热冲击性。

④与熔融金属不发生反应，耐金属腐蚀。

⑤加工性能好，可任意加工。

2）供料嘴的结构。供料嘴的内部结构，对铸轧稳定生产、提高铸轧板品质至关重要。内部垫片分布要求是使金属在供料嘴内温度场、流场尽量均匀一致。垫片的尺寸、间距、数量根据不同铸嘴结构、宽度而定。图为常见的铸嘴内部结构。

3）嘴扇的制作。因凝固后的金属经轧制后会有一定的宽展，根据边部耳子的倒角及合金成分的不同，加工后的嘴扇宽度要比要求板宽小 5 ~ 10 mm。加工后的嘴扇两侧端面应与底部端面垂直，两侧端面要平齐，确保与边部耳子间无缝隙。

嘴扇前沿厚度一般根据不同的嘴扇材质、强度而有所不同。确定嘴扇前沿厚度需与铸轧区、合金、板厚、轧制力等有机结合。一般嘴扇前沿厚度选择为2.5 ~ 5 mm。

4）垫片的制作和组装。①垫片的制作。图 6 - 8 中可见，供料嘴的结构是多样的，可结合各自的工艺装备状况进行选择，垫片的形状尺寸、数量可随板宽的变化而变化，加工时各通道、挡块尽量不要出现尖角、死角。

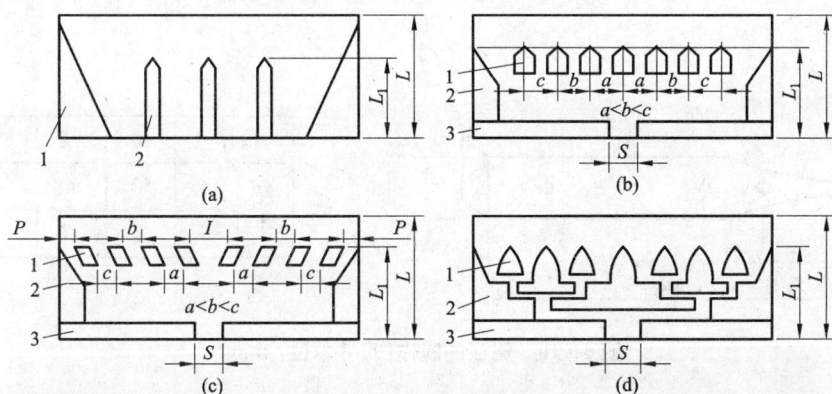

**图 6 - 8　常见铸嘴内部结构**
1—边部垫块；2—中心垫块；3—后垫块

②垫片的组装。在嘴扇上组装垫片时，以保证通道流畅、温度均布为原则，组装时，可用大头针和乳胶把垫块固定在嘴扇上。加工好的供流嘴在使用前应放到保温炉中进行保温，

保温温度为 150 ℃左右。保温时间为 2 h 左右。

5)边部耳子的制作。边部耳子是供料嘴的边部工件,其作用是挡住熔融金属不从两侧流出。每副嘴子需要两个边部耳子。

①耳子的种类。常用的耳子有两种,图 6 - 9 所示为耳子及其组装图。

图 6 - 9(a)所示边部耳子由硅酸铝纤维薄板和黏结剂经黏合压制而成,使用前耳尖部位用石墨乳溶液浸泡 3 ~ 5 min 后自然干燥,使用时从供料嘴前沿至耳子顶端制作成一斜角,斜角大小根据合金、铸轧区长度等而定。广泛使用于倾斜式轧机、水平式轧机。

注意事项:使用此种耳子,前箱液面高度及稳定性控制要求较高,尽量避免液面高度较大波动,否则会加快耳子的磨损。

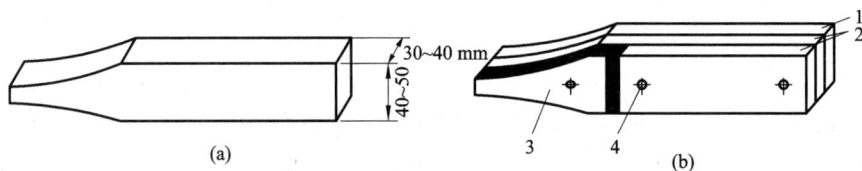

**图 6 - 9  边部耳子**

1—铝板;2—耐火绝热板

3—耳尖;4—螺丝

图 6 - 9(b)所示边部耳子由三部分组成,即铝板、绝热板和石墨耳尖组成,用于水平式铸轧机作为边部耳子。

②耳子的制作

a. 铝板。铝板是边部耳子的加强板,加工制作时要考虑到铸轧辊的弧度和辊缝的大小。它不能用非铝合金材料制作,因为若耳子被轧辊轧出时,用铝合金材料不会损坏辊面,而非铝金属会使辊面损坏,图 6 - 10 为 $\phi960$ mm × 1 550 mm 水平铸轧机铝板图。

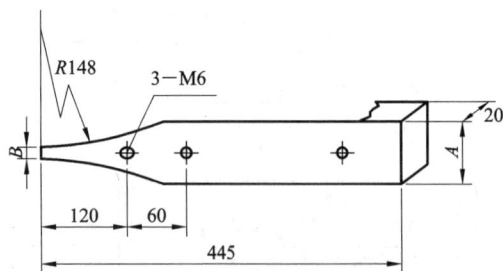

| 板厚 | 10 | 8 | 6 |
|---|---|---|---|
| 尺寸 A | 50 | 48 | 46 |
| 尺寸 B | 8 | 6 | 4 |

**图 6 - 10  铝板的制作(尺寸单位:mm)**

b. 耐火绝热板。耐火绝热板的制作与铝板形状一样,该板是用硬质耐火材料制作,具有一定的弹性,亦可用硅酸铝纤维薄板经加工压制而成。

c. 耳尖。耳尖由 1 ~ 3 mm 厚的韧性石墨板加工而成,要求耳子的圆弧光滑整齐,最好使用模板制作。

耳尖在组装好后应与轧辊紧密配合,可根据板厚、辊径的不同进行相应的制作。图

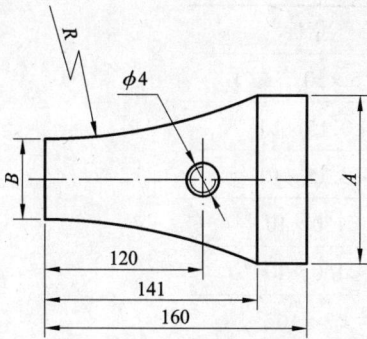

| 板厚 | | 6 | 8 | 10 |
|---|---|---|---|---|
| 尺寸 | A | 50 | 48 | 46 |
| | B | 9.5 | 7.5 | 5.5 |

| 辊径 | 460~480 | 460~480 | 460~480 |
|---|---|---|---|
| R | 480 | 460 | 445 |

图 6-11　耳尖的制作(单位:mm)

6-11所示为 960 mm×1 550 mm 铸轧机在不同的板厚、不同的辊径下的耳尖制作。

所装配好的边部耳子如图 6-12 所示。

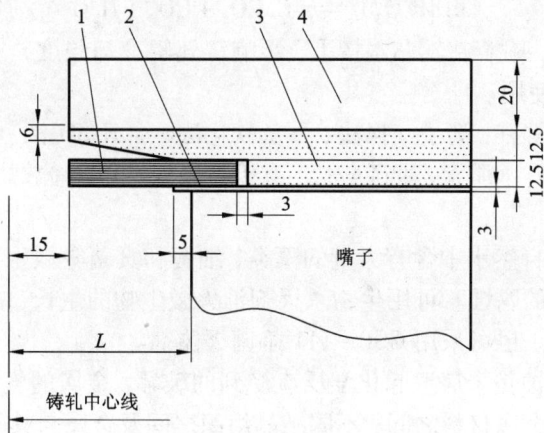

图 6-12　边部耳子装配图

1—多层石墨片;2—弹性绝热毡;3—硬性绝热板;4—铝板

**3. 冷却水**

在铸轧过程中,铝中的热量传递到辊套上,再通过辊套传递给辊芯与辊套间的循环冷却水带走,冷却水的品质直接影响到轧制过程的热交换。

(1)冷却水的品质要求

在铸轧生产中循环水最好能用软化水,也可采用自然水。使用自然水时,其性能必须严格控制,如表 6-1 所示。

表 6-1 铸轧辊冷却水水质指标

| 项目 | 指标 |
|------|------|
| 水的硬度 | $<5 \times 10^{-6}$ mg/L |
| 铁含量 | $<0.15 \times 10^{-6}$ |
| 镁含量 | $<0.15 \times 10^{-6}$ |
| 氯化物含量 | $<150 \times 10^{-6}$ |
| 硫酸盐含量 | $<150 \times 10^{-6}$ |
| 清澈度(悬浮物) | $<3 \times 10^{-6}$ |

(2)冷却水的水质处理

1)水垢的处理。自然水中含有钙、镁盐,其除了影响水的硬度外,碳酸钙和碳酸氢钙还会形成水垢。在铸轧过程中,由于水被加热,其以方解石的形式沉结黏附在辊芯的水槽壁上。是其反应式如下:

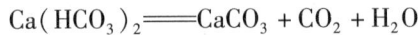

$$Ca(HCO_3)_2 \Longrightarrow CaCO_3 + CO_2 + H_2O$$

水垢是良的导热体,附着在辊芯水槽上,影响铸轧辊冷却强度,甚至会造成铸轧辊局部堵塞,影响铸轧辊正常使用。

水垢的控制方法通常有:离子交换法、石灰软化法、加 $H_2SO_4$ 法、投入阻垢剂法等;目前向循环水中投入阻垢剂有木质素、聚磷酸盐、有机磷酸盐、聚丙烯酸盐、二元共聚物、三元共聚物等。

2)微生物的处理。自然水中含有大量的藻类、细菌和真菌等微生物,它的出现和生长会引起管路的堵塞或材料的腐蚀。可用生物杀灭剂消灭微生物的生长,盐酸是广泛应用的控制生物生长的生物杀灭剂。也可采用 GSP-111 杀菌灭藻剂。

3)腐蚀的处理。腐蚀是金属壁起化学反应受到的破坏,金属的气孔、疏松、裂纹等均可发生腐蚀。在两种不同金属材料之间、不同结晶组织之间及金属与其氧化物之间都会发生腐蚀,当冷却水通过已腐蚀的管路则水中便带有了腐蚀的产物。腐蚀的存在将影响轧辊材质的均匀性。

延缓腐蚀一般是通过添加缓蚀剂,常用缓蚀剂无机类有铬酸盐、亚硝酸盐、磷酸盐、硅酸盐、钼酸盐及有机锌盐等,有机类有脂肪族、有机盐、硫醇等。

要求缓蚀剂具有下述作用:

①吸附并隔离活化部位;

②缓蚀产物析出;

③金属被氧化成惰性氧化物。

4)预防处理。在铸轧生产中要保证水质都符合指标是很困难的,轧辊在使用一段时间后难免会有结垢和其他沉积物,要保持冷却沟槽的良好状态以获得均匀的热交换,轧辊必须定期进行清洗。所使用的清洗剂要求是具有润湿、扩散、净化等特性,有利于清除水垢或其他难溶的有机化合物沉积。

4. 辊面润滑系统

铸轧生产常用的润滑防粘方式有两种,即水基石墨喷涂润滑和热喷涂。

水基石墨润滑剂喷涂方式即广泛应用的石墨喷涂。

（1）水基石墨喷涂

如图 6-13 所示，石墨喷涂系统安装在轧辊的出口侧，由电机驱动喷枪横向移动，将按一定比例混合的水基石墨均匀喷涂在轧辊辊面上，利用辊面余热使水分挥发，其喷涂的石墨把铝板与辊面隔离，起润滑、防黏辊作用。

1）石墨乳的特性。

①石墨乳要易与水混合，使用时加水稀释，稀释比例为 1:（50~65）。

②要有良好的润滑性。

③石墨颗粒小于或等于 1.5 μm 的数量应在 90% 以上。

④石墨颗粒在高温下不得粘附在铸轧辊辊面上。

⑤石墨乳保管温度为 0~35 ℃，防止冻结。

2）喷涂前的准备。按一定比例的水基石墨溶液和水配制于混合器中，开动搅拌器进行充分搅拌，以防止石墨沉淀。在生产前开动喷枪，检查喷出的液体是否属雾状石墨液，若是则停止喷涂，等待铸轧生产。

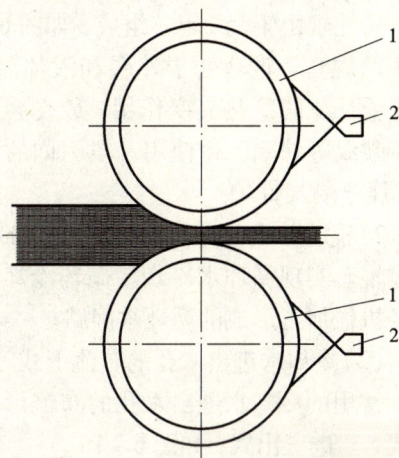

图 6-13　水基石墨喷涂示意图
1—铸轧辊；2—喷枪

3）喷涂强度要与铸轧条件相适应。喷涂强度要根据板厚、合金、铸轧速度进行相应调整，一般来说在不黏辊的情况下，喷涂以少些为好；若喷涂量太多，意味着喷涂在辊面的水分较多，此时为保证板坯品质，只能采用较低的铸轧速度，以使辊面的残余水分有充分挥发时间。

4）石墨喷涂的优缺点。

①冷却辊面，提高热交换效率。

②石墨均匀喷涂在辊面上，一方面对辊面起润滑、隔离作用，防止黏辊；另一方面减轻铝对辊面裂纹的渗透，提高轧辊寿命。

③使用石墨喷涂最好是先生产宽板，后生产窄板。因为粘附在辊面板宽以外的石墨不易清洗。

④生产过程中铸嘴嘴辊缝隙处易堆积结焦，影响铸轧板的品质。

（2）热喷涂

如图 6-14 所示，热喷涂的喷涂同样置于铸轧辊的出口侧，由电机驱动喷枪沿轧辊辊身方向往返运动，喷枪火焰的大小可通过调整燃烧介质与风的比例进行控制，火焰喷涂在辊面上，使辊面更易形成 $Fe_2O_3$ 膜和均匀的碳层，起润滑和防粘作用。燃烧介质有液化气、乙炔和天然气。

热喷涂的使用特点：

①设备简单，成本低；

②喷涂量易于控制，操作简便，铸轧过程不存在堵塞现象；

③辊面易于清理；

④较少轧辊急冷急热，延长轧辊寿命；

⑤润滑、防粘效果好,满足于常规铸轧要求。

5. 铸轧辊

(1)铸轧辊的构造

铸轧辊由辊套、辊芯组成,如图 6-15。

1)辊套。辊套处于外层和液体金属相接触,由于受反复的冷热交变作用,最终会导致表面热疲劳裂纹等缺陷。每使用一段时间后都需重新车磨,属于易损件。

2)辊芯。辊芯为铸轧辊的核心部件,通过其支撑辊套实现循环水冷却。循环冷却水沟槽是辊芯经机械加工形成的循环水回路。

(2)冷却水进出水孔的布流形式

常用的冷却水进出水孔的布流形式有两进两出式、一进三出式,如图 6-16。

1)两进两出式。即冷却水通过两个进水孔进入辊芯,进行循环后再经两回水孔排出,冷却水

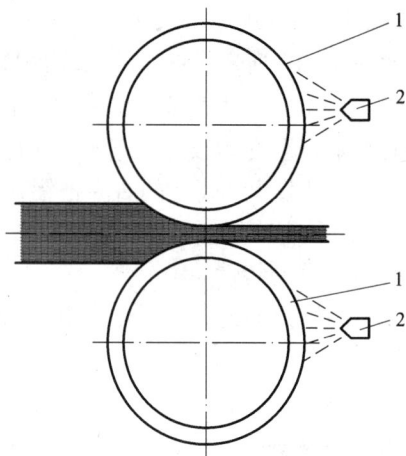

图 6-14　热喷涂示意图
1—铸轧辊;2—喷枪

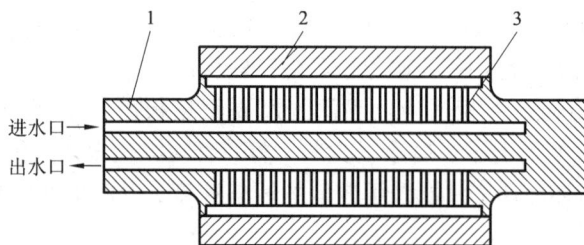

图 6-15　铸轧辊结构
1—辊芯;2—辊套;3—冷却水通道

循转 90°排出。

2)一进三出式。即冷却水通过一个进水孔进入辊芯内进行循环,然后经三个回水孔排出,冷却水循转 60°排出,辊面温度较均匀。

(3)铸轧辊的材质性能

1)辊芯。国内外常用辊芯材料为:45、35CD4、34CrMo4、SCM432、42CD4、42CrMo、SCM440 钢等。广泛应用的为 42CrMo、35CrMo,硬度 280 ~400HB。

2)辊套。辊套由于受到弯曲应力、扭应力、表面摩擦力及周期性热冲击力等影响,要求具有良好的导热性,线膨胀系数和弹性模量要小,有较高的强度和硬度,较好的耐高温、抗热疲劳和抗热变形性等。

国内外常用的辊套材料为 3MoV、32Cr3MoV、20Cr3MoWV、35CrMnMo、45MnMWV、CrNi3MoV 等,温度为 20 ℃时其硬度为 380 ~420HB,抗拉强度($\sigma_b$):≥1 200 MPa,屈服强度 $\sigma_s$:≥1000 MPa,延伸率 $\delta > 12\%$,断口收缩率 $\psi > 40\%$。

(4)铸轧辊的磨损

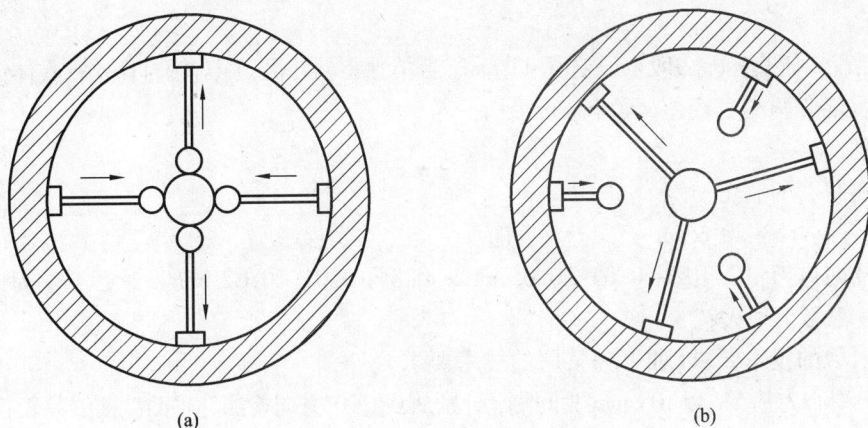

**图 6 – 16　冷却水进出孔布流形式**

（a）二进二出式；（b）一进三出式

1）龟裂纹。龟裂纹主要表现为网状细裂纹，沿轧辊圆周方向扩长。其起源于磨削时的磨痕，若经仔细抛光和进行一定的热处理，可以减轻。产生的原因主要是在铸轧过程中，由于辊套表面反复经受热冲击及温度冷热交变，在辊套表面会产生热疲劳，再加上受诸如弯曲、扭转等机械应力的作用，辊套在使用一定时间后，表面就会产生龟裂纹。该裂纹属于辊套的正常磨损。

延缓龟裂纹的措施有：①辊套表面粗糙度控制：通常辊套表面粗糙度 $Ra$ 值要小于 0.8 μm；②若铸轧辊表面有粘铝，用小于 120 目砂纸沿外径仔细打磨；③新辊立板时，应充分烤辊；④热喷涂取代水基石墨乳喷涂。

2）辊套断裂。断裂表现为沿纵向或周向断裂。主要原因：①辊套在热处理过程中残余应力未消除；②辊套与辊芯配合的过盈量偏大；③材质内部存在缺陷及表面人为划伤较重；④立板时辊面温度过低。

（5）铸轧辊套的车磨

辊套车磨的目的就是使辊套上已经存在的裂纹彻底去掉，若没彻底去掉，其残存裂纹会扩展得更快，从而影响辊套的使用寿命。因此检查裂纹是否全部车磨干净是关键。

1）车削。

①车削深度的确定有三种方法：

一是用肉眼找出看起来是最深的裂纹，用手动砂轮把裂缝磨成一个坑，一直到肉眼看不出裂纹为止。

二是用透色法进行检查，通过清洗→渗透→显像进行观察。如仍有裂纹，重复上述操作，直至无裂纹为止。

三是用比较仪测量坑的高度，确定为最小车削量 $H$。

②车削制度的制定。

车削深度：$H + 0.5$ mm。

辊套线速度：30 ~ 40 m/min。

进刀量：0.3 ~ 0.5 mm/r。

最后一刀,吃刀深度 0.5 mm。要注意车屑,若有车屑断头,则意味着裂纹未车干净,需继续车削。

车削后配对辊直径差一般来说差值 <1 mm,若单独驱动轧机,配对辊直径差视具体情况而定。

车削后辊套两端直径差 <0.4 mm。

2)磨削。

①磨削制度的制定。

轧辊转速:15～20 r/min。

每次径向进刀量:粗磨:0.03～0.05 mm。细磨:0.01～0.02 mm。最后不吃刀来回走四次,直到砂轮不出现火花为止。

②磨削后的技术要求(如下为某厂的技术要求)。

以辊身中心为基点,以 100 mm 为间隔,分别从 0°、90°方向检测轧辊凸度曲线是否符合要求:

同轴度 <0.05 mm。

圆锥度 <0.05 mm。

两辊直径差 <1 mm。

粗糙度 $Ra$ <1.2 μm。

磨削后的铸轧辊表面不得有螺旋、震痕、横纹、划伤及其他影响铸轧板表面品质的缺陷。

检测合格后,在辊面上均匀地涂上防锈油并用牛皮纸包覆。

(6)辊套的更换

1)辊芯的准备。

清除辊芯水槽表面和出入孔内部的氧化物和附着物。

采用焊接和机加方式修补损坏的水槽凸台。

进行调质处理,使辊芯表面各处硬度均匀一致。

对辊芯外径进行研磨以获得需要的几何轮廓和与辊套相匹配的精确直径尺寸。

2)辊套的准备。

辊套烘装过盈量一般控制在 0.7%～1%。

辊套内表面粗糙度 $Ra$ 为 0.8～1.0 μm。

3)辊套的装配。

辊套的加热可采用罩式炉或坑式炉进行,尽量要保证其加热均匀。在炉内加热一定要保持垂直直立状态。

升温速度 ≤5 ℃/h。升温温度在 500 ℃时,保温时间 ≥4 h。

装套时要确保辊芯和辊套都处于垂直状态,把辊芯对准辊套的中心,使辊芯快速下落放进辊套,并尽可能放准。装配完毕,置空气中缓慢冷却。

### 6.2.3 铸轧生产准备

**1. 辅助设备的检查**

在铸轧生产前必须开动下列设备进行检查,看是否处于正常状态。

①轧机电气系统。

②轧机液压系统。

③循环冷却系统。

④润滑系统：如石墨喷涂系统、热喷涂系统等。

**2. 铸轧辊的准备**

(1)新磨后辊面的处理

用棉纱浸四氯化碳等除油产品擦拭辊面，以除去辊面防卸锈油和磨削油。转动轧辊，以热喷涂方式对辊面进行烘烤 2～4 h，这样既可以消除车磨应力，又在辊面上均匀形成$Fe_2O_3$和碳层，减轻黏辊，还能除去辊面的水分，防止立板时铝水放炮。最后用目数较高的砂布轻微打磨烘烤后的辊面，砂掉辊面上的油污，用纤维毡将上下辊擦拭一遍。

(2)正常轧辊辊面的处理

在停机后，先用扫把或纤维毡将轧辊辊面两侧的积碳扫除，再用细砂纸小心清理辊面，辊面清理宽度为铸嘴宽度向两侧外延 100 mm。在此辊面范围内辊面上的粘铝、碳黑等必须清除干净，否则会影响立板的顺利进行，甚至造成立板失败。用细砂纸清理辊面时要避免划伤辊面，用砂纸沿轧辊转动方向擦辊。

**3. 预设辊缝**

启动液压泵，打开液压管路阀门，调整两侧辊缝大小，用塞尺检测轧辊两侧辊缝尺寸，待预设辊缝满足要求时，关闭管路阀门，关闭液压泵。辊缝的预设尺寸要依据合金、板厚等设定。

**4. 供料嘴的安装调整**(举例：1850 mm 倾斜式铸轧机的铸嘴安装调整方法)

(1)供料嘴安装与调整

1)把组装好的铸嘴置于嘴子夹具上，检查铸嘴的对中性，同时检测铸嘴上、下嘴扇是否平齐，突出嘴子夹具的尺寸是否一致，保证嘴子端部与嘴子夹具端部平齐。

2)压上嘴子夹具上压板，并将两端与嘴子夹具底盘连接固定。

3)穿上压紧螺丝，穿钉时注意铸嘴内腔垫片位置，压紧螺丝必须完全穿过铸嘴垫片。

4)紧固压紧螺丝，注意检测铸嘴上下嘴扇的平行度、铸嘴开口度，保证上下嘴扇平行、开口一致；两侧装上耳子，以防铸嘴加热时变形严重。

5)安装横浇道、上下前箱，在每个接缝间垫上纤维毡，并保证各接缝紧密，不渗铝；吊至加热炉加热 3 h，加热温度 150 ℃。

6)将铸嘴从加热炉中取出，检查铸嘴上下嘴扇平行度、铸嘴开口度，并适当调整使铸嘴上下嘴扇平行、开口一致；紧固各螺丝，确保各接缝紧密；将铸嘴吊至铸嘴小车上固定。

7)先将铸嘴进退步进电机后退 20～30 mm，再扳动液压杆，使铸嘴小车前进到位，用铸嘴步进电机缓慢前进铸嘴小车。注意观察调整铸嘴升降，使嘴辊间隙均匀一致。测量两侧铸轧区长度，调整得到合适的铸轧区。

(2)耳子的安装

1)用砂纸紧贴在轧辊上，耳子紧贴辊面磨削，得到合适的耳子弧度。

2)将磨好的耳子推进，使之与上下轧辊接触无缝隙；拧紧边部耳子固定螺丝。

3)启动轧机，使之反转磨耳子 15 min，停止主机，后退铸嘴小车 1～2 mm。

4)将主机正转，缓慢启动主机，观察两侧耳子状态正常，逐步提速使之高速运转，等待立板。

**5. 工具的准备**

(1)清理并搭接好前箱、流槽，并进行预热；

(2)清理并检查过滤箱是否完好，安装密封好过滤板，并进行预热；

(3)安装好前箱液面控制系统；

（4）放好铝水槽，准备好浮漂、小铲、撬杠、接料扳手、小块纤维毡等工具，所用工具必须进行预热；

（5）准备好堵放流口用的石棉泥。

### 6.2.4 铸轧生产立板技术

1. 立板操作

立板是指从静置炉放流开始至铸轧出板的过程。常用的立板方式有两种。即动态立板和静态立板。

（1）动态立板

此方式常用于倾斜式轧机的立板，一般采取高速跑渣（举1850轧机立板为例）。

1）操作人员按分工进入岗位，启动铸轧机，使轧辊高速转动。

2）检查各放流口，需提前堵严的放流口是否堵严。

3）检测静置炉、除气箱内铝液温度。铝水温度满足立板要求后打开静置炉流眼，用钎塞堵住上前箱的下注口，放流烫流槽前箱，并检测前箱内熔体温度。当温度高于正常温度20～40℃时，拔开钎塞开始向嘴子供流跑渣。跑渣时注意调整好前箱液面高度，不宜过高，以防漏铝。

4）在跑渣时，主操作手用事先预热好的锯条在嘴腔内蹚一遍，便于铝水顺利通过铸嘴。观察跑渣状况，并适时调整液面高度和主机速度。出口侧的人员要及时用小铲清理掉辊面凝铝。注意用小铲接渣时要顺着出板方向往外拽，用扫把或其他清辊装置扫清辊面铝屑，注意铝屑要清扫彻底，否则，铝屑会划伤供料嘴，影响铸轧板表面品质，甚至会造成漏铝停机；当黏附下辊的凝铝均匀，且嘴腔无堵塞时（一般跑渣一周），开始降速出板，并随时调整前箱液面高度，出板后给轧辊通入冷却水，并进行喷涂。

5）用夹送辊夹住板头，并注意使板头顺利通过液压剪刀，剪切掉不规则的板头后入卷取，卷取时注意张力的调整。

6）启动铝钛硼钛丝进给装置，投入铝钛硼丝。先将石墨转子通气再缓慢放入铝液中，使之正常在线除气。

7）调整前箱温度、铸轧速度，检测板型、板厚、晶粒，调整直至正常卷成品。

（2）静态立板

此方式常用于水平式轧机的立板。

1）放流前，轧机出口侧人员在两耳子前端各放一小块纤维毡密封好，放上引出板，并准备好3～5块干燥的纤维毡，以在立板过程中轻微流铝时作堵塞用。

2）检查各放流口需提前堵严的放流口是否堵严。

3）检测静置炉、除气箱内铝水温度，铝水温度满足立板要求后打开流眼，入口侧人员注意前箱液面控制系统的液流控制，并检测前箱流槽的熔体温度；当温度达到要求时，开始向前箱供流。

4）当铝水漫过前箱出口上沿开始进入嘴腔时，主操手启动轧机，使轧辊以低速度转动，并注意主机电流、前箱温度的变化。

5）引出板被顶出，出口侧人员要及时拿走引出板。

6）主操手缓慢提速，同时注意主机电流的变化，待出板一周后开始缓慢通入冷却水。

7）剪切板头，将板引向卷取机进行卷取。

8）启动铝钛丝进给装置，投入铝钛丝；先将石墨转子通气再缓慢放入铝液中，使之正常在线除气。

9）调整前箱温度、铸轧速度，检查板型、板厚、晶粒，调整直至正常卷成品。

2. 正常铸轧生产

（1）确保前箱液面高度及温度的稳定，前箱温度控制在（690±10）℃。

（2）观察主机电流、电压、水温、水压、铸轧速度等参数的变化，维持各主要参数的稳定。

（3）观察除气箱在线除气状况，并每隔 2 h 扒渣一次。

（4）熔炉倒炉时静置炉要进行过流精炼，静置炉倒满后进行满炉精炼；半炉时要进行半炉精炼。

（5）铸轧过程中，注意石墨喷涂（或热喷涂）系统的工作状态，防止碳黑压入铸轧板表面或黏辊。

（6）按要求取样做成分分析。在线检测铸轧板一周同板差，逐卷切取试片测量横向板形，并做晶粒度和低倍检测。

（7）发现品质问题时要及时调整，调整无效应拔板重新立板。

（8）确保熔炉、静置炉的炉况较好，积渣较少。确保静置炉流眼畅通。

# 第7章 铸轧带坯的组织与性能

## 7.1 铸轧带坯的组织与性能

### 7.1.1 铸轧带坯的凝固特点与组织

1. 未添加晶粒细化剂时的组织

图7-1为铸轧带坯的宏观组织，铸轧时，铸轧区内熔体的热量主要通过铸轧辊套传给辊芯内的冷却水，其余部分由带坯带走。在铸轧辊压力作用下，刚刚凝固的薄壳产生的塑性变性很小，带坯与轧辊间的接触是紧密的，不会形成间隙，保持着良好的导热状态。因此，熔体在铸轧区内受到剧烈的冷却，冷却速度可达 $10^2 \sim 10^3$℃/s，比常规水冷半连续铸锭的冷却速度约高2个数量级。因此，铸轧时的凝固为快速定向导热结晶，其组织必带有快速凝固与定向结晶的特点。晶体成长的方向性极强，相向于导热方向(几乎与铸轧辊表面垂直)，指向熔体内部。

图7-1 铸轧带坯的宏观组织

图7-2为铸轧带坯纵截面宏观组织，上下两层结晶沿中心线牢牢地压合在一起，两层组织近似对称。

铸轧带坯大多是工业纯铝与防锈铝，都含有一定数量的铁、硅等杂质或合金元素锰和镁，所以铸轧条件下的凝固实际上是在有成分过冷的情况下产生的，必定带有这种条件凝固的种种特点，呈树枝状结晶，并产生一定的偏析。快速成长的树枝状晶的一次轴沿导热方向相反的方向迅速成长，形成柱状晶。柱状晶与带坯中心线成 60°~75° 的角。

2. 添加晶粒细化剂后的组织

如果向熔体内添铝－钛－硼晶粒细化剂，则熔体内存在着大量的异质晶核。在这种情况下，则不仅仅是在辊套面上成核，在套个熔体的各个部分几乎同时成核，于是，会形成细小的近似等轴晶的细晶粒组织，原来的粗大柱状晶组织消失，如图 7-3 所示。

图 7-2  铸轧带坯纵截面宏观组织

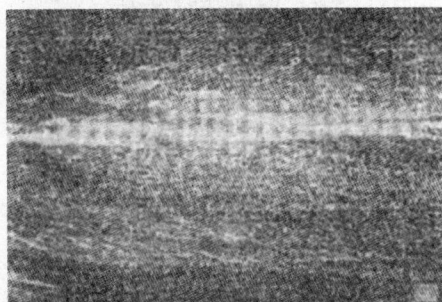

(a)

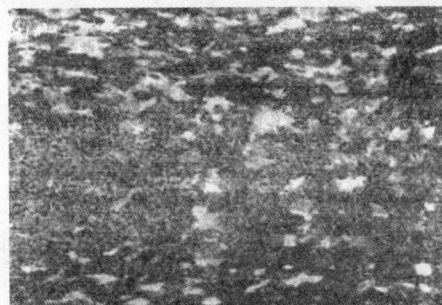

(b)

7-3  添加铝－钛－硼晶粒细化剂
后的铸轧工业纯铝组织 12.5×

(a)纵向组织；  (b)横向组织

## 7.1.2  铸轧带坯的组织特点

与热轧坯料相比，铸轧带坯在组织上具有如下特点。

铸轧带坯既不是完整的铸态组织，也不是完全的变形组织，而是铸态组织和经少量热变形并部分发生了动态回复和少量再结晶的组织，越靠中心部位越明显。因此，显微组织的外观像铸造组织，但铸造晶粒内部的亚晶块则是在热变形中发生动态回复和再结晶的组织(图 7-4)，晶粒粗大时铸态组织较明显，晶粒越细回复再结晶组织占比例越大。铸轧带坯在高温下退火后，由于存在少量的变形能，且变形量较小，因此会形成粗大的再结晶组织(图 7-5)。

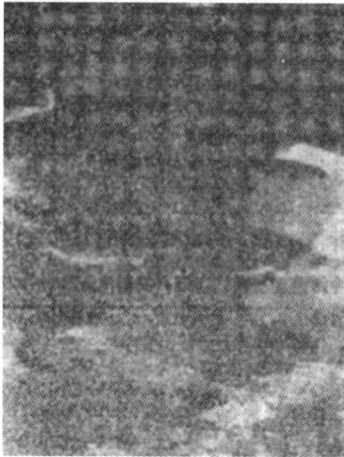

图7-4 工业纯铝铸轧带坯铸造
晶粒的亚晶块组织 200×

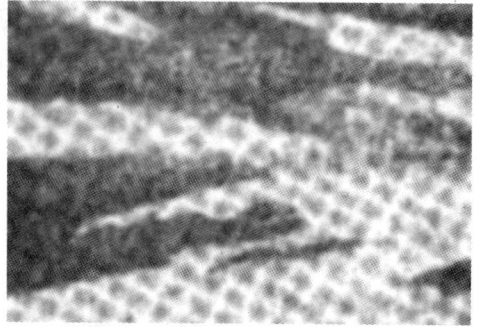

7-5 工业纯铝铸轧带坯
在 550 ℃退火 8h 后的组织 12.5×

铸轧带坯的宏观组织均为柱状晶,在整个带坯纵截面上呈"人"字形有规则地排列着。枝晶间距小,约为常规水冷半连续铸锭枝晶间距的1/5(表7-1)。中间金属化合物粒子细小,平均直径为 1 μm,细小的弥散质点有助于获得细小的再结晶组织,这是因为铸轧带坯的冷却速度快,凝固速度高。

表7-1 不同铸造法的冷却速度及铸锭(坯)枝晶间距

| 铸造方法 | 温度梯度/($K \cdot mm^{-1}$) | 冷却速度/($K \cdot s^{-1}$) | 枝晶间距/μm |
|---|---|---|---|
| 水冷半连续铸造(DC)法 | 0.20 ~ 2 | 0.10 ~ 5 | 30 ~ 100 |
| 无模 DC 铸造法 | 0.20 ~ 5 | 0.20 ~ 20 | 20 ~ 60 |
| 亨特 – 道格拉斯连续铸造法 | 0.5 ~ 10 | 0.5 ~ 50 | 10 ~ 60 |
| 黑兹利特连续铸造法 | 0.5 ~ 5 | 0.2 ~ 2 | 40 ~ 60 |
| 普罗珀齐法 | 1.0 ~ 5 | 1.0 ~ 10 | 20 ~ 40 |
| 亨特铸轧法 | 10 ~ 20 | 50 ~ 500 | 5 ~ 10 |
| 3C 铸轧法 I | 5 ~ 20 | 20 ~ 400 | 5 ~ 20 |

合金元素及杂质元素的溶解度大,形成强烈的过饱和固溶体。这不仅对锰、铬、锆等元素是如此,就是工业纯铝中的杂质元素铁、硅等也是这样。我们对 1200 铸轧带坯均匀化(550 ℃,8h)处理前后的显微组织与晶格常数做过研究,均匀化前的晶格常数为 $4.04560 \times 10^{-10}$ m,均匀化后的为 $4.04916 \times 10^{-10}$ m。均匀化处理前后的显微组织如图7-6,均匀化前如图7-6(a)所示为枝状组织,有晶内偏析现象;均匀化后,枝晶网和晶内偏析消失,有大量过饱和固溶体分解质点如图7-6(b)所示。韦威坦金等用电阻法测定了铸轧的3004合金(1.0% Mg,1.0% Mn,0.13% Si,0.35% Fe)中锰和铁的过饱和固溶度,发现 Mn + Fe 的过饱和固溶度竟高达0.92%。晶内偏析的存在使半成品退火时形成不均匀的再结晶组织,对材料性能有影响。对铸轧带坯进行均匀化处理,可使过饱和固溶体分解,消除晶内偏析,是改善

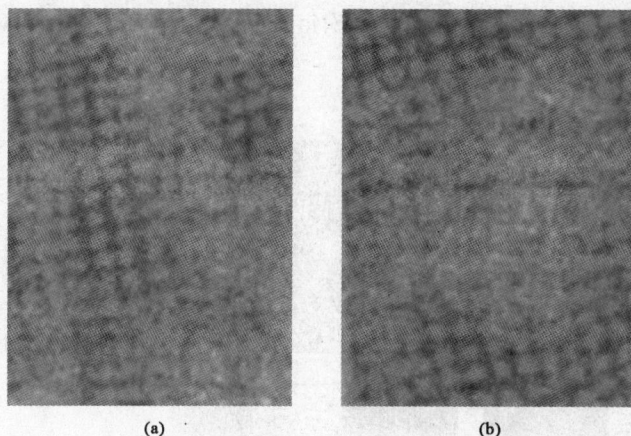

图 7 - 6　铸轧的 7.5 mm 厚的 L5 带坯均匀化前后的显微组织 400 ×

半成品的有力措施。

　　图 7 - 7 为 3004 合金铸轧带坯表面的〈111〉极图和〈200〉极图，可见其中存在一定的织构，它们对板材及再结晶都有影响。因为如前所述，铸轧带坯的强烈定向导热使晶体成长有明显方向性。带坯中各晶粒的〈100〉方向大致与其中心线成 60°～70°角，有较为明显的择优取向。

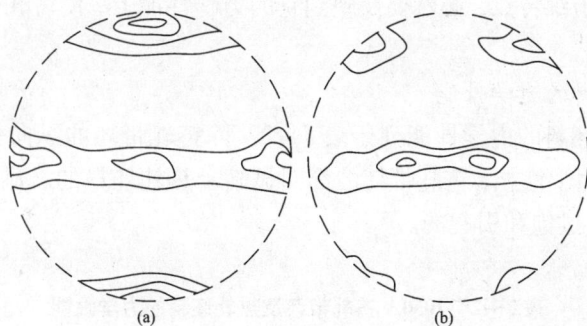

图 7 - 7　3004 合金铸轧带坯表面的〈111〉极图(a)及〈200〉极图(b)

　　铸轧加工率对铸轧带坯和最终半成品织构都有影响，铸轧加工率愈大，带坯的〈100〉丝织构强度就愈低，从而使冷轧板退火后的立方织构减少，轧制织构增强。这两种织构的变化可导致板材制耳率的不同。因此，控制铸轧加工率，可调整立方织构与轧制织构的比例，降低板材制耳率。立方织构比例愈大，0°、90°制耳就愈强，轧制织构所占的比例愈大，45°制耳就愈强。

### 7.1.3　铸轧带坯的晶粒度

　　铸轧带坯的晶粒等级分五级(图 7 - 8)，一级的平均每个晶粒所占的面积≤0.4 mm$^2$，二级的平均每个晶粒所占的面积≤1.0 mm²，三级的平均每个晶粒所占面积≤2.0 mm²，四级的平均每个晶粒所占面积≤10 mm²，五级的平均每个晶粒所占面积 >10 mm²，四级与五级均为不合格品。

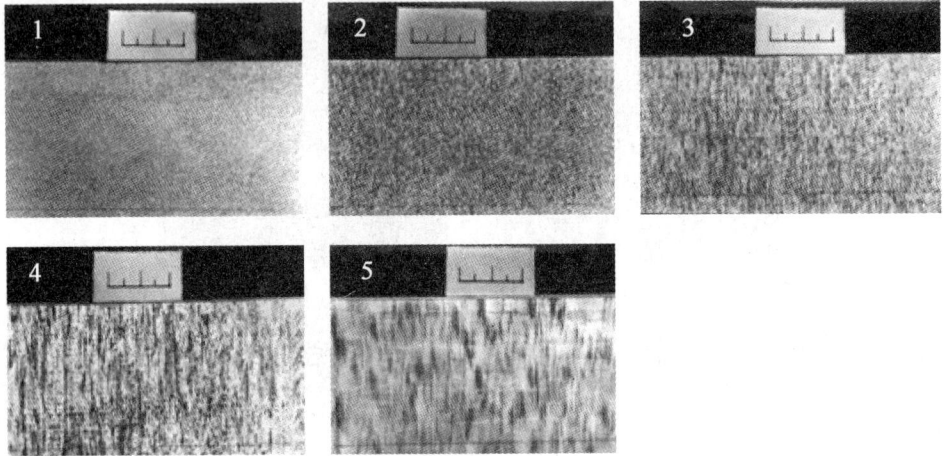

图7-8　铸轧带坯晶粒示意图

### 7.1.4　铸轧带坯的性能

铸轧带坯的上述组织特点，必然要反映到它的力学性能上，使铸轧带坯与热轧坯料的力学性能有某些差别。

1. 铸轧及热轧坯料的力学性能

铸轧带坯及热轧坯料的力学性能列于表7-2。除铸轧带坯的纵向伸长率比热轧坯料的稍低外，其他各向的力学性能，铸轧带坯的都明显高于热轧坯料的。显然，这是由于铸轧带坯的杂质元素(Fe、Si)过饱和引起的。

表7-2　1050A 铸轧带坯及热轧坯料的力学性能

| 试样方向 | 7.0 mm 铸轧带坯 | | | 8.0 mm 热轧坯料 | | |
| --- | --- | --- | --- | --- | --- | --- |
| | $\sigma_{0.2}$/MPa | $\sigma_b$/MPa | $\delta$/% | $\sigma_{0.2}$/MPa | $\sigma_b$/MPa | $\delta$/% |
| 纵向 | 64.68 | 99.96 | 34.0 | 61.15 | 86.04 | 35.1 |
| 横向 | 66.84 | 100.94 | 31.6 | 64.58 | 84.04 | 29.4 |
| 45°方向 | 63.70 | 96.04 | 30.8 | 62.03 | 80.75 | 28.0 |

1060 铸轧带坯(7.5 mm 厚)的平均布氏硬度(负载 250 kg、10 mm 钢球、60 s)为 25.4，而 1050A 铸轧带坯(7.5 mm 厚)的平均布氏硬度为 26.0。

2. 铸轧带坯的再结晶温度

1060 及 1050A 铸轧带坯的开始再结晶温度为 500 ℃，在此温度下保温 1 h，近试样边部有一层再结晶组织(图7-9)；它们的再结晶终了温度为 600 ℃(图7-10)。退火温度对 1060

铸轧带坯力学性能的影响如图 7 - 11 所示。在 200 ~ 400 ℃，力学性能与组织均无变化，从 450 ℃ 开始，抗拉强度有下降趋势，伸长率有所上升，在 500 ℃ 退火后，强度及伸长率变化明显，说明已开始再结晶，到 550 ℃ 及 600 ℃ 退火后，抗拉强度下降到 70MPa 左右，伸长率也明显上升。

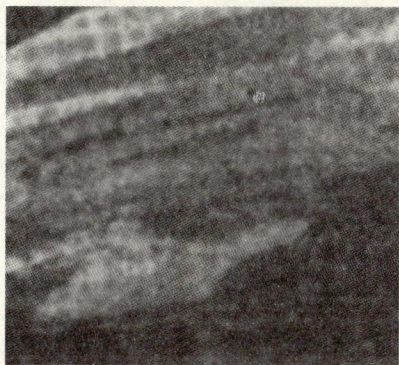

图 7 - 9　L3 铸轧带坯(7.5 mm)
在 500 ℃ 退火 1h 后的显微组织 100 ×

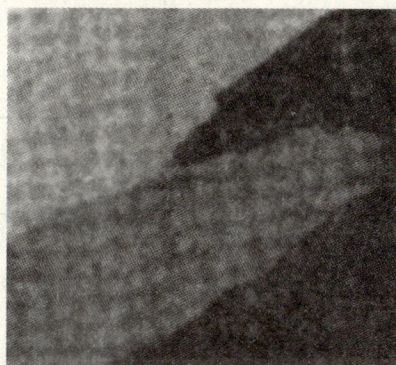

图 7 - 10　L3 铸轧带坯(7.5 mm)
在 600 ℃ 退火 1h 后约再结晶组织 100 ×

3. 铸轧带坯与热轧坯料退火组织的比较

从宏观组织来看，热轧坯料在退火后的组织比铸轧带坯的退火组织细小，可是铸轧带坯的显微组织(图 7 - 11)比热轧坯料的显微组织(图 7 - 12)细小，中间金属化合物的分布也比热轧坯料的均匀，不存在大的化合物相。

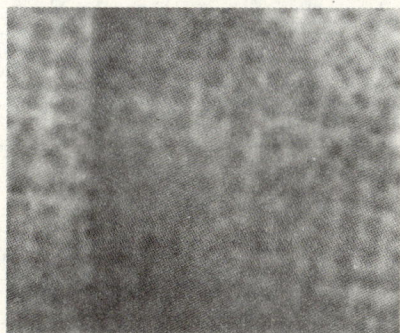

图 7 - 11　L3 铸轧带坯的退火组织 100 ×

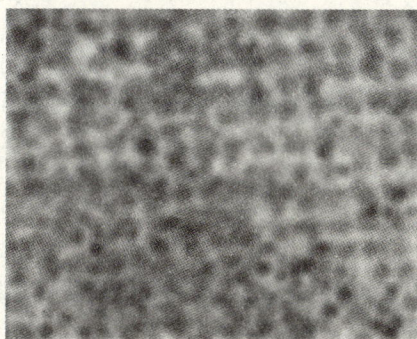

图 7 - 12　L3 铸锭热轧坯料的退火组织 100 ×

## 7.2　冷轧板的组织与性能

由于铸轧带坯的组织及性能与热轧坯料的组织及性能有所不同，因此，用这两种坯料轧制的板材在再结晶特性、工艺性能、力学性能及化学性能等方面是有区别的。

### 7.2.1 再结晶特性

由铸轧坯料冷轧而成的板材具有较高的再结晶温度。据测定，再结晶温度的提高最高为70 ℃（表7－3）。

表7－3 用不同坯料轧制的冷轧板的再结晶温度

| 坯料 | 冷轧板厚度/mm | 加工率/% | 再结晶开始温度/℃ | 再结晶终了温度/℃ | 再结晶温度区间/℃ |
|---|---|---|---|---|---|
| 铸轧的 | 1.0 | 86 | 280 | 350 | 70 |
| 热轧的 | 1.2 | 90 | 240 | 380 | 120 |

1060及1050A冷轧板的再结晶温度分别列于表7－4及表7－5，由于1060的杂质含量比1050A的低一些，所以它的再结晶终了温度相应地高一些，再结晶温度区间也大一些，可是它们的再结晶开始温度则相同，而当加工率大于75%以后，它们在再结晶温度方面的差异也就消失了。

表7－4 用7.5 mm的1060铸轧带坯冷轧的板材的再结晶温度

| 加工率/% | 板厚/mm | 再结晶开始温度/℃ | 再结晶终了温度/℃ | 再结晶温度区间/℃ |
|---|---|---|---|---|
| 20 | 6.0 | 340 | 440 | 100 |
| 36 | 4.8 | 340 | 420 | 80 |
| 50 | 3.8 | 300 | 400 | 100 |
| 60 | 3.0 | 300 | 380 | 80 |
| 70 | 2.3 | 300 | 365 | 65 |
| 78.6 | 1.6 | 280 | 365 | 85 |
| 84 | 1.2 | 280 | 350 | 70 |
| 86.6 | 1.0 | 280 | 350 | 70 |
| 90 | 0.7 | 265 | 340 | 75 |
| 93.3 | 0.5 | 265 | 340 | 75 |

表7－5 用7.5 mm的1050A铸轧带坯冷轧的板材的再结晶温度

| 加工率/% | 板厚/mm | 再结晶开始温度/℃ | 再结晶终了温度/℃ | 再结晶温度区间/℃ |
|---|---|---|---|---|
| 20 | 6.0 | 340 | 460 | 120 |
| 36 | 4.8 | 340 | 440 | 100 |
| 50 | 3.8 | 300 | 420 | 120 |
| 60 | 3.0 | 300 | 400 | 100 |
| 70 | 2.3 | 300 | 380 | 80 |
| 78.6 | 1.6 | 280 | 365 | 85 |
| 84 | 1.2 | 280 | 350 | 70 |
| 86.6 | 1.0 | 280 | 350 | 70 |
| 90 | 0.7 | 265 | 340 | 75 |
| 93.3 | 0.5 | 265 | 340 | 75 |

图 7 – 13 示出了 1050A 冷轧板的再结晶温度与加工率的关系。应指出的是,用铸轧带坯轧制的板材再结晶开始温度的提高并不大,但再结晶终了温度却提高了很多,再结晶温度也有明显扩大。这种现象是与铸轧带坯中的溶质元素和杂质元素有强烈的过饱和固溶度、晶内偏析以及铸轧板在冷加工中定向排列的柱状晶更易倾向于平行板的轧制方向拉长排列而不易破碎有着直接的联系。因此,用铸轧坯料轧制的冷轧板在退火过程中易形成不均匀的再结晶组织。如铸轧带坯的原始晶粒比较粗大,这种不均匀性更为明显。

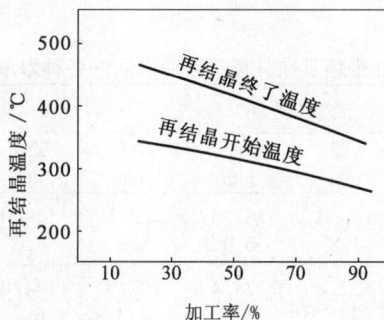

图 7 – 13　用 L3 铸轧带坯冷轧的板材的再结晶温度与加工率的关系

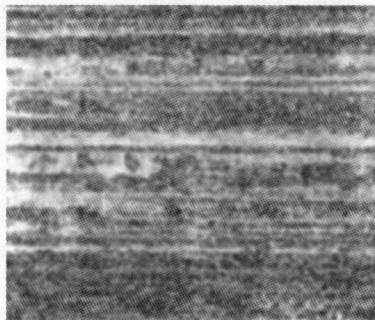

图 7 – 14　1.0 mm 的 L3 冷轧板在 280 ℃退火 1 h,刚开始再结晶 100 ×

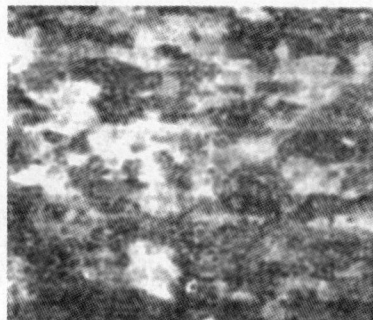

图 7 – 15　1.0 mm 的 L3 冷轧板在 350 ℃退火 1 h,成为完全再结晶组织 100 ×

由于再结晶温度区间的扩大,用铸轧带坯轧制的冷轧板的退火曲线显得比较平缓,铸轧板材的高温强度也比热轧材料的略高些。

铸轧结晶时,上下表面结晶不同对冷轧板的再结晶组织也有遗传性的影响,即上下两表面的再结晶晶粒尺寸有差别,用这类板材冲压制品时,大晶粒面的外表质量粗糙一些。

对铸轧带坯进行均匀化处理,可使饱和固溶体分解,消除晶内偏析,冷加工时的变形会更加均匀,既可缩小冷轧板材的再结晶温度范围,又可获得均匀化的再结晶组织。铸轧时添加晶粒细化剂,可减小铸轧板坯上下表面晶粒组织的差别。冷轧板的厚度 <1 mm 时,两种板材的显微组织几乎无差别了。

1.0 mm 的 1050A 冷轧板在 280 ℃退火 1 h 刚开始再结晶,而在 350 ℃退火 1 h 则形成完全再结晶组织,分别见图 7 – 14 及图 7 – 15。

### 7.2.2 力学性能

在实际生产中，铸轧带坯通常是不经均匀化退火就直接送去冷轧，较大的合金元素或杂质元素过饱和度使冷轧板材的强度性能均高于用热轧坯料轧制的冷轧板材的(表7-6)。

同理，冷加工铸轧带坯时，其加工硬化率较高，即随着冷加工率的加大，铸轧板的强度性能增加得快。例如，由表7-6可见，铸轧板由2.4 mm冷轧到0.4 mm时，其抗拉强度增加48.0 MPa，而相应热轧材料的抗拉强度仅增加27.0 MPa。

表7-6　1060铸轧带坯及热轧坯料在冷轧后的各种厚度板材的力学性能

| 试样方向 | 性能 | 铸轧带坯 | | | | 热轧坯料 | | | |
| --- | --- | --- | --- | --- | --- | --- | --- | --- | --- |
| | | 2.4 mm | 1.2 mm | 0.85 mm | 0.4 mm | 2.4 mm | 1.2 mm | 0.85 mm | 0.4 mm |
| 纵向 | $\sigma_b$/MPa | 155.0 | 180.0 | 181.3 | 203.1 | 154.0 | 169.2 | 176.0 | 180.9 |
| | $\delta$/% | 5.0 | 4.8 | 6.9 | 3.9 | 7.3 | 6.3 | 7.5 | 6.2 |
| 45° | $\sigma_b$/MPa | 159.0 | 182.0 | 178.4 | 202.9 | 144.0 | 165.3 | 163.7 | 164.1 |
| | $\delta$/% | 4.6 | 3.3 | 3.1 | 3.2 | 6.8 | 2.1 | 5.3 | 5.8 |
| 横向 | $\sigma_b$/MPa | 169.0 | 190.0 | 196.6 | 218.7 | 153.6 | 171.3 | 169.3 | 175.6 |
| | $\delta$/% | 4.4 | 4.4 | 3.1 | 3.4 | 6.8 | 3.8 | 4.0 | 4.5 |

通过充分退火，固溶体发生分解，用两种坯料冷轧的板材在力学性能方面的差距减小了，但仍有一些差别(表7-7)。退火后的板材经进一步的冷轧后，二者的差别又显示出来(表7-8)。这与板材退火时未能完全消除过饱和固溶度有关。

表7-7　铸轧和热轧坯料冷轧的板材经充分退火(M)后的力学性能(1035)

| 性能 | 1.45 mm板(铸轧带坯) | 1.45 mm板(热轧坯料) |
| --- | --- | --- |
| $\sigma_b$/MPa | 77.2 | 73.2 |
| $\sigma$/% | 46.0 | 45.5 |

冷加工率对铸轧带坯的力学性能的影响如表7-9所示，原始铸轧带坯厚度为5~7 mm，是用$\phi650 \times 1\,300$ mm铸轧机生产的，带坯宽1 150 mm，浇注温度为690~700 ℃，铸轧速度800~1 000 mm/min，循环水压$2.5 \times 10^5$Pa，前箱溶体水平高度10 mm，铸轧区长度47 mm。冷轧板经不同温度退火1 h后的力学性能列于表7-10。

表7-8　用不同坯料轧制的特薄带材1035Y的力学性能

| 厚度/mm | 铸轧带坯 | | 热轧坯料 | |
| --- | --- | --- | --- | --- |
| | $\sigma_b$/MPa | $\delta$/% | $\sigma_b$/MPa | $\delta$/% |
| 0.22 | 154.8 | 2.4 | 118.6 | 5.0 |
| 0.11 | 175.4 | 1.4 | 147.0 | 2.5 |
| 0.05 | 182.3 | 1.1 | 161.7 | 2.5 |
| 0.025 | 190.1 | 1.3 | 168.6 | 1.5 |
| 0.013 | 203.4 | 1.1 | 186.3 | 1.5 |

表 7 - 9　用铸轧带坯轧制的冷轧板的力学性能

| 厚度/mm | 加工率/% | 1060 | | 1050A | |
|---|---|---|---|---|---|
| | | $\sigma_b$/MPa | $\delta$/% | $\sigma_b$/MPa | $\delta$/% |
| 6.0 | 20 | 118.6 | 7.6 | 120.5 | 7.6 |
| 4.8 | 36 | 138.2 | 7.2 | 140.1 | 6.6 |
| 3.8 | 50 | 149.0 | 6.4 | 152.9 | 6.6 |
| 3.0 | 60 | 159.4 | 5.8 | 161.7 | 5.7 |
| 2.3 | 70 | 164.6 | 4.8 | 168.6 | 5.2 |
| 1.6 | 78.6 | 175.4 | 4.6 | 179.3 | 5.0 |
| 1.2 | 84 | 179.3 | 4.5 | 181.3 | 4.9 |
| 1.0 | 86.6 | 179.3 | 4.4 | 185.2 | 4.8 |
| 0.7 | 90 | 185.2 | 4.5 | 190.1 | 5.0 |
| 0.5 | 93.3 | 194.0 | 4.3 | 197.0 | 5.0 |

表 7 - 10　1050A 冷轧板经不同温度退火 1 h 后的力学性能(带坯厚 7.5 mm)

| 退火温度/℃ | 3.0 mm(60%) | | 2.3 mm(70%) | | 1.6 mm(78.6%) | | 1.0 mm(86%) | | 0.5 mm(93.3%) | |
|---|---|---|---|---|---|---|---|---|---|---|
| | $\sigma_b$/MPa | $\delta$/% | $\sigma_b$/MPa | $\delta$/% | $\sigma_b$/MPa | $\delta$/% | $\sigma_b$/MPa | $\delta$/% | $\sigma_b$/MPa | $\delta$/% |
| 200 | 157.8 | 6.4 | 163.7 | 5.8 | 173.5 | 5.6 | 182.3 | 4.8 | 186.2 | 3.7 |
| 250 | 154.8 | 7.9 | 157.8 | 6.2 | 162.7 | 6.0 | 166.6 | 5.4 | 159.7 | 5.2 |
| 300 | 139.2 | 8.8 | 141.1 | 8.1 | 129.4 | 9.2 | 125.4 | 13.0 | 96.0 | 16.8 |
| 350 | 94.1 | 19.9 | 80.4 | 29.9 | 77.4 | 36.1 | 75.5 | 40.6 | 78.4 | 40.5 |
| 400 | 76.4 | 38.9 | 76.4 | 38.0 | 77.4 | 38.6 | 75.5 | 41.5 | 78.4 | 40.8 |
| 450 | 74.5 | 40.3 | 73.5 | 41.0 | 76.4 | 39.8 | 74.5 | 41.6 | 76.4 | 45.3 |
| 500 | 71.5 | 40.3 | 70.6 | 41.1 | 74.5 | 39.0 | 73.5 | 44.4 | 75.5 | 43.2 |

1050A 冷轧板(铸轧带坯厚 7.5 mm)的布氏硬度与加工率的关系如图 7 - 16 所示。

### 7.2.3　深冲性能

铸轧带坯晶粒具有一定的取向性,在冷轧过程中,具有一定取向性的晶粒倾向于沿轧制方向拉长,而遭受充分破碎;而铸轧带坯的原始织构对其后的轧制织构、退火织构又有复杂的影响,特别是深冲性能。由以上的分析可知,用铸轧带坯冷轧的板材经退火

图 7 - 16

后,性能的各向异性也比用热轧坯料轧制的板材的性能差异也略大一些。

另外,影响铸轧板制耳率的因素很多,如铸轧加工率、化学成分、冷轧加工率和中间退火规范等都有影响。综合地控制这些因素,可用铸轧带坯冷轧成制耳率低、冲压性能良好的

板材。一般说来,用铸轧带坯冷轧的板材对深冲制品具有如下特点:①制品表面易出现较为明显的纤维状条纹,降低表面质量;②制耳率较大;③易加工硬化,加工硬化速率较快,塑性较低,易冲裂。

用不同坯料冷轧的 0.85 mm, 0.4 mm 板材经不同温度退火 1h 后的制耳率列于表 7 – 11。

表 7 – 11　冷轧板材经不同温度退火后的制耳率/%

| 退火温度/℃ | 铸轧带坯 | | 热轧坯料 | |
|---|---|---|---|---|
| | 0.85 mm | 0.4 mm | 0.85 mm | 0.4 mm |
| 250 | 5.09 | 6.67 | 8.97 | 9.25 |
| 300 | 4.52 | 5.12 | 1.09 | 4.42 |
| 330 | 4.51 | 2.65 | 0.84 | 3.32 |
| 360 | 4.71 | 2.99 | 3.24 | 2.52 |
| 400 | 5.48 | 2.96 | 2.34 | 2.93 |
| 500 | 4.61 | 2.56 | 3.62 | 1.86 |

铸轧坯料的厚度为 7.5 mm,热轧坯料的厚度为 12 mm。前者含 0.24% Fe, 0.11% Si,后者含 0.24% Fe、0.14% Si;它们含 <0.01% Cu、<0.01% Mg、<0.02% Zn、<0.02% Ti、<0.01% Mn、<0.02% Ni。用直径 60 mm 的圆片经两次冲成直径 28 mm 的杯,然后测定制耳率,按下式计算制耳率:

$$\varepsilon = (H_2 - H_1)/H_1 \times 100\%$$

式中: $H_2$——最高制耳处高度/mm;

$H_1$——最低制耳处高度/mm。

1050A 板材的杯突实验值及其力学性能列于表 7 – 12。不管是冷加工硬化的 0.4 mm 板材,还是退火的软状态的 0.4 mm 的板材的杯突值,铸轧带坯板材的都比铸锭热轧坯料板材的小 1 mm。可是,1 mm 厚的这两种板材在退火后的杯突值都相同,皆为 9.0 ~ 9.5 mm。

表 7 – 12　用不同坯料轧制的板材的杯突试验值与力学性能

| 坯料种类 | 状态 | 厚度/mm | $\sigma_b$/MPa | $\delta$/% | 杯突试验值/mm |
|---|---|---|---|---|---|
| 铸轧 | R | 7.2 | 78.4 | 2.9 | — |
| 热轧 | R | 7.5 | 96.0 | 36.0 | — |
| 铸轧冷轧板 | Y | 3.0 | 176.4 | 6 | — |
| | Y | 0.4 | 215.6 | 3 | 5 |
| 热轧冷轧板 | Y | 3.0 | 166.6 | 6.5 | — |
| | Y | 0.4 | 205.8 | 3 | 6 |
| 铸轧 | M | 7.2 | 77.4 | 38 | — |
| | M | 3.0 | 73.5 | 30 | — |
| | M | 0.4 | 88.2 | 35 | 8 |
| 热轧 | M | 3.0 | 73.5 | 32 | — |
| | M | 0.4 | 93.1 | 35 | 9 |

从制耳产生的部位来看,用铸轧带坯冷轧的两种板材,在 250 ℃ 退火后,制耳产生在与

轧制方向成 45°的方向上；退火温度为 350 ℃，400 ℃，500 ℃时，制耳都产生在 0°与 90°方向上；0.85 mm 板材的制耳位置改变后，制耳率无明显变化，0.4 mm 板材的制耳位置改变后，其制耳率略有减小；退火温度≥330 ℃后，0.4 mm 板材的制耳率比 0.85 mm 板材的制耳率小一些。

用热轧坯料轧制的 0.85 mm、0.4 mm 板材在 250 ℃，330 ℃退火后，制耳位置也是产生于与轧制方向成 45°的方向上；退火温度为 350 ℃、400 ℃、500 ℃时，0.85 mm、0.4 mm 板材的制耳出现于 0°、90°方向上；它们的制耳率都比较小。

用铸轧带坯冷轧的 1060，1050A，1035 工业纯铝厚 1.0 mm 及 1.2 mm 的退火板材成功地深冲成水壶、、饭盒与 78 军用壶。78 军用壶是一种复杂的产品。用铸轧板深冲这些产品时，其废品率比规定指标低得多（表 7-13），表面质量合格，阳极氧化着色性能好。

稀土元素及杂质 Fe、Si 等对制耳率有一定的影响。稀土元素（以 Ce 为主的混合稀土）及 Fe 是产生 45°制耳的因素，适当提高 Fe、稀土元素含量可降低退火板材 0°、90°的制耳。Si 是产生 0°、90°的制耳因素，增加 Si 含量可降低硬状态板材和经高温退火的较薄板材的制耳率。对一定厚度的板材来说，进行高温中间退火可降低制耳率。除高温中间退火外，一般退火材料的制耳率均随冷加工率的增大制耳由 0°、90°，方向转向 45°方向。

表 7-13　深冲不同制品的废品率

| 产品名称 | 材料 | 投料数/个 | 废品率/% | 规定废品率/% |
|---|---|---|---|---|
| 盒身 | 1050A | 1908 | 4.6 | 20.51 |
| | 1060 | 590 | 5.6 | |
| 盒盖 | — | 2400 | 3.6 | 6.1 |
| 壶肩 | — | 413 | 0 | 10 |
| 壶身 | 1060 | 500 | 0 | 10 |
| | 1060 | 598 | <1 | |
| | 1050A | 500 | 0 | |

生产证明，只要采取适当的生产工艺，用铸轧带坯（1060～1035）冷轧板材可深冲各种各样的复杂制品：锅、壶、盒、杂件、暖水瓶零件、通风网、暖气叶片、电风扇叶片、牙膏筒，等等。可采取的措施是：

（1）熔炼温度不超过 750 ℃，不宜长时间停留，静置炉溶体温度为 725～735 ℃。

（2）严格控制化学成分，工业纯铝中的 Fe/Si 比值最好 >2，并添加铝钛硼晶粒细化剂。细化晶粒不但可提高板材的性能与塑性，而且有助于均匀变形，减少表面条纹，降低制耳率，使铸轧带坯的晶粒度达到 1～2 级。

（3）对不同厚度板材采用不同的退火制度，例如对 1.2 mm 及 1.0 mm 的板材可在 350～365 ℃退火，保温 4 h，以使轧制织构与退火织构达最佳的搭配，获得好的深冲性能和低的制耳率。

（4）进行均匀化退火，对防锈铝铸轧带坯更应进行均匀化退火。均匀化热处理促使过饱和固溶体分解，消除晶内偏析，提高塑性，从而使变形均匀，降低冷轧加工硬化速率，改善深冲性能。经充分均匀化处理的材料的性能可与热轧材料的完全相当。

(5)加大冷轧加工率,采用大的冷加工率,可使铸造组织充分破碎,获得良好的深冲性能。

(6)选用最佳的铸轧工艺,板材的方向性,与铸轧温度、铸轧速度、带坯厚度、液穴深度等有关,例如在铸轧厚 7.5~8 mm 的工业纯铝带坯时,铸轧辊的圆周线速度为 10 mm/s、辊面最低温度为 85 ℃,浇注温度为 690 ℃时,退火后的板材具有最小的方向性。

最后,应指出的是,深冲用的铸轧板材的厚度应 <2 mm,也就是总加工率仍大于 80%。

### 7.2.4　表面性能与抗蚀性

**1.表面性能**

对于厚度 >1 mm 的板材来说,由于冷加工率较小,铸轧带坯的组织破碎得不充分,阳极氧化与着色处理后的制品表面可有较明显的纤维状条纹,有损表面外观。细化铸轧带坯晶粒与采用大的加工率,可改善用铸轧带坯加工的冷轧板的表面质量。

**2.抗蚀性**

尼桑乔格卢等研究了铸轧带坯与热轧坯料冷轧板的抗蚀性,他们试验用的合金的化学成分列于表 7-14。

表 7-14　试验合金的化学成分(质量分数/%)

(Hydro102、301、303 合金是连续铸轧的;其他的是热轧的)

| 合金 | Si | Fe | Mg | Mn | Cu | Ti | B | Zn | V | Al |
|------|------|------|-------|-------|-------|-------|-------|-------|-------|------|
| 102 | 0.06 | 0.54 | 0.001 | 0.008 | 0.001 | 0.007 | 0.001 | 0.001 | 0.011 | 其余 |
| 301 | 0.16 | 0.46 | 0.025 | 0.92 | 0.002 | 0.015 | 0.001 | 0.007 | 0.012 | 其余 |
| 303 | 0.17 | 0.60 | 0.18 | 1.10 | 0.002 | 0.021 | 0.002 | 0.006 | 0.011 | 其余 |
| 1070 | 0.12 | 0.12 | 0.001 | 0.005 | 0.003 | 0.001 | 0.001 | 0.016 | 0.007 | 其余 |
| 1050A | 0.20 | 0.20 | 0.002 | 0.005 | 0.003 | 0.035 | 0.001 | 0.012 | 0.006 | 其余 |
| 1200 | 0.15 | 0.55 | 0.001 | 0.005 | 0.003 | 0.009 | — | 0.009 | — | 其余 |
| 3103 | 0.18 | 0.50 | 0.005 | 1.01 | 0.012 | 0.027 | 0.001 | 0.014 | 0.001 | 其余 |

材料厚度为 1 mm(铸轧带坯厚度为 7.5 mm),102、301 合金及 1070、1050、1200、3103 合金板材为 H14 状态,303 合金板材为 H28 状态。

未经阳极氧化处理的用热轧坯料冷轧的 1200 合金的点蚀坑深度及点蚀密度比铸轧的 102 合金板的既浅又小,就此点而言,前者的抗上抗蚀性比后者的高。但是,1200 合金的重量损失比后者的大一些,因为它发生的是更均匀的腐蚀,见表 7-15。

表 7-15　试样 3%NaCl 溶液中浸蚀 1 年的质量损失(10 个试样平均值)

| 合金 | 质量损失/$(mg \cdot (dm^2)^{-1})$ |
|------|-------------------------------|
| 1200 | 0.59 ± 0.03 |
| 102 | 0.44 ± 0.02 |
| 3103 | 0.32 ± 0.02 |
| 301 | 0.41 ± 0.02 |
| 303 | 0.26 ± 0.04 |

用热轧坯料生产的 3103 合金的点蚀坑数量比铸轧 301 合金板的点蚀坑数量多得多，但腐蚀深度差不多，301 合金的重量损失最大。

经过阳极氧化处理后，铸轧板材的抗蚀性比铸锭热轧板材的抗蚀性高，尤其是 303 合金（表 7-16）。这是因为铸轧带坯的冷却速度比传统直接水冷却半连续铸造法（DC）铸锭的冷却速度大 1~3 数量级。因此，金属间化合物质点的尺寸、分布、成分以及它们对腐蚀性能所带来的影响有着明显的差别。特别是锰，在铸轧带坯固溶体中的固溶度比在 DC 铸锭固溶体中的固溶度大得多，锰对铝的抗腐蚀性是有益的。由于含锰的金属间化合物在铸轧板中分布得更加弥散与更加细小，可在板材表面上形成无缺陷的连续的氧化膜，所以经过阳极氧化处理后具有更高的抗蚀性。

表 7-16　阳极氧化试样的盐雾试验结果

| 试验方法 | 合金 | 被腐蚀面积 /% | 腐坑的最大深度 /$\mu$m | 质量损失 /($mg \cdot cm^{2-1}$) |
|---|---|---|---|---|
| HASS（铜加速的醋酸盐雾试验）CASS（醋酸盐雾试验，见 ASTMB287） | 1050A | 81 ± 6 | 340 | 0.52 ± 0.02 |
| | 1200 | 30 ± 30 | 270 | 0.46 ± 0.06 |
| | 102 | 10 ± 10 | 250 | 0.42 ± 0.05 |
| | 3103 | 96 ± 1 | 215 | 0.48 ± 0.06 |
| | 301 | 30 ± 30 | 280 | 0.44 ± 0.07 |
| | 303 | 40 ± 30 | 95 | 0.38 ± 0.04 |
| | 1050A | 11 ± 3 | 700 | 0.31 ± 0.03 |
| | 1200 | 9 ± 1 | 580 | 0.3 ± 0.1 |
| | 102 | 7 ± 1 | 690 | 0.25 ± 0.05 |
| | 3103 | 12 ± 5 | 755 | 0.4 ± 0.1 |
| | 301 | 7 ± 1 | 510 | 0.21 ± 0.02 |
| | 303 | 4 ± 1 | 505 | 0.16 ± 0.01 |

## 7.3　铝箔的组织与性能

科学技术和长期生产实践证明，只要精心熔炼和认真轧制，用铸轧带坯完全能轧制表面质量高、组织与性能符合 GB 3198—82、GB 3615—83、GB 3616—83 规定的 0.007 mm 的箔材。用铸轧带坯轧制铝箔的工艺如图 7-24 所示。第一种工艺是将铸轧带坯冷轧到 0.6 mm 后，进行一次中间退火，而第二种工艺是将铸轧带坯冷轧到 0.4 mm，不进行中间退火，经过 6 道次直接轧成 0.007 mm 的铝箔。

我国当前生产 0.007 mm × 260 mm 1060 电力电容器铝箔的现行工艺为：熔炼→静置→铸轧→冷轧→退火→粗中轧→中精轧→精轧→分切→退火→包装，共 11 道工序。而采用常规热轧工艺生产则需要 17 道工序：熔炼→静置→铸造→锯切→铣面→加热→热轧→冷轧→退火→粗轧→中精轧→双合→精轧→分卷→退火→剪切→包装。

用铸轧带坯生产铝箔的工艺流程是当前最短的工艺，不仅大大减少了设备、基建投资与工作人员，而且由于生产周期显著缩短，大幅度提高了成品率（约比铸锭热轧工艺的高 8 个百分点），劳动生产率也大为提高。因此，成本有较大下降，经济效益显著，有较强的竞争力。铝箔的品质也不比用热轧坯料轧制的差。

### 7.3.1　铝箔的组织

7.5 mm 厚的铸轧 1060 带坯的纵向表层组织如图 7－17 所示，而其中心部分的组织则如图 7－18 所示。0.6 mm 退火状态的 1060 铝箔毛料的纵向显微组织如图 7－19（铸轧）及图7－20（铸锭热轧）所示。0.095 mm 厚的退火状态的 1060 箔纵向组织如图7－21（铸轧）及图7－22（铸锭热轧）所示。0.035 mm 厚的退火状态的 1060 箔纵向组织如图 7－23（铸轧）及图7－24（铸锭热轧）所示。0.007 mm 厚的退火状态的 1060 箔的纵向组织如图7－25所示（铸轧）及图7－26（铸锭热轧）所示。

图 7－17　7.5mm 铸轧 L2
带坯的纵向表层组织 560×

图 7－18　7.5mm 铸轧 L2 带坯的
纵向中心组织 560×

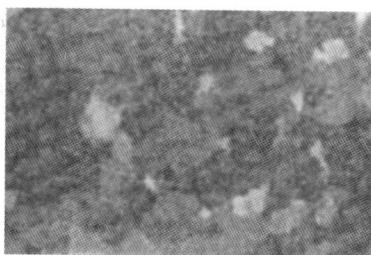

图 7－19　0.6mm 强火状态 L2 铝箔
毛料的纵向表层显微组织（热轧）80×

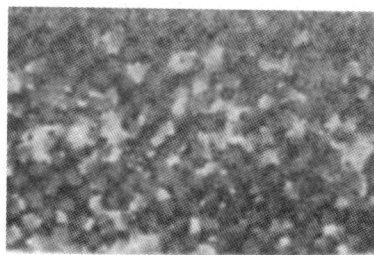

图 7－20　0.6mm 退火状态 L2 铝箔
毛料的纵向表层显微组织（热轧）80×

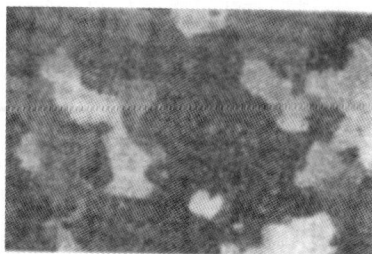

图 7－21　0.095mm 退火状态 L2 铝箔的
纵向显微组织（铸轧）80×

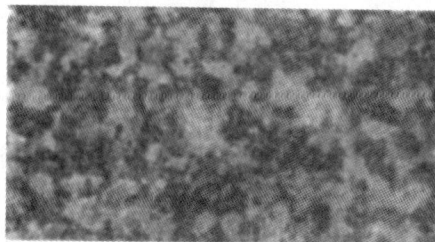

图 7－22　0.095mm 退火状态 L2 铝箔的
纵向显微组织（热轧）80×

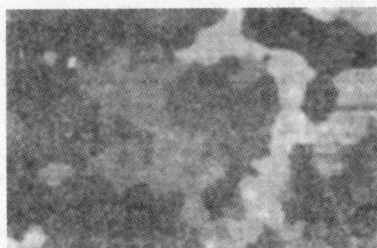

图 7 – 23　0.035mm 退火状态 L2 铝箔的
纵向显微组织（铸轧）80 ×

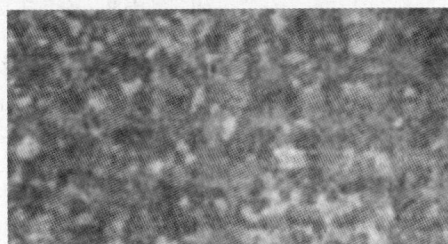

图 7 – 24　0.035mm 退火状态 L2 铝箔的
纵向显微组织（热轧）80 ×

图 7 – 25　0.007mm 的 L2 退火状态铝箔的
纵向显微组织（铸轧）80 ×

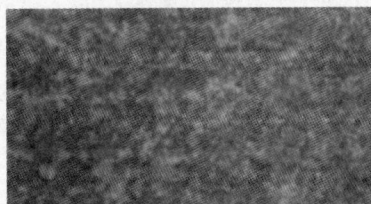

图 7 – 26　0.007mm 的 L2 退火状态铝箔的
纵向显微组织（热轧）80 ×

由图 7 – 17 ~ 图 7 – 26 可看出，铸轧带坯（图 7 – 17 及图 7 – 26）为铸造组织，在带坯中心具有粗大的金属间化合物，其他部位有细小的析出物。冷轧板（图 7 – 19 及图 7 – 20）的组织特点是，用铸轧带坯生产的冷轧板的晶粒比以热轧铸锭生产的冷轧板的晶粒大，且前者也没有后者的均匀，在铸轧的冷轧板中心有较大的金属化合物，同时表层晶粒比中心部位的粗大。退火状态铝箔的显微组织（图 7 – 21 ~ 图 7 – 26）具有这样的特点，即用铸轧带坯轧制的铝箔越薄，这种趋势也越明显，在组织均匀性方面，前者也不如后者。

### 7.3.2　铝箔的力学性能

对铝箔的力学性能的研究还做得很不够，积累的资料也不多，可以说仍处于探索阶段。2000 年以来，由于厚的铝箔广泛用于加工制品，如制造散热片、冲压各种瓶盖和器皿，要求铝箔具有更高的性能，对其性能的研究开始重视，并做了不少工作。

由于铝箔很薄，试样形式、试样加工方式、加工缺陷、试样条件等，对试验结果都有很大影响。因此，试样不可能制成比例试样，性能试验标准无严格的统一规定，试验数据在没有说明试验条件时，也无可靠的准确的可比性。表 7 – 17 为美国 ASTM 与中国 GB 规定试样形式及尺寸，而其对性能的影响则如表 7 – 18 所列，试样厚度为 0.15 mm。

由表 7 – 18 数据可见，用不同试样测得的强度相差小，可是伸长率则相差很大。这种殊悬差是因测量长度与受力情况不同造成的，同时，后者是主要的。

表 7 - 17　不同尺寸与形式试样的性能

| 性能 | ASTM E345—81 试样 | GB 3198—82 试样 |
|---|---|---|
| 抗拉强度 $\sigma_b$/MPa | 85.2 ± 5.0 | 81.6 ± 5.0 |
| 伸长率 $\delta$/% | 23.7 ± 3.4 | 146.6 ± 3.4 |

　　试样边部加工条件对较薄的退火状态试样的性能有较大影响，但对硬状态的铝箔则几乎无影响。因为加工时会引起加工硬化，这相当于等效裂纹作用。加工不会使硬材料进一步硬化。对于厚的软铝箔，由于其塑性很高，稍有硬化对其性能也无甚影响。伊迪对试样边部条件对民用铝箔性能的影响做过研究。

　　（1）性能与厚度的关系

表 7 - 18　试样边部条件对性能的影响

| 试样加工方法 | 退火制度 | $\sigma_b$/MPa | $\delta$/% |
|---|---|---|---|
| 叠层铣削 | — | 63 | 1.0 |
| 叠层铣削 | 150 ℃,2h | 67 | 1.5 |
| 叠层铣削 | 300 ℃,2h | 74 | 3.0 |
| 刀割 | — | 73 | 2.5 |
| 刀割 | 150 ℃,2h | 73 | 3.0 |
| 刀割 | 300 ℃,2h | 78 | 4.0 |
| 叠层铣削与边缘电解抛光 | — | 74 | 2.5 |

　　由表 7 - 19 可知：用铸轧带坯轧制铝箔时，强度性能随着加工率的增加而上升，于 0.016 mm 时达到最大值，即加工率达 93% 时达到最大值，若再加大加工率，强度性能则下降；加工率达 50%，即由 0.6 mm 轧到 0.3 mm 时，伸长率达到最低值，再往下轧制，直到 0.05 mm（加工率相当于 90%）时，伸长率大体保持不变。就力学性能而言，用铸锭热轧毛料轧制的 Y 铝箔均优于用铸轧毛料轧制的铝箔（表 7 - 20），但 0.007 mm 的 O 状态箔的强度则例外。铝箔的硬化规律与一般的规律是一致的，即当加工率超过 75% 以后，硬化速度放慢。

表 7 - 19　用铸轧带坯制 1060 箔力学性能

| 状态 | 厚度 | 总加工率 | $\sigma_b$/MPa | | | $\delta$/% | | |
|---|---|---|---|---|---|---|---|---|
| | | | 横向 | 纵向 | 45° | 横向 | 纵向 | 45° |
| Y | 0.50 | 93.3 | 203.1 | 197.6 | 187.4 | 4.16 | 4.88 | 3.84 |
| M | 050 | — | 78.4 | 79.4 | 82.3 | 23.92 | 40.08 | 39.76 |
| Y | 0.21 | 58 | 110.9 | 125.4 | 130.3 | 1.70 | 3.90 | 1.80 |
| Y | 0.10 | 80 | 169.0 | 149.6 | 152.9 | 1.58 | 1.48 | 1.32 |
| Y | 0.05 | 90 | 181.7 | 163.1 | 168.8 | 1.48 | 1.70 | 1.60 |
| Y | 0.024 | 95.2 | 183.5 | 176.6 | 166.2 | 2.36 | 2.10 | 2.0 |
| Y | 0.014 | 97.2 | 180.3 | 168.4 | 171.7 | 1.26 | 1.14 | 1.90 |

续表 7 - 19

| 状态 | 厚度 | 总加工率 | $\sigma_b$/MPa | | | $\delta$/% | | |
|---|---|---|---|---|---|---|---|---|
| | | | 横向 | 纵向 | 45° | 横向 | 纵向 | 45° |
| | 0.014 | — | 155.2 | 146.4 | 148.0 | 1.40 | 1.40 | 1.20 |
| Y | 0.007 | — | 180.3 | 173.1 | 169.9 | 1.50 | 1.14 | 1.38 |
| M | 0.007 | — | 34.6 | 40.1 | 42.0 | 1.94 | 2.18 | 2.52 |

表 7 - 20　1060 两种毛料及其箔材的力学性能

| 厚度/mm | 状态 | 铸轧 | | 铸锭热轧 | |
|---|---|---|---|---|---|
| | | $\sigma_b$/MPa | $\delta$/% | $\sigma_b$/MPa | $\delta$/% |
| 7.3 | 铸造 | 86.2 | 44.5 | — | — |
| 0.6 | Y | 179.3 | 4.8 | 189.1 | 5.0 |
| 0.007 | M | 63.7 | 2.0 | 608 | 2.7 |

　　铝箔性能与化学成分、中间退火、原始组织都有关系，特别是化学成分与中间退火。铝箔的强度随合金（杂质）元素总含量的增加而提高，但伸长率则稍有不同，当 Fe、Si、Cu 的含量低时，则随它们的含量增加而下降，当其总含量超过 0.35% 后，伸长率又随其含量增加而上升，我们的试验结果与兹洛丁等的研究结果是一致的。尤其是铁很值得注意，高的铁含量能细化晶粒，改善组织，有效地提高厚箔的伸长率，例如可使厚 0.1 mm 左右箔的伸长率达到 25% ~ 35%。1060 伸长率、晶粒度与杂质元素含量的关系如表 7 - 21 所示。

　　中间退火对铝箔的性能有很大影响，对 0.6 ~ 0.8 mm 的毛料进行退火的温度越高，最终铝箔的伸长率也越高。对厚 0.1 mm 的箔来说，是否进行中间退火，抗拉强度相差 20 ~ 30MPa，伸长率相差 5% ~ 10%。铝箔的性能与中间退火位置也有很大关系。

表 7 - 21　1060 伸长率、晶粒度与杂质元素含量的关系

| 杂质元素含量/% | | | | $\delta$/% | 晶粒度等级 |
|---|---|---|---|---|---|
| Fe | Cu | Si | Ti | | |
| 0.28 | 0.01 | 0.09 | 0.02 | <10 | 3.5 |
| 0.26 | 0.012 | 0.086 | 0.02 | 10 ~ 15 | 4.5 |
| 0.276 | 0.022 | 0.086 | 0.01 | >10 ~ 20 | 2.2 |
| 0.32 | 0.05 | 0.086 | 0.01 | >20 | 2.0 |

（2）性能与退火温度的关系

　　用铸轧带坯轧制的铝箔在退火时的软化遵循一般规律。退火时的加热速度对再结晶的影响很小，快速退火对铝箔的性能没有明显改善，但可使其再结晶温度提高约 40 ℃。

　　0.095 mm 的铝箔的力学性能变化与退火温度的关系如图 7 - 21 和图 7 - 22 所示。用铸锭热轧毛料生产的铝箔的性能比用铸轧毛料生产的箔的性能高一些，因为前者的晶粒比后者的细一些。在退火温度下的保温时间为 1 h。

(3)破裂强度

不同厚度铝箔的破裂试验结果示于表7-22。表中的数字是5次试验的平均值,材料是华北铝加工厂生产的,在日本昭和铝业公司做的试验,挤出的外径为100 mm,内径为30 mm。由试验结果可见,用铸锭热轧毛料生产的铝箔的破裂强度明显高于用铸轧毛料生产的铝箔的破裂强度。铝箔的材质为1060,热轧毛料是日本提供的。厚箔的破裂强度高于薄箔。

表7-22 铝箔的破裂强度/MPa

| 状态 | 铸轧毛料生产的 | 铸轧毛料生产的 | 热轧毛料生产的 |
|---|---|---|---|
| | 0.0366 mm | 0.0338 mm | 0.0339 mm |
| Y | 31.4 | 27.4 | 35.3 |
| M | 14.7 | 13.7 | 24.5 |

### 7.3.3 电学性能

铝箔是制造电容器的重要材料,用铸锭热轧坯料生产的铝箔已广泛地用于制造电容器。我们对铸轧铝箔的电学性能做过全面的研究,各项性能是西安电力电容器厂测试的。试验结果表明,用铸轧带坯生产的铝箔的各项电学性能与用铸锭热轧坯料的几乎一样。

1. 电阻与接触电阻

电阻测量用的是0.007 mm×20 mm×300 mm的试样;接触电阻试样为0.007 mm。

测得的电阻结果如下:

上海铝材厂铝箔　　　　　　　　0.0286 Ω

日本产铝箔　　　　　　　　　　0.0278 Ω

东北轻合金加工厂热轧毛料铝箔　0.0346 Ω

东北轻合金加工厂铸轧毛料铝箔　0.0307 Ω

接触电阻的测量结果如下:

上海铝材厂铝箔　　　　　　　　0.114 Ω

日本产铝箔　　　　　　　　　　0.083 Ω

东北轻合金加工厂热轧毛料铝箔　0.125 Ω

东北轻合金加工厂铸轧毛料铝箔　0.213 Ω

用铸轧毛料生产的铝箔的接触电阻不但比用铸锭热轧毛料生产的铝箔的接触电阻大一倍左右,而且在测量时很分散,最大值为最小值的2.7倍。铝箔接触电阻大,对电容器性能是有影响的,但影响并不显著。因为由铝箔接触电阻的增大,引起的铝箔的有功损耗的增加,对整个电容器的有功损耗说来,仅占极小的一部分,往往不易看出来。在做电容器成品检测时,对性能的影响未显示出来。

2. 电容器电学性能

对用铸轧带坯生产的铝箔制造的电容器的电学性能如电容、耐压(对壳和相间)、损失正切值等做了检查。测试结果全部合格,与用热轧铸锭毛料生产的铝箔制造的电容器的电学性能相当。对92台Y1050A 0.4-17-1型移相电容器的测试结果为:

相间耐压 0.86 kV　　　　　　　　　≥1 min

对地耐压 2.5 kV　　　　　　　　　　≥1 min

电容/μF　　　　　　　　　　　　　305 ~ 373

tan$\delta$/%　　　　　　　　　　　　≤0.6

### 7.3.4　针孔

对铸轧带坯与热轧坯料铝箔在日本昭和铝业公司做了针孔数量测量。试样面积为 250 mm × 250 mm。共测试了 3 卷，其中 2 卷为铸轧带坯铝箔，测试结果见表7 - 23。铸轧铝箔卷 No.1 的厚度比 No.3 卷的稍厚些，故其针孔较少些。总的看来，铸轧铝箔的针孔数比热轧铝箔的多一些。但只要精心净化熔炼与过滤轧制油，注意文明生产，铸轧铝箔的针孔数是不会多于热轧铝箔的。

表 7 - 23　铝箔的针孔数

| | 铸轧铝箔 No.1 | | 卷铸轧铝箔 No.3 | | 卷热轧铝箔卷 | |
|---|---|---|---|---|---|---|
| | 卷边 | 卷中心 | 卷边 | 卷中心 | 卷边 | 卷中心 |
| 针孔数/个 | 8.5 | 8.1 | 21.0 | 7.4 | 4.6 | 4.0 |

注：表中数值为宽方向和长方向的平均个数。

# 第8章　铸轧板缺陷分析及控制办法

## 8.1　板型

铸轧板理想的板型应当是横向呈抛物线分布，厚差斜度不大于0.01 mm/100 mm，纵向厚差斜度不大于0.03 mm/100 mm。实际为各生产厂家接受的板型标准为：板两边的厚差要求小于实际板厚的1%；板凸度为0%～1%；一周纵向板差小于3%。在生产中由于工艺、工装条件的影响，铸轧板会出现一些异常缺陷，如凹板、凸度过大、两边厚差过大、局部板厚突变等。

### 8.1.1　凹板

凹板表现为铸轧板两边厚度平均值大于中间点厚度。

1. 产生原因

(1)铸轧辊原始辊型磨削凸度偏大。

(2)铸轧辊冷却强度不够。

(3)铸轧区过小。铸轧区小，轧制力和热加工变形小。

(4)铸轧速度过快。铸轧速度过快，铸轧区液穴拉深，轧制力和热加工变形小。

2. 防止方法

(1)减小铸轧辊磨削凸度。

(2)增加冷却水的流量和压力。

(3)加大铸轧区。通过后退铸嘴支撑小车进行调整。

(4)降低铸轧速度。

(5)在板厚标准范围内，增大轧制力，使铸轧板厚变薄。

### 8.1.2　中凸度过大

铸轧板中凸度过大，在后工序加工时易引起中间松。

1. 产生原因

(1)轧辊磨削凸度过小，易造成铸轧板凸度过大。

(2)铸轧区偏大，轧制力增大，铸轧辊挠度增大，铸轧板凸度变大。

(3)铸轧速度偏慢，铝液冷却时间延长，铸轧区内固相区加长，轧制力和热加工率增大，铸轧板凸度增大。

(4)冷却强度偏大。

2. 防止方法

(1)增大轧辊的磨削凸度。

（2）减小铸轧区，适当推进铸嘴支撑小车，调整铸轧区长度。调整铸轧区时，一定要注意嘴辊间隙，确保铸轧板表面品质不受影响。

（3）在铸轧板不出现表面偏析的前提下，适当提高铸轧速度。

（4）在板厚标准范围内，减小轧制力，使铸轧板厚变厚。

（5）适当减小冷却水流量，提高铸轧辊辊面温度，增大铸轧辊热凸度。

### 8.1.3　两边厚差大

两边厚差过大，在下工序轧制时引起单边波浪。

1. 产生原因

（1）原始辊缝调整不合适。

（2）轧辊磨削圆锥度偏大。

（3）轧辊轴承间隙过大。

（4）液压系统不稳或有泄漏。

2. 防止方法

（1）生产前要调整好原始辊缝。

（2）轧辊磨削圆锥度、同轴度要符合要求。

（3）减小轧辊轴承间隙。

（4）检查液压系统是否泄漏，确保其稳定。

### 8.1.4　局部板厚厚度突变

1. 产生原因

（1）由于轧辊材质的不均，从而导致硬度和热交换的不均，引起厚度突变。

（2）辊芯水槽凸台部分脱落，造成局部弹性压扁增大，引起突变。

（3）辊芯水槽堵塞，结垢严重，导致辊套受热不均，引起铸轧板厚度局部突变。

2. 防止方法

（1）合理的循环水槽结构，确保水流的连续性，对堵塞、结垢等及时清洗。

（2）辊套材质不均引起厚度突变，重新换辊。

（3）辊芯水槽凸台部分脱落，重新堆焊、磨削。

总之，板型的缺陷很多，其影响因素也较多，需要在生产中根据实际情况具体分析，对症下药。一般来说纵向厚差找设备，横向板型找工艺。

## 8.2　夹渣

在铸轧生产过程中，由于原辅材料、熔炼及铸轧条件控制不当，易在铸轧板出现随机分布的夹杂缺陷，其尺寸在几微米到几十微米不等，从而导致铝基体呈现微孔、疏松，在下工序加工时易引起断带、针孔等缺陷。夹杂中有金属元素，也有非金属元素，主要成分元素有铝、钾、钠、钙、氯、铁、硅、氧、钛、硼等。

1. 产生原因

（1）原料造成。原材料中的铝锭、中间合金、废料等含有油污、水分等杂质易形成氧化物及难熔物等夹杂。熔剂和添加剂中的覆盖剂、打渣剂、精炼剂、细化剂、锰剂和铁剂等,易形成钾、钠、氯、非金属夹杂和 $Al_3Ti$、$TiB_2$ 及金属间化合物等夹杂。石墨转子、石墨乳及热喷涂使用的燃烧介质、精炼气体、熔炼及流槽加热用的燃烧介质,如重油、液化汽等,易形成碳、氮化铝、氯、硫等夹杂。

(2)炉子、供流系统、工具等不洁净,铸嘴细屑、铸嘴掉皮、挂渣等,易形成钙、硅、氧化铝等夹杂。

(3)工艺及操作不当造成。如熔体扒渣不净、搅拌不当、熔炼温度过高、熔炼时间过长等易形成氧化夹杂。石墨喷涂的石墨量或热喷涂的碳黑量控制不当,使石墨或碳黑在辊面聚集而被压入铸轧板表面。

(4)除气、过滤效果不好。

(5)前箱液面稳定性差,使嘴辊间的氧化皮带入。

2. 防止方法

(1)确保原辅材料的洁净。

(2)采用热喷涂、石墨喷涂时,要调整好配比及喷涂量,确保喷涂均匀,在不黏辊的前提下,喷涂量越小越好。

(3)加强精炼除气及熔体的过滤净化,提高过滤精度,必要时可采用双级过滤,过滤片安装时一定要确保安装的密封效果,并注意过滤箱隔板的完好性。

(4)尽量缩短熔炼时间、适当降低熔体温度,在生产操作时避免氧化皮混入熔体。

(5)每次立板前要充分清理供流系统,要把和辊面铝屑吹扫干净,尽量减少挂渣。

(6)正常生产中尽量减小前箱液面波动范围,在不发生漏铝停机的前提下,前箱液面控制要适当高且平稳。

## 8.3 热带

在铸轧时熔体金属因未完成结晶,呈熔融状态被轧辊带出来的板面缺陷称之为热带。因未受轧制作用,其外形是较为粗糙的铸态组织,沿板面纵向呈不规则的断断续续的分布。

1. 产生原因

(1)前箱温度偏高,在铸轧区内由于温度分布不均,温度偏高时,易导致局部液穴变深,熔融金属来不及凝固即被轧辊带出,形成热带。

(2)前箱液面高度偏低,由于静压力不足和金属流动性差,使局部金属供流不足,板面出现金属缺省,一般发生在边部。

(3)铸轧速度过快,由于结晶前沿宽度方向上的温度分布不均匀,液穴深度不一致,当铸轧速度大于凝固速度较多时,液穴较深部来不及结晶即被轧辊带出而形成热带。

(4)石墨喷涂或热喷涂量控制不当、铸轧辊局部堵塞,使局部冷却强度较小而易产生热带。

2. 防止方法

(1)合理安排铸嘴垫片,尽量使金属液流通畅和温度均匀。

(2)出现热带时应先降低铸轧速度,再检查工艺参数是否合适,针对性的调整前箱液面高度、前箱温度、铸轧速度等。

## 8.4　气道

1.产生原因

主要原因是熔体中氢含量过高，在结晶前沿，由于氢在固体铝中的溶解度很小，致使结晶前沿的熔体中氢含量更高，此时如果晶粒粗大，树枝状晶发展，形成补缩不好的空隙，或者其他夹杂物帮助氢形核，熔体中的游离态氢便在此处析出，形成氢气泡。由于铸轧工艺是铸造和轧制相连续，受轧制作用，气体不易进入到固体中去，在生产过程中，气泡不断接受结晶时排出的过饱和的氢而逐渐长大，长大到一定时，过饱和的氢便源源不断地析出，形成气道。

2.防止方法

(1)加强精炼除气，提高过滤精度，确保熔体的洁净，减少形核质点。

(2)尽量缩短熔化时间，避免熔体过热。

(3)确保供流系统，如流槽、供流嘴等干燥，加强预热和保温措施。

(4)提速放气：通过提高铸轧速度，迫使富集在铸嘴前沿的游离态氢提前带出。

## 8.5　裂纹

常见的铸轧板裂纹分布在板面上呈月牙形，也称为马蹄裂。其分布不规则，裂纹与裂纹之间单独存在。裂纹在下一工序加工时会出现孔洞、断带等缺陷。

1.产生原因

产生裂口的主要原因，就是在铸轧区内进行铸造与轧制过程中，表面与中心处的温差比较大，表面层温度低不易变形，中心处温度高容易变形，从铸造区进入到变形区时，金属受轧制作用，表面金属与铸轧辊表面粘着，无滑动，板坯中心部分金属相对于表层金属发生向后的滑动，这样，由于变形流动的不均匀，致使在液穴的凝固壳外层受到拉应力的作用，在铸造区，当液穴较浅时，凝固壳较坚厚，不易产生裂纹，而当液穴较深时，凝固壳较薄，当变形不均匀而产生的拉应力足够大时，在凝固壳的薄弱处开裂，进而扩展，形成裂纹。

当熔体过热，或熔体停炉时间过长时，熔体内形核质点减少，在晶界处容易产生裂纹。当铸轧速度较快或前箱温度较高、铸轧区较大、供料嘴局部破损，使液穴加深时，在铸轧板表面易产生裂口。

2.防止方法

(1)合理布置供料嘴垫片，保持良好的辊面状态，使结晶前沿的温度分布均匀。

(2)适当减小铸轧区，降低铸轧速度和前箱温度，使铸轧区内凝固壳增厚，在轧制变形时不易撕裂。

(3)尽量缩短熔炼时间，避免熔体过热；采用细化剂，增加形核能力，细化晶粒，提高塑性，减小裂纹倾向。

(4)当供料嘴破损时，及时更换供料嘴。

# 8.6 偏析

偏析是铸轧板常见的缺陷，主要有中心线偏析、表面偏析和分散型偏析等。偏析的存在会降低铝箔的强度、伸长率及表面品质，严重的偏析在冷轧机加工时会出现裂纹。

### 8.6.1 中心线偏析

在铸轧板中心面或附近，沿铸轧方向延伸，富含粗大共晶组织和粗大的金属化合物、杂质元素等形成的偏析。

1. 产生原因

(1)铸轧速度偏高和熔体过热，液穴深度加深，中心线偏析增加。

(2)冷却强度低，板坯与辊面热交换率低，导致凝固时间长，中心线偏析增加。

(3)合金结晶范围宽，板厚增加，中心线偏析增加。

(4)嘴腔前沿开口偏小，易产生中心线偏析。

2. 防止方法

(1)防止熔体过热，适当降低铸轧速度。

(2)提高冷却强度，增加水量和水压，定期清理辊芯，确保水道通畅。

(3)选择合适的嘴腔前沿开口，根据板厚选择工艺条件，据有关资料介绍，每一铸轧板厚度都存在一个不产生偏析的极限速度，不出现偏析的板厚随铸轧速度的提高而减薄。

(4)加入晶粒细化剂，改善化学成分的均匀性，避免中心线偏析。

### 8.6.2 表面偏析

表面偏析是在铸轧过程中，受工艺参数及工装条件的影响，在铸轧板表面富集了大量的溶质和杂质元素造成的偏析。外观看有点状偏析和条状偏析。

1. 产生原因

在铸轧过程中，金属的凝固结晶完全在铸轧区内完成，开始时，熔融铝液与水冷的轧辊辊套接触形成较薄的凝壳，随着熔体的不断凝固，凝壳开始收缩和瞬间脱离辊面，使此时的热传导系数下降，而此时金属由于结晶而释放大量的结晶潜热，较薄的凝壳产生重熔，熔融金属的溶质和杂质元素沿晶界或枝晶界析出，富集于铸轧板表面，形成表面偏析。

当铸轧速度过高，熔体过热时，导致铸轧区内液穴加深，凝壳变薄，易发生重熔析出，形成表面偏析。

当铸轧供料嘴在安装时嘴辊间隙过小或对中不好，造成嘴辊的摩擦，嘴唇前厚度发生变化，影响传热的均匀性，板面易形成点状偏析，若供料嘴使用过程中，局部损坏，嘴腔局部堵塞，铸轧条件遭破坏易形成带状偏析。

当轧辊材质不均或辊芯局部堵塞，必然使局部发生较薄凝壳，液穴区拉长，易出现重熔，共晶熔体从板中心部位向表面枝晶间渗透。

对于结晶区间较大的合金，其表面偏析较重。

2. 防止方法

(1)避免熔体过热，适当降低铸轧速度。

（2）安装供料嘴时，要保证嘴辊间隙一致、防止铸嘴嘴皮磨削不均，铸嘴磨削后要保证辊面的清洁和嘴腔的通畅，合理的嘴腔厚度和垫片分布，确保结晶前沿的温度均布。

（3）及时清洗轧辊沟槽，保持冷却水的通畅和足够的冷却强度。

（4）若铸嘴嘴皮脱落（俗称"掉嘴皮"），需重新更换铸嘴。

### 8.6.3　分散型偏析

分散型偏析是表面偏析和中心线偏析之间的一个过渡形式的偏析，是由于板带中心带的树枝状晶间的液体移动所致，其偏析条与中心线成一定角度向中心线周围地区分散排列。随着铸轧速度的提高，铸轧板会出现从粗大中心线偏析到分散型偏析和表面偏析的变化。

## 8.7　黏辊

铸轧板黏辊会造成板面组织破坏，局部黏辊会使板厚发生突变，造成铸轧板品质下降，严重黏辊可以使生产中断。

1. 产生原因

（1）铸轧速度快，前箱温度高。

（2）冷却强度低。

（3）石墨喷涂系统故障，或石墨配比不当，石墨乳失效；或火烤辊火焰调整不当，火焰形成的碳黑附着在辊面较少。

（4）铸轧辊辊套局部堵塞。

2. 防止方法

（1）适当降低铸轧速度，降低前箱温度。

（2）提高冷却强度，增大冷却水流量和压力。

（3）保证石墨喷涂系统工作正常，按工艺要求配制石墨乳，使用良好的石墨乳液；或调整火烤辊火焰，使碳黑附着辊面适当。

（4）清洗铸轧辊内部循环水通道，防止辊套局部堵塞。

## 8.8　表面条纹

铸轧板表面条纹分为纵向条纹和横向条纹，特别是纵向条纹，产生的原因较多，有很大部分纵向条纹不影响最终产品品质，如辊面印痕，嘴子与轧辊轻微摩擦产生印痕，轻微划痕，使用新辊时磨削油擦洗不净留下的印痕等造成的条纹，在下工序第一道加工时就能消除，在实际生产中应区分对待。

### 8.8.1　纵向条纹

沿铸轧板纵向出现的表面条纹，一般贯穿整个纵向板面。

1. 产生原因

（1）嘴辊间隙过小，加之铸嘴变形不一致，使铸嘴局部与铸轧辊接触，形成摩擦印痕。

（2）铸嘴局部破损，铸轧时结晶条件不一致而形成纵向条纹。

(3)铸嘴嘴唇前沿挂渣，在挂渣处产生纵向条纹。

(4)嘴腔局部堵塞，铸轧条件改变，形成纵向条纹。

(5)嘴扇之间的接缝间隙偏大，易在接缝处出现纵向条纹。

2. 防止方法

(1)要保证良好的嘴辊间隙，尽量避免嘴辊接触产生摩擦，生产时若出现条纹，可后退或升降铸嘴予以解决。

(2)铸嘴局部损坏时，要停机重新立板。

(3)对于铸嘴前沿挂渣，嘴腔局部堵塞可采用"断板"措施清除挂渣和堵塞物；最好是在嘴扇使用前，在嘴扇前沿涂刷一层氮化硼涂料，减少挂渣，关键在立板时注意前箱温度、前箱液面高度及嘴辊间隙的合理控制。

(4)铸嘴制作时，要注意嘴扇之间的接缝均匀无间隙。

### 8.8.2 水平波纹（又称横波纹）

铸轧板存在水平波纹时，在其波纹线条皮下是较粗大的树枝晶组织和较粗大的化合物颗粒，除影响外观品质外，严重时会造成拉伸弯曲加工出现裂纹。

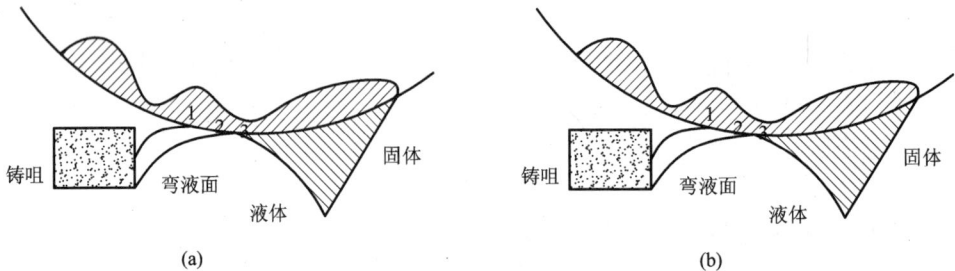

**图 8-1 弯液面位置对波纹线形成的影响**

（a）无水平波纹形成；（b）有水平波纹形成

1—弯液面处于稳定平衡状态；2—弯液面处于动态平衡状态；3—初始凝固状态

1. 产生原因

水平波纹产生同弯液面和铝凝壳有关。如图 8-1 所示，弯液面较稳定时，没有波纹线产生，若弯液面变化较大，一会儿在辊面上，一会儿又移至铝凝壳上，则从铸嘴进入的熔体，就要在不同的凝固条件下结晶，这就导致了水平波纹的产生。铸轧速度过大，嘴辊间隙过大，前箱液面高度不稳定，均增加弯液面的不稳定性，易出现水平波纹。若弯液面与凝固区发生局部作用，会产生虎皮纹。

2. 防止方法

(1)适当降低铸轧速度。

(2)保持前箱高度的稳定。

(3)适当减小嘴辊间隙。

## 8.9　粗大晶粒

铸轧板的晶粒度是衡量铸轧板品质的重要指标。晶粒度越细越好，在后工序加工时可获得良好的性能和表面品质。但由于工艺条件所限，粗大晶粒亦时有出现，较为严重的是羽状组织。

1. 产生原因

(1)熔体温度过高，或熔体局部过热。

(1)熔体在炉内静置时间过长。

(3)冷却强度低，如冷却水温度偏高和流量偏低。

(4)局部铸轧条件发生变化，造成铸轧板局部晶粒大。

2. 防止方法

(1)采用晶粒细化剂。

(2)避免熔体过热，尽量缩短熔化和静置时间。

(3)提高冷却强度。

(4)对于因铸嘴局部破损、堵塞等铸轧条件变化引起的局部晶粒粗大，需拔板重立或换辊。

(5)提高前箱液面高度、提高铸轧速度。

## 8.10　错层

实际生产中，铸轧板常会出现错层现象。带有错层的铸轧板，因其两侧所受轧制力不同，铸轧板的力学性能会有所差异，从而导致最终产品性能变化，甚至产生废品。同时，带有错层的铸轧卷，在下工序轧制时会产生边部"起浪"现象，严重时会造成报废。

1. 产生原因

(1)铸轧板两侧铸轧区长度不同。

(2)卷取机卷轴与铸轧机不平行。

2. 消除办法

(1)调整铸轧区长度，如铸轧板向操作侧跑偏，说明驱动侧铸轧区偏大，进驱动侧铸轧区或退操作侧铸轧区，具体操作视实际情况而定，反之亦然。

(2)停机检修设备，调整卷轴平行度。

# 第9章 铸轧板检查方法

## 9.1 板型检测

铸轧板检测工具用精度为 0.01mm 的千分尺。检测方法引自《铸轧带材行业标准》。

名称解释：

（1）纵向厚差

铸轧带材沿同一纵向长度上测得的任意两点厚度的最大差值。

（2）中凸度（intermediate crown）

带材任一横断面上（横断面如图 9-1 所示），中心点厚度与两个边部厚度平均值的差值相对于中心点厚度的百分比。按下式计算：

$$中凸度 = \{[H_0 - (H_1 + H_2)/2]/H_0\} \times 100\%$$

式中：$H_0$——中心测量点的厚度/mm；

$H_1$、$H_2$——边部测量点的厚度，即带材宽度方向上距两个侧边 50 mm 处的厚度/mm。

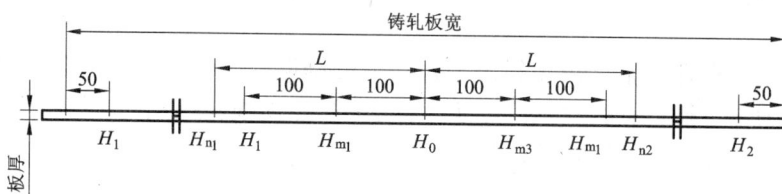

**图 9-1 铸轧板横断面检测点示意图（单位：mm）**

（3）中凸度偏差（intermediate crown tolerance）

在一个轧辊周长最大与最小中凸度的差值。

（4）相对同板差（the relative transverse thickness difference）

在带材任一横断面上沿宽度方向，与中心对称两点的厚度差的绝对值与中心点厚度的比值［两边部测量点 $H_1$、$H_2$ 除外，$H_1$、$H_2$ 定义见（2）］。按下式计算：

$$同板差 = \lfloor (|H_{n1} - H_{n2}|)/H_0 \rfloor \times 100\%$$

式中：$H_{n1}$、$H_{n2}$——与中心点 $H_0$ 对称（即与中心点等距离 $L$）的任意两点的厚度/mm；

$H_0$——中心测量点的厚度/mm。

（5）工艺裂边（processing edge crack）

铸轧带材在生产中产生的边部裂纹。

（6）两边厚差（edge thickness difference）

带材任一横断面上沿宽度方向距两边部 50 mm 所测厚度的差值（以绝对值表示，即两边

部测量点 $H_1$、$H_2$ 之差的绝对值，按下式计算：

$$两边厚差 = \mid H_1 - H_2 \mid$$

式中：$H_1$、$H_2$——边部测量点的厚度，即带材宽度方向上距两个侧边 50 mm 处的厚度/mm。

（7）相邻两点厚差（adjancent points thickness difference）

带材任一横断面上沿宽度方向相邻两点（间隔 100 mm）的厚度差（以绝对值表示，两边部测量点 $H_1$、$H_2$ 除外。按下式（9 – 4）计算：

$$相邻两点厚差 = \mid H_{m1} - H_{m2} \mid \qquad (9 - 4)$$

式中：$H_{m1}$、$H_{m2}$——横断面上间隔为 100 mm 的相邻点的厚度/mm。

## 9.2　板宽检测

检测工具用卷尺，工具精度为 1 mm。

## 9.3　铸轧板外观检测

（1）铸轧带表面不允许有热带、夹渣、孔洞、气道、裂纹、腐蚀、偏析条纹等缺陷。

（2）铸轧带表面允许有不影响使用的金属及非金属压入、轻微擦伤、轻微划伤、纵向及横向条纹等缺陷。

## 9.4　铸轧板晶粒度、低倍组织与缺陷检查

### 1. 试样切取

铸轧板表面晶粒度和横断面低倍检查，可用同一个试样，在每卷的尾部切取，试样宽度 40 ~ 50mm，试样的炉号、熔次号、卷号、试样号，用钢印在试样上打清楚。

### 2. 试样加工

使用铣床将试样横断面按一定方向铣面，粗糙度 $Ra$ 在 0.63 ~ 1.25 μm 内，试样铣面不应有油污碎屑及脏物。

### 3. 晶粒度的检查

（1）铸轧板的表面低倍晶粒度所用的浸蚀剂为高浓度的混合酸。

（2）浸蚀时必须防止因试样与浸蚀剂剧烈反应而使试样过热（新配制的混合酸）。可将试样周期性地从浸蚀剂中取出，用流动的水冷却后重新浸入浸蚀剂中，不断重复此步骤至晶粒度清晰为止，然后用清水冲洗干净即可检查。

（3）对于用高浓度混合酸浸蚀时不易显示晶粒组织或容易发黑的 8011、8006、1100、3A21 等合金铸轧板，可在浸蚀剂中加入 25% 的水，浸蚀方法同第二步。

（4）以五级晶粒度标准为例，晶粒度判定时晶粒度和哪一级接近就定哪一级，允许有半级误差，片状组织一律定为五级。在同一板面上同时出现两个等级晶粒度时应判定为"x 级 + x 级"。上下表面晶粒度分别判定。板面有麦穗晶时，当麦穗晶处晶粒与板面晶粒相差不大时可不予考虑，相差较大时可判定为"x 级 + x 级"。

4. 低倍组织与缺陷检查

(1)低倍检查试样可用晶粒度检测后的试样。

(2)铸轧板检查横向端面低倍时,将试样放置在 15% ~ 25% NaOH 水溶液中浸蚀,浸蚀时间随碱溶液浓度、合金成分而变化。碱溶液浓度高,浸蚀时间短;合金纯度高,浸蚀时间长,一般在 20 ~ 50 min。浸蚀后以铣面不反光,组织清晰,又不过浸以至铣面变得粗糙为好;

(3)将在碱液中浸蚀好的试样,用清水洗净,放入 25% ~ 50% HNO₃ 水溶液中洗去黑膜,再用水洗干净,即可检查。

(4)低倍缺陷检查,以肉眼直接检查为主,必要时用放大倍数 10 倍以内放大镜观察。试样不要在强度阳光下观察,要改变几个观察方向,以免有的缺陷对光线有选择性,不易看出而漏检。

# 9.5 化学成分分析

1. 取样

(1)熔炉炉前分析取样。

待铝液温度满足取样温度要求后,充分搅拌铝水,使其成分均匀后,在炉门中间,熔体深度的中部取样。

(2)系统分析取样。

按要求需逐卷取样时,在每卷的壁厚 200 ~ 500 mm 时,每熔次取样时,在第一个卷的壁厚 200 ~ 500 mm 时,在流槽内取样。

(3)取样注意事项。

取样勺要干净、干燥,将铝水铸入预热过的钢或铸铁模具中,要保证试样均匀,无缩孔、裂缝和夹杂。不能从熔融状态取样时,可从铸块的代表性部位取样。若有偏析现象时,可将试样重新熔融浇注。但是,对于熔融损失大的元素,必须充分注意熔融温度及时间。

2. 取样的尺寸

棒状试样时,直径 6 ~ 10 mm,长度不小于 60 mm;块状时,长 38 ~ 42 mm、宽 33 ~ 37 mm、高 20 ~ 30 mm 或直径 35 ~ 40 mm、高 20 ~ 30 mm。

3. 试样的加工

试样分析面可用车床或铣床加工成光洁的表面。棒状试样端头应切去 5 ~ 20 mm,并除去周围的毛刺。加工后的棒状试样,其长度不应小于 35 mm。块状试样表层去掉 1 ~ 2 mm。工业高纯铝车削时应用工业纯乙醇冷却、润滑刀头,纯铝及铝合金可用工业纯乙醇,不允许用其他润滑剂。

4. 成分判定

成分均匀性在允许相对偏差范围内,且符合成分控制标准要求,即合格。

# 第 10 章　铸轧技术发展

## 10.1　概况

常规铸轧技术是通过双辊铸轧机直接将铝液加工成厚度一般为 6 ~ 10 mm 的铸轧卷材，因其同热轧开坯相比具有的独特优势，在国内外得到了普遍应用，全球有近 400 条铸轧生产线，产能接近于 3600 kt/a，相当于常规铸锭热轧开坯生产能力的近 20%。但因其生产效率较低，致使单位生产成本提高，且若增加生产能力，只有增加铸轧生产线数量。为进一步发挥其优势、挖掘潜力，近年来，国外几家公司倾力研究、开发薄板高速铸轧技术及装备，以期增加单位时间产能、降低成本、提高生产效率，同时，进一步改善铸轧板品质，增加可铸轧合金范围，拓宽铸轧产品应用领域。

## 10.2　薄板高速铸轧与常规铸轧的比较

1. 基本情况

常规铸轧一般厚度 6 ~ 10 mm，速度 1 ~ 2 mm/min，冷却速度 300 ℃/s。

高速铸轧一般厚度 2 ~ 4 mm，速度 10 ~ 12 mm/min，冷却速度 1000 ℃/s。

2. 提高生产效率

厚度减薄、速度提高可显著提高铸轧生产效率，表 10 - 1 是不同厚度 3003 合金产品铸轧生产率情况。

表 10 - 1 不同厚度的生产率（3003 合金）

| 厚度/mm | 生产效率/kg · (h · mm)$^{-1}$ |
|---|---|
| 6.5 | 0.95 |
| 4.0 | 1.35 |
| 1.65 | 3.0 |
| 1.90 | 2.0 |

同时，铸轧板厚度减小，也不同程度地减少了冷轧道次，提高了冷轧生产效率，甚至可直接进入铝箔轧制，形成专业化的微型铝箔生产线，如克瓦纳金属与 Pechiney 联合推出的 Optifoil 工厂。

3. 拓宽常规铸轧合金范围

常规铸轧合金系列主要是 1×××系、3003 及少量 8×××系等凝固区间较小的合金。

高速铸轧可拓宽铸轧合金范围,除上述外,其他如 3×××系、5×××系等硬及高合金化合金。

4. 增加了铸轧产品应用领域

高速铸轧可在常规产品的基础上,在易拉罐材、计算机高密度存储盘材料等高要求领域得到广泛应用。

## 10.3　薄板高速铸轧的基本要求

经过近年来的试验研究及工业应用实践证明,要实现高速铸轧,同现有的常规铸轧相比,必须具备以下几方面条件:

(1)必须有足够大的轧制力,以保证在大的铸轧区、高的铸轧速度条件下具有足够的变形程度,合格的冶金品质,一般应达 1.25~1.35 t/mm 之间。

(2)必须有高精度的液面控制系统。常规铸轧条件下由于铸轧速度低、金属流量小,液面波动不会造成对铸轧区平衡的破坏,而在高速铸轧条件下则不同,液面波动将对高速铸轧过程及产品品质带来严重影响,一般液面波动应在 0.5 mm 范围内。

高精度的嘴子定位(随动)自动控制系统,能精确控制嘴子上、下、进、退,并随铸轧参数、厚度的变化而随动。

(3)必须具备动态可调的液压压上(压下)系统,保证铸轧板厚度、板型的自动控制。

(4)必须有高效的轧辊冷却系统,包括辊芯内部水冷及外部冷却,并能实现自动控制,常规的内部通水冷却已不能满足高速铸轧条件的冷却能力和辊形(板形)控制需要。

(5)必须具备厚度检测、控制系统,并与液压、冷却、嘴子定位等系统配合,实现对板厚(板形)的自动控制。液流分布系统及嘴子材质:保证液流分布均匀、平稳及保温,易加工性能。

其他自动化控制系统。

## 10.4　几种代表性的高速铸轧技术及设备

### 10.4.1　FATA Hunter 公司的 Speed Caster 铸轧机

FATA Hunter 公司通过在美国田纳西州亨丁顿的诺兰多尔铝厂的试验,开发了薄板高速铸轧生产线,称为 Speed Caster。

1. 技术参数

辊径:φ1 118 mm

辊身长:2 184 mm

最大板宽:2 134 mm

最小厚度:0.635 mm

最大线速度:38 m/min

倾角:15°

轧制力:3 000 t

最大扭矩：655 000N·m×2

最大卷径（最大卷重）：2 133 mm（19 t）

生产效率可达：3.9 t/h·m。

2. 技术特点及生产线组成

图 10-1 为 Speed Caster 高速铸轧生产线示意图。

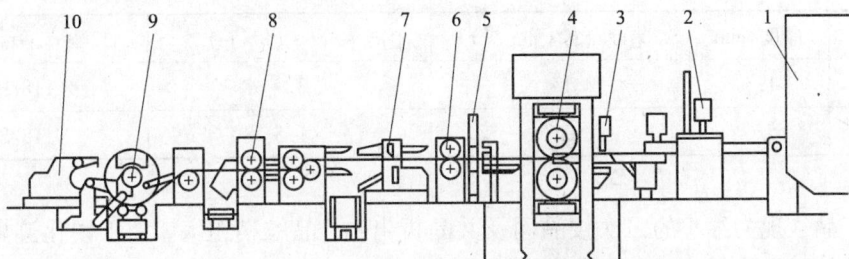

**图 10-1　Speed Caster 高速铸轧生产线示意图**

1—倾翻式静置炉；2—除气装置；3—自动液面控制系统；4—主机；5—在线板型检测仪；
6—牵引机；7—切头液压剪；8—切边剪；9—卷取机；10—皮带助卷器

其构成及特点如下：

（1）机架。铸轧机牌坊为铸钢结构，立柱尺寸 686 mm×819 mm，轧制负荷液压缸直径为 965 mm，机架后倾 15°，但可倾转至竖直位置以便快速换辊；出口侧上、下喷淋横梁由分区段控制的多喷嘴系统组成，为保护环境，装备有过量喷淋收集系统，上方是气雾收集罩，下方是排液系统；铸嘴平台及嘴子由伺服马达定位，并由主驱动计算机控制。

铸轧机两个轧辊分别由一个数控的 400 马力直流马达通过一个行星齿轮减速器和一个连轴节驱动，连轴节与轧辊驱动端连接。驱动系统位于滑动的基座上，更换轧辊时很方便，并可减少停机时间。

机列配置两组夹送辊，第一组夹送辊用于生产线启动时穿带及铸轧常规厚度换卷时对辊缝施加张力，为使转矩恒定，该夹送辊采用液压驱动，机架配置有可伸缩的穿带平台、边部导辊及冷却风机；第二组用于铸轧薄板时，保证缠卷品质及换卷时对辊缝施加一定的张力，该组送辊由 102W 直流电机驱动，内部水冷。

（2）切边机。由两侧独立的切边头组成，每个切边头有两个直流驱动的旋转切刀，两个切边头之间的距离可动态调整、定位到切边宽度，碎边通过传送机构运走。

（3）高速剪切机。机械传动，最大剪切能力 6.3 mm，剪切速度 70 次/min，用于切头、尾及换卷时切断，高速剪与卷取机之间配置有一组风刷，用于清除缠卷前板面的碎屑等异物。

第一组夹送辊与切边机之间，装备有 X 射线测厚仪，将检测出的数据反馈到液压伺服位置控制系统，从而实现对辊缝的自动调节。

（4）卷取及助卷系统。铸轧常规厚度利用卷取轴夹紧装置直接卷绕成卷，换卷时通过卸卷小车及液压推板卸下；铸轧薄板时利用皮带助卷器缠绕在套筒或卷取轴上，卷取机安装在滑动的基座上可以从驱动侧退出，当换卷时，卸卷小车将卷从操作侧移出的同时，卷取机从驱动侧退出，助卷器或新套筒就位，卷取机再回到工作位置并与助卷器或套筒啮合，开始新的一卷。由于卷较重，卷取轴端有一个外置轴承支撑。

3. 应用情况

首台 2 184 mm 宽的 Speed Caster 高速铸轧机位于美国田纳西州亨丁顿的 Norandal 工厂, 据称已可铸轧出 1 mm 左右, 1145 或 1100 合金薄带坯, 用于电缆箔、散热片及类似厚箔。

基本情况如表 10-2 所示。

表 10-2　不同厚度铸轧板的对比情况

| 方式 | 厚度/mm | 速度/(m·min⁻¹) | 生产率/[t·(h·m)⁻¹] | 性能($\sigma_b/\sigma_{0.2}$)/MPa |
|---|---|---|---|---|
| 高速铸轧 | 1.3 | 14 | 2.9 | 118/90 |
| 超型铸轧 | 5.6 | 1.7 | 1.5 | 118/83 |

薄板产品表现为细小的二次枝晶网及共晶析出物, 晶粒稍粗大, 加工硬化迹象较明显; 而厚板则晶粒组织略细小, 中心线偏析较重。

在首台 2 184 mm 宽 Speed Caster 高速铸轧机基础上, FATA Hunter 公司又开发了几种规格铸轧机, 如 1 260 mm 宽、1 725 mm 宽和 2 223 mm 宽。

目前, 印度、土耳其等已订购或应用 Speed Caster, 并与 FATA Hunter 公司共同开发、研究其用途。现在 2.5 mm 左右的薄带坯已可稳定生产。

### 10.4.2　Pechiney 公司的 Jumbo 3CM 铸轧机

Pechiney 公司通过在 Voreppe 研究中心的 400 mm 宽试验机及 Rugles 工厂的 1200 mm 宽 Jumbo 3C 工业铸轧机改造基础上, 开发了 3CM 高速铸轧机, 安装于法国 Neuf Brisach 的 Rhenalu 工厂。

1. 技术参数

辊径: $\phi$1 150 mm

辊身长度: 2 020 mm

最小铸轧厚度: 1 mm

轧制力: 2 900t

扭矩: 2×60t·m

铸轧速度: 15 m/min

最大板宽: 2 000 mm。

2. 技术特点及生产线构成

图 10-2 为 Jumbo 3CM 高速铸轧生产线示意图, 其构成及特点如下:

(1)液压压下缸是基于高速轧制技术而设计的, 具有精确的控制公差, 液压缸直径 $\phi$ 860 mm, 最大工作压力达 30 MPa。

(2)液压辊缝控制系统, 通过调整平衡缸能够适当调整轧辊挠度, 从而可对薄板板型适当改善。

(3)配备两组测厚仪, 电容测厚仪用于测量边部厚度, X 射线测厚仪用于测量横向厚度变化(板型), 其采集的数据反馈到主控计算机, 并通过调整工艺参数实施控制。

同样配备有特别设计的轧辊喷淋系统, 增加了高精度喷射流速控制装置, 使喷淋液效果

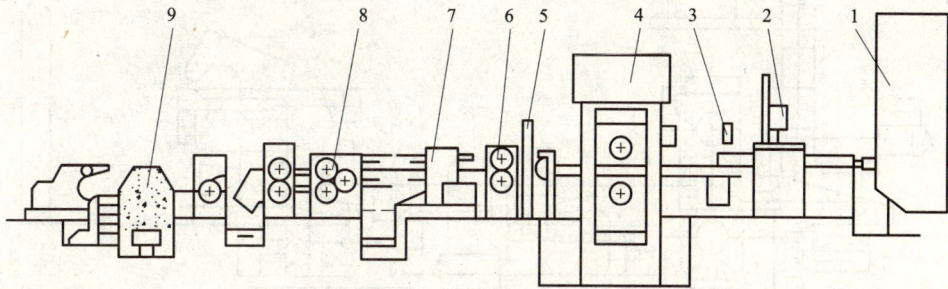

**图 10 – 2　Jumbo 3CM 高速铸轧生产线示意图**

1—静置炉；2—除气箱；3—液面自动控制系统；4—铸轧机；5—测厚仪；
6—夹送辊(两组)；7—剪切机；8—切边机；9—卷取机及助卷系统

增强、用量减少。

(4)采用双驱动、直流电机。

其他如切边机、高速剪、夹送辊、卷取及助卷系统等组成部分，其作用与前相同。

3. 应用情况

Jumbo 3CM 已有数台在法国、土耳其、巴西等工厂投入应用，但其薄板生产厚度不一。Neaf – Brisach 的 Jumbo 3CM 可稳定生产 3.0 mm 厚、宽度 1 500 mm、1050 合金铸轧板，以及 2.5 mm 厚 1100 合金铸轧板，生产率达到 2.05 t/h·m。

### 10.4.3　Davy 公司的 Fast cast(Dynamic Stripcaster)铸轧机

Davy 公司分别与牛津大学合作开展了实验室研究、与瑞典格兰吉斯公司合作开展了工业试验，并在卢森堡欧洲铝箔厂(Eurofoil)开发了一台四重结构高速铸轧机，称为 Fastcast，后改称为 Dynamic Stripcaster。

1. 技术参数

铸轧辊辊径：$\phi$600 mm

支承辊辊径：$\phi$950 mm

带坯宽度：1 800 mm

轧制力：2 250 t + 弯辊

扭矩：2×70 t·m

速度：15 m/min

主驱动功率：2×300 kW

负荷：1.35 t/mm。

2. 技术特点及生产线构成

图 10 – 3 为 Fastcast(Dynamic Stripcaster)高速铸轧生产线示意图其构成及特点如下：

(1)Fastcast 四重结构铸轧机通过较小直径的铸轧辊及大直径的支承辊，既能很好地适应铸轧工艺要求，又能适应薄板铸轧所需要的大负荷及扭矩，类似于冷轧机。采用支承辊驱动，装备有液压压上、液压弯辊、倾斜系统、自动板型控制系统(板型仪)及自动厚控系统。

(2)铸轧辊不需预设凸度，辊缝在起动前是平行的，嘴、辊可精确配合，避免了双辊铸轧

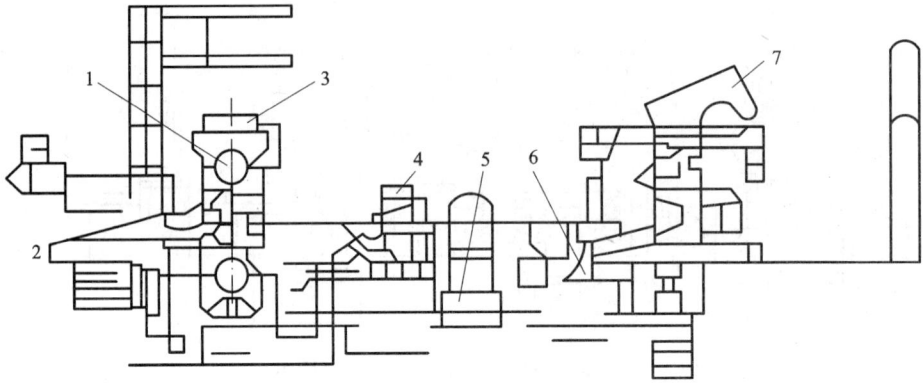

**图 10 – 3　Fast cast(Dynamic Stripcaster)高速铸轧生产线示意图**

1—支撑辊；2—铸轧辊；3—液压缸；4—牵引辊；
5—剪切机；6—导料板；7—卷取机及助卷系统

薄板时较大的轧辊凸度导致辊缝形状及嘴、辊间隙不规则而对立板起动过程造成影响。

(3)通过液压弯辊(正弯、负弯)可以方便的调整铸轧辊挠度，改变辊缝形状，使铸轧合金变化、规格变化及铸轧过程中板型的在线调整适应性和效果大大增加。

(4)同冷轧机一样，可通过轧辊"倾斜"来迅速、准确调整同板差，而不必像其他双辊铸轧那样需要移动一侧铸嘴来调整。

(5)铸轧辊不直接驱动方式，可使冷却水进出口布置在两端，改善铸轧辊冷却条件及热应力状态的均匀性。

其他如夹送辊、剪切机、卷取及助卷系统等配置及作用相同。

### 10.4.4　瑞士 Lauener 公司

瑞士 Lauener 公司与 Hydro 铝业公司合作开展了薄板高速铸轧的研究，但未见到推出有代表性的工业样机。

双方合作在挪威 Kaymoy 工厂研究与试验中心的试验铸轧机上进行了减薄工艺试验，主要涉及以下几个方面：生产效率及其成本；质量；新产品。

基本的结论有：

①薄规格带材的生产效率比目前常规厚度(6.5 mm)生产效率提高 2～4 倍。

②生产成本可以通过薄规格铸轧生产效率的提高以及冷轧加工道次的减少而降低。

③对薄铸轧板品质的要求可能会与对其生产效率的要求相矛盾，需要对工艺参数及产品品质要求之间的相互关系深入研究，以便实现消除水平波纹线、中心线偏析等缺陷。

④试验表明，薄规格铸轧将会对以下产品开发提供广泛的机会：

a. 较宽的合金范围。

b. 强度较高的合金(Mg 含量 5%)。

c. 汽车车身板。

d. 复合板材料。

e. 金属基复合材料。

### 10.4.5　国内薄板高速铸轧技术研究进展情况

由华北铝业有限公司、中南大学、涿神公司合作研究与开发的国内首台高速铸轧机正在按计划进行。其主要参数如下：

铸轧轧辊：$\phi 1\,050 \times 1\,600$ mm

轧制力：2 150 t

扭矩：$2 \times 55$ t·m

最大卷取张力：150 kN

最大速度：12 m/min

厚度：2~8 mm

最大板宽：1 400 mm

最大卷外径：1 400 mm

最大卷重：8 t

产能：28 kt/a。

目前，利用现有辊套材质，在正常条件下，已可稳定轧制出 3 mm 厚铸轧板，速度 3 m/min（受冷却条件限制），试验最薄厚度达到 2.3 mm，速度 4.4 m/min，宽度 1 035 mm，1145 合金，但板凸度太大，达 0.20 mm，影响了进一步加工。薄铸轧板按常规工艺轧制出了普单箔及电缆箔，性能与常规厚度铸轧板相近，3.0 mm 铸轧板及电缆箔力学性能见表 8-3。

表 10-3　国产 3.0 mm 薄板及 0.15 mm 电缆箔力学性能

| 取样 \ 指标 | | $\sigma_b$/MPa | $\delta$/% |
|---|---|---|---|
| 3.0 mm 铸轧板 | 0° | 114 | 30 |
| | 45° | 116 | 34 |
| | 90° | 101 | 31 |
| 0.15 mm 电缆箔 | O 状态 | 70~75 | 20 |

## 10.5　薄板高速铸轧过程新技术的应用

高速铸轧薄板时，铸轧过程及产品品质对各种参数的波动十分敏感，因而要求各铸轧参数、工艺条件变化范围很窄，必须得到有效控制。因而同常规铸轧相比，以下新技术是十分必要的，并在上述介绍的几种高速铸轧方法中均得到了普遍应用。

1. 液面高度自动控制技术

以上介绍的几种高速铸轧方法均采用了高精度的自动液面控制技术，满足 0.5 mm 的控制精度。其工作原理基本相同，只是因其采用不同的液面高度传感器及其他配置不同，从而形成了不同的系统，如 Speed Caster 采用的是非接触式涡流传感器，Jumbo 3CM 采用的是非接触式电容传感器，而 Fastcast 则采用激光液面传感器。

典型的两种液面控制系统如图 10 - 4 所示。

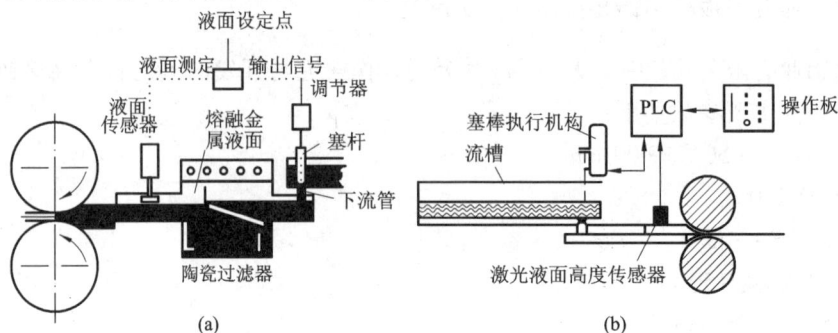

**图 10 - 4 液面高度控制系统示意图**

(a) Jumbo 3CM; (b) Fastcast

其作用原理是：正常铸轧过程中，装备在前箱液面上方的传感器根据检测到的液面高度变化不断发出一个与其检测结果成比例的信号，通过控制系统中的 PLC 或 PLD 接受并与预先设定的标准液面高度值进行比较，若有差值，则通过 PLC 或 PLD 向控制竖管塞棒动作的伺服马达发出指令。从而使塞棒动作，放大或减小下流口(即塞棒与竖管内壁间的空隙)，实现前箱液面的快速、稳定控制。为更精确，有的控制系统由两级构成，前一级精度较低，用于控制静置炉出口液面，后一级精度高，用于控制前箱液面。

2. 铸嘴及平台位置自动控制技术

在高速铸轧条件下，手动、机械调整铸嘴及平台位置，以调整嘴辊间隙、铸轧区、板形及厚度已不能满足要求，必须实现随参数的变化、辊缝的变化自动的、实时的调整，才能保证高速铸轧过程的顺利进行。

以上几种高速铸轧机均配备了这种控制技术，其铸嘴及平台位置可根据铸轧过程相关参数及辊缝形状的变化，通过伺服控制系统自动调节，实现上下、前后随动，始终保证合适的嘴、辊间隙。

3. 铸嘴新材料及供流系统

高速铸轧金属流量大，嘴腔小，嘴缝薄，要求横向温差小，保温性能、强度等均要求较高。常规铸轧用于控制金属液分布的垫块，在此情况下会形成紊流，出现孔洞，影响高速铸轧过程及产品品质。

因此，对铸嘴材料的保温性能、稳定性、寿命、强度、刚度，以及液流分布、加工和组装等提出了更高的要求，以实现均匀、层式的流动。

目前使用的材料除 Marinite 外，Pechiney 公司还开发了由陶瓷纤维和黏结剂压制成的新材料，但研究开发工作还在继续开展。

FATA Hunter 公司借助于特殊设计的金属分配箱，开发了铸嘴腔内可不带垫块的新型铸嘴；Pechiney 公司利用 FIDAP 软件的三维数字热流体模型设计出适当安放少量垫块的新铸嘴，也达到了均匀、平衡流动的效果。

4. 辊型(凸度)控制技术

常规铸轧条件下，铸轧板形通过适当的原始辊型(凸度)及工艺参数的调整如铸轧区、厚度、速度等，即可满足铸轧板同板差及板形的要求，但在高速铸轧条件下，这样的调整已不能适应薄板的要求。如常规铸轧轧辊内部冷却水进、出口水温差对轧辊椭圆及铸轧板厚差的影响，会对薄板及其进一步应用产生影响，而采用的原始凸度造成辊缝形状不规则也会使立板过程困难，因此，高速铸轧均采用了新技术来控制辊型。

FATA Hunter 公司除采用新的隔行配置的 60° 进出水口代替原来 90° 设计外，还开发了动态热凸度控制系统，利用安放在轧辊总进水孔内，由液压缸驱动，并且由线性传感器监控其位置的凸度控制管来动态控制辊型。

Jumbo 3CM 则利用了一个由 PLC 管理的气动阀系统，定期的互换进、出水口，消除周向辊面温差，使冷却均匀、热膨胀均匀，消除椭圆度，还可以根据铸轧辊产生椭圆度的程度、位置自动改变进出口互换的频率和周期，从而精确控制辊型。

Davy 公司的 Fastcast 则采用与冷轧相似的液压弯辊系统，通过正弯、负弯改变铸轧辊挠度来控制辊型，同时，通过倾斜可控制两侧厚度。

5. 轧辊外部喷淋技术

为防止黏辊，常规铸轧一般采用石墨乳液喷淋，高速铸轧条件下，除了防止黏辊外，还要考虑喷淋方式对辊的辅助冷却作用和喷涂液的数量、性质、均匀性对辊、板热交换的影响。如常规铸轧过程往复式喷淋存在边部喷涂重叠，喷涂量过多的现象。为此，高速铸轧均采用了新的喷涂系统，如利用 PLC 及数学模型，根据辊径、转速反馈来控制喷嘴往复运动的速度和喷射速度，该程序可在两端自动开启、关闭，控制喷涂过多以及分段控制，并与辊型的辅助控制结合起来。或采用多喷嘴喷射系统。

由于喷量大，高速轧机均带有喷涂余量收集系统，为保护环境，上部是气幕罩，下部是强制通风除尘。

6. 计算机自动化控制技术

高速铸轧过程对自动检测及控制提出了较高的要求，因此，均配备了自动检测及控制系统，如金属供流控制、铸轧过程控制、专家系统等等，以监测、控制铸轧过程中各种参数，并达到最优化。

## 10.6　薄铸轧板的组织性能、主要缺陷及其应用

### 10.6.1　薄铸轧板的组织与性能

典型的薄铸板组织特征为：外表层晶粒细小，变形程度大，中心部位晶粒较大，变形程度相对较小，组织及变形的不均匀性比常规厚度的铸轧板大。

表面细晶层的深度，随薄板的厚度不同而变化，板愈薄凝固速度愈快，细晶层厚度增大，表面细晶层内的铝基体内固溶体被大大的过饱和了，这对后续薄板的进一步加工，尤其是需要中间热处理的制品来说存在不利影响，表面易再结晶长大形成粗晶，这样的不均匀组织对最终制品的性能尤其是塑性有害。不同厚度，不同方式铸轧板力学性能如表 10 - 4 所示。

表 10 - 4　不同厚度、方式铸轧板力学性能

| 厚度 | 合金 | $\sigma_b$/MPa | $\sigma_s$/MPa | $\delta$/% | 方式 |
|------|------|------|------|------|------|
| 5.6 | 1100 | 118 | 83 | — | Super Caster |
| 1.4 | 3003 | 161 | 126 | 13 | Speed Caster |
| 1.3 | 1100 | 118 | 90 | — | Speed Caster |
| 1.1 | 1100 | 118 | 110 | 14 | Speed Caster |
| 3.9 | 8011 | 156 | 112 | 23 | Speed Caster |
| 3.5 | 3003 | 181 | 141 | 17 | Jumbo 3CM |
| 3.1 | 8006 | 166 | 118 | 25 | Jumbo 3CM |
| 3.0 | 3003 | 158 | 114 | 22 | Jumbo 3CM |
| 3.0 | 1200 | 120 | 93 | 32 | Jumbo 3CM |

### 10.6.2　薄铸轧板的主要缺陷

1. 偏析

薄板高速铸轧试验表明,在高速铸轧条件下,极易出现偏析,并随着合金及工艺条件的不同而异,主要有以下几种类型。

(1)中心线偏析。集中在铸轧板中心面或其附近,沿铸轧方向延伸,以粗大的富含溶质的条状形式存在。

(2)分散的条状偏析。不总是局限在中心线附近,而是与中心线成一定角度,自中心线向周围区域分散排列。

(3)无序状态偏析。不形成条状,而是形成许多很细的,接近于等轴的富含溶质的小块,弥散在与中心线有一定距离的带状区域内。

(4)表面偏析。集中在上、下表面。

由于合金变化或铸轧工艺条件变化,各种偏析可能单独出现,也可能同时存在。如厚度减薄且轧制力也随之升高时,可以不出现偏析;若厚度减薄而轧制力未升高时,会出现从粗大中心线偏析到分散条形偏析到无序和表面偏析等各种变化。

2. 晶粒组织不均

薄板铸轧时,由于冷却速度快、梯度大,其表层晶粒比中心细小,这样的不均匀性,在随后的加工热处理过程中会导致不利影响:塑性差、表面品质粗糙。

3. 水平波纹线

在薄板铸轧条件下,较高的铸轧速度、较大的金属流量、熔体供流的平稳性、辊面状态的均匀性等均会使弯液面不稳定的倾向增大,从而极易出现水平波纹线,影响外观品质甚至进一步加工性能。

### 10.6.3　薄铸轧板的应用情况

由于薄铸轧板加工及产品特点,用常规的加工及热处理会对最终产品造成不利影响,必

须对加工工艺及热处理工艺进行研究改进。目前的试验结果表明，用薄轧板能生产出合格的罐料及双张箔、冲压空调器皿、翅片料等。但相关的后续加工工艺应用不多，尤其是工业化生产。

Pechiney 公司在 Neuf – Brisach 工厂利用 Jumbo 3CM 试轧生产出了 3.5 mm 左右的罐料（合金类似 3004），试制出了 10 000 多个无开裂、无粘模，各向异性与常规材料（3004）相同的罐体（条件：轧制力 0.8 ~ 1.4 t/mm，预先均匀化，轧制过程加一次中间退火）。

Pechiney 公司利用 1235 合金 2.5 mm 薄板试轧出了 6.35 μm 铝箔，要求控制好表面品质、中心线偏析、喷淋量，轧制一道次后均匀化处理（500 ~ 600 ℃）或预先均匀化，之后在 0.3 ~ 0.8 mm 之间进行一次中间退火。

Davy 公司的 Fastcast 目前主要生产厚度约 4.0 mm 的 8011 合金，用于空调器翅片料等厚箔制品。

Pechiney 利用 3.0 mm 厚 3004 合金薄铸轧板直接成功用于烹调器皿的深冲，制耳率小于 5%，热处理后机械性能稳定，塑性、拉伸、各向异性良好。

FATA Hunter 利用 Speed Caster 铸轧机成功进行了多次 1 mm 左右的高速铸轧试验。目前，可稳定生产 2.5 mm 左右厚度的 1100、1145 合金薄板，用于电缆箔、散热器片等厚箔坯料。

随着我国铝加工工业的快速发展，国内许多工业如航空工业、电子工业、汽车工业、机械工业和包装工业、家用电器行业对铝板带箔产品的需求增加，特别是在我国加入 WTO，面对全球经济一体化的严峻形势，由于铝板带双辊连续铸轧工艺技术的局限性，采用双辊连续铸轧工艺技术生产的铝板带已经不能满足国内和国际市场多合金、多品种的需求，加上我国铝板带坯热轧毛料和双辊连续铸轧生产的铝板带毛料之间存在着比例失调，铝板带双辊连续铸轧工艺生产的毛料比例过大。

（1）政府宏观调控，从国内双辊连续铸轧机的实际情况出发，适当控制规模，控制新上马的双辊连续铸轧机项目。同时，加快发展铝板带热轧项目的发展，使铝板带坯热轧毛料和铝板带双辊连续铸轧的毛料供应比例趋于合理，按有关专家的观点，以各占 50% 为宜。

（2）更新改造现有的双辊连续铸轧机，提高现有连续铸轧机的装机水平，扩大产能，提高劳动生产力。应该淘汰那些技术和装备落后的小型双辊连续铸轧机，淘汰的产能由更新改造和扩大产能措施来弥补。提高我国整体双辊连续铸轧工艺技术水平十分必要，例如，通过数学模型模拟试验和数据处理获得工艺参数最佳化值，把人工智能计算机控制、视频技术、仪表监控、液压技术都应用到铝板带双辊连续铸轧工艺技术中来，实现整个生产过程的自动化和最佳化运行。

（3）改善和提高双辊连续铸轧铝板带的品质和情况，消除铸轧板的白条子、黑点、大晶粒、黏辊和裂边等缺陷。双辊连续铸轧工艺技术的特点是连续不间断生产，任何意外事故或停电造成的频繁开停都会造成铸轧板的品质波动，因此要保持双辊连续铸轧机的长时间稳定运行至关重要。

要强化铝水的除气和过滤，添加晶粒细化剂，同时要加强铸轧机操作人员的责任心，进行工艺纪律教育。学习外国的先进经验，在双辊连续轧机安装铣边机，消除裂边，对提高板带箔综合成品率、减少几何废料颇有帮助。

（4）加快采用铝板带双辊连续铸轧工艺技术生产合金铝板带的研究开发力度。

鉴于铝板带双辊连续铸轧工艺技术自身的局限性，我国国内的铝板带双辊连续铸轧机基本上只能用于纯铝和3003铸轧板的生产，已经满足不了国内日益增长的对多种铝合金板带箔产品的要求。双辊连续铸轧机生产的铝板带主要用于铝箔毛料、散热片毛料和高表面铝材的原料，因为产品深冲性能欠佳。

国外一直在研究开发利用双辊连续铸轧工艺技术生产铝合金板带，特别是铝缸、缸盖和拉环毛料（3004、5082和5182），据有关资料报道，法国彼施涅公司曾在传统双辊连续铸轧机上试验生产铝缸体、缸盖和拉环毛料，并在其最新一代超薄高速连续铸轧机上获得成功，已经在其下属的一个铝加工厂投入工业化生产。在这方面，我国还有许多工作要做，例如，双辊连续铸轧工艺技术的理论研究、铸轧铝板带的金相组织和表面品质的研究、双辊连续铸轧机的设备及耐火材料的研究和改进等。

（5）重视超薄高速双辊连续铸轧机的开发和应用，尽快赶上世界先进的超薄高速双辊连续铸轧工艺技术水平。

据国外技术资料报道，超薄高速双辊连续铸轧工艺技术较传统的双辊连续铸轧工艺技术有了进一步发展，铝板带产品厚度更薄，生产速度更快，由于其设备装机水平和劳动生产率高而倍受世界铝工业业内人士和专家的关注。法国彼施涅公司的超薄高速双辊连续铸轧机安装在其 Neuf–Brisah 工厂，早在1996年6月就已投入试运转，铝板带厚度在2~3mm范围内，最薄可以达到1mm，板带宽度为2020mm，最高铸轧速度在15m/min。意大利法塔·亨特公司的超薄高速双辊铸轧机轧制的铝板带厚度1.3mm，铸轧速度最高可达38m/min，正常铸轧速度14m/min，铸轧铝板带宽度2184mm。

我国已经开展这方面的工作，由中南理工大学和华北铝业有限公司已经共同研制的大型超薄高速双辊连续铸轧机已经在华北铝业有限公司投入试车。应当注意的是，在国内不应再扩大范围，应当集中精力，搞好华北铝业有限公司这台超薄高速双辊连续铸轧机的研究开发和试验工作，积累经验，以免造成投资的浪费。

同时，笔者还认为通过引进国外先进的超薄高速双辊连续铸轧工艺技术为我所用并非不可，但由于引进所需设备投资巨大，并且具有这一技术的国外公司对于保护他们的专利技术非常敏感，他们对中国同行和专家一直保持着高度警惕。

还必须指出，采用这项技术必须具备两个先决条件，双辊连续铸轧铝板带厚度必须小于4mm，劳动生产率必须提高1.5~2倍，否则，和传统的双辊连续铸轧机相比，其技术和相关设备的投资过大，已经没有什么优势可言，不值得提倡。

# 第 11 章　铝合金连铸连轧技术

## 11.1　概述

连铸连轧即通过连续铸造机将铝熔体铸造成一定厚度(一般约20 mm)或一定截面积(一般约2 000 mm²)的锭坯,再进入后续的单机架或多机架热(温)板带轧机或线材孔型轧机,从而直接轧制成供冷轧用的板、带坯,供拉伸用的线坯及其他成品。虽然铸造与轧制是两个独立的工序,但由于其集中在同一条生产线上连续地进行,因而实现了连铸连轧生产过程。

显然,连铸连轧不同于连续铸轧,后者是在旋转的铸轧辊中,铝熔体同时完成凝固及轧制变形两个过程。但两种方法的共同点,均是将熔炼、铸造、轧制集中于一条生产线,从而实现了连续性生产,缩短了常规的熔炼—铸造—铣面—加热—热轧的间断式生产流程。

## 11.2　连铸连轧工艺特点

1.对板带坯连铸连轧的主要特点

(1)由于连铸板带坯厚度较薄,且可直接带余热轧制,节省了大功率的热轧机和铸锭加热装备、铣面装备。

(2)生产线简单、集中,从熔炼到轧制出板带产品可在一条生产线上连续地进行,减去了铸锭锯切、铣面、加热、热轧、运输等许多中间工序,简化了生产工艺流程,缩短了生产周期。

(3)几何废料少,成品率高。

(4)机械化、自动化程度高。

(5)设备投资少、生产成本低。

2.对线坯连铸连轧的主要特点

(1)省去了铸锭、修锭及锭的运输,省去了加热工序及加热设备。

(2)机械化、自动化程度提高,大大改善了劳动条件。

(3)轧件直线通过机列,温降少,减少了轧件扭转及与设备发生粘、刮、碰等现象,表面品质得到提高。

(4)成卷线坯重量不受铸锭重量限制,线坯卷重可达1 t以上,大大减少了焊头次数,提高了生产效率。

(5)设备小、重量轻、占地少,维修方便。

3.连铸连轧工艺的不足

(1)可生产的合金少,特别是结晶温度范围大的合金。

(2)产品品种、规格不易经常改变。

（3）由于不能对铸锭表面进行铣面、修整，对某些需化学处理及高表面要求的产品表面品质会产生不利的影响。

（4）由于性能限制，不能生产某些特殊制品，如易拉罐料，或者没有生产优势。

（5）产量受到限制，如要扩大生产规模，只有增加生产线的数量。

## 11.3  连铸连轧生产方法分类

连铸连轧按坯料的用途可分为两类，一类是板带坯连铸连轧，另一类是线坯连铸连轧。

按连铸机生产装备分有板带坯连铸连轧和线坯连铸连轧方式。

（1）板带坯连铸连轧主要有以下几种方式

①双钢带式  哈兹莱特法（Hazelett）及凯撒微型（Kaiser）法。

②双履带式  劳纳法（Casrter II），亨特 – 道格拉斯法（Hunter – Douglas）。

③轮带式  主要是美国波特菲尔德 – 库尔斯法（Porterfield Coors）。

④意大利的利加蒙泰法（Rigamonti）。

⑤美国的 RSC 法。

⑥英国的曼式法（Mann）等。

各种连铸连轧方法简介见表 11 – 1。

**表 11 –1  各种连铸连轧方法简介**

| 坯料用途 | 生产方式 | 代表性的方法 | 连铸机示意图 |
|---|---|---|---|
| 板带坯 | 双钢带式 | 哈兹莱特法（Hazelett） | 图 11 – 2、图 11 – 1 |
|  |  | 凯撒微型（Kaiser）法 | 图 11 – 8、图 11 – 7 |
|  | 双履带式 | 劳纳法（Casrter II） | 图 11 – 6、图 11 – 5 |
|  |  | 亨特 – 道格拉斯法（Hunter – Douglas） |  |
|  | 轮带式 | 波特菲尔德 – 库尔斯法（Porterfield Coors） |  |
|  |  | 利加蒙泰法（Rigamonti） |  |
|  |  | RSC 法 |  |
|  |  | 曼式法（Mann） | 图 11 – 10 |
| 线坯 | 轮带式 | 普罗佩兹法（Properzi） | 图 11 – 12、图 11 – 13 |
|  |  | 塞西姆法（Secim） |  |
|  |  | 南方线材公司法（SCR） |  |
|  |  | 斯皮特姆法（Spidem） |  |

（2）线坯连铸连轧主要有以下几种方式

①普罗佩兹法（Properzi）。

②塞西姆法（Secim）。

③南方线材公司法（SCR）。

④斯皮特姆法(Spidem)等等,均是轮带式连铸机。

### 11.3.1　板带坯连铸连轧生产方法

1. 哈兹莱特(Hazelett)双钢带连铸连轧法

(1)简介

哈兹莱特法是由双钢带式连铸机及轧机组成的生产线。1956 年由美国人 Hazelett 发明,首条生产线于 1963 年在加拿大铝业公司投产。其由一台 Hazelett 铸造机及一台四辊轧机构成,铸造机宽度为 660 mm,可铸带坯 510 mm 宽,厚度为 19~53 mm,常规合金有 1×××系、3×××系、5×××系及 7×××系。除用于铸造铝带坯外,该连铸机还广泛用于铸造铜、锌、铅以及钢铁带坯,连铸机后面可配置单机架、双机架或 3 机架轧机,组成连续生产线。

哈兹莱特连铸连轧生产线示意图如图 11-1 所示。

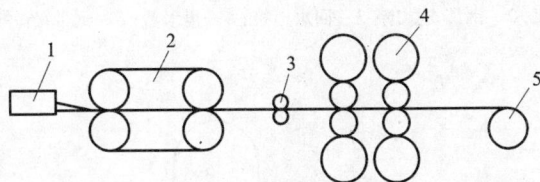

**图 11-1　Hazelett 连铸连轧生产线示意图**
1—供流系统;2—连铸机;3—牵引机;4—热轧机;5—卷取机

(2)连铸机构成

Hazelett 连铸机如图 11-2 所示,其由同步运行的两条无端钢带组成,钢带分别套在上下两个框架上,每个框架由 2~4 个导轮支承钢带(框架间距可以调整),下框架上带有不锈钢窄带(绳)连接起来的金属块,构成结晶腔的边部侧挡块,它靠钢带的摩擦力与运动的钢带同步移动,两侧边部挡块的距离可以调整。

框架内设有许多支撑辊,从上下钢带的内侧对应地顶紧钢带,并可调节、控制其张紧程度,保证钢带的平直度偏差。

钢带一般采用冷轧低碳特殊合金钢,用钨极惰性气体保护电弧焊接而成,使用前一般要做表面处理,处理方法可以向表面喷涂特种涂料,如陶瓷涂层,避免铝熔体浸蚀钢带;另外也可进行喷丸处理,在钢带表面形成无数细小的坑,使铝熔体不能进入坑内凝固于钢带表面,这样可提高钢带使用寿命。但由于铸造条件恶劣,钢带寿命一般也只有 8h~14d。

连铸机装备有冷却系统,如图 11-3 所示,冷却水从给水管上的喷嘴高速喷出,沿弧形挡块切向冲刷钢带,使之快速、均匀冷却,冷却水穿过辊身上开有环形槽的钢带支撑辊,再沿前一个弧形挡块流入集水器,并从集水器通入排水管返回冷却槽,循环冷却。

与双辊铸轧不同,铸造过程中钢带对带坯不施加压力。

(3)生产过程

熔体通过流槽进入前箱,再通过供料嘴进入铸造腔与上下钢带接触,钢带通过冷却系统高速喷水冷却带走铝熔体热量,从而凝固成铸坯。在出口端,钢带与铸坯分离,并在空气中

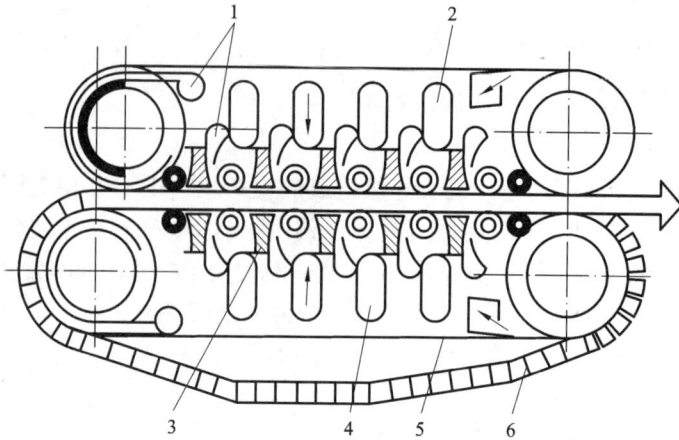

**图 11 - 2　Hazelett 连铸机示意图**

1—水喷嘴；2—钢带支撑辊；3—回水挡板；4—集水器；5—钢带；6—边部挡块

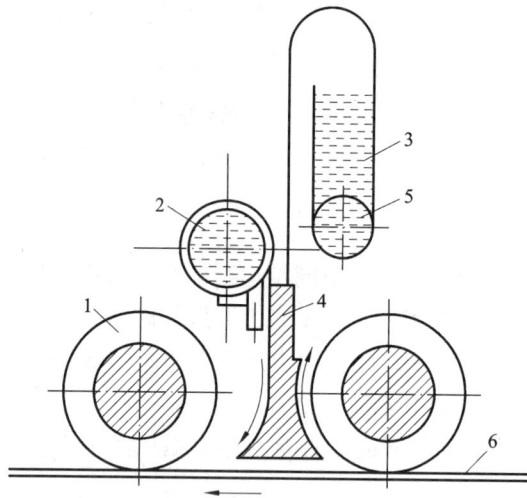

**图 11 - 3　Hazelett 连铸机冷却系统示意图**

1—钢带支撑辊；2—进水管；3—集水器；4—弧形挡块；5—出水管；6—钢带

自然冷却，重新转动到入口端进行铸造，循环往复，从而实现连续铸造。

　　带坯离开铸造机后，通过牵引机进入单机架或多机架热轧机，轧制成冷轧带坯，完成连铸连轧过程。

　　为保证铸造过程中钢带不形成热水汽层而影响传热效率，应保证冷却水流量及流速，一般水耗量 15t/min·m，要求水质清洁，不应有油及可见悬浮物，pH = 6 ~ 8。

　　开始铸造前，根据生产要求调整好厚度及宽度，不同厚度的带坯可以通过调整连铸机上下框架的距离控制，宽度通过调整两侧边部侧挡块的距离控制，钢带表面必须保证清洁，必要时可用钢刷等工具清理表面的氧化皮、疤、瘤等异物，然后把引锭头推进钢带与边部侧挡块形成封闭的结晶腔。

开头时，应及时调整、控制钢带的移动速度，使之与熔体流量达到平衡，使熔体液面高度正好处于结晶腔开口处。

供料嘴与钢带间隙约 0.25 mm，引锭头与嘴子前沿距离为 70 ~ 150 mm。

生产过程中，宽度调整较为简单，只需按前面要求改变侧挡块位置即可，厚度调整比较繁琐，要更换侧挡块、冷却集水器、嘴子等，还要按前面要求调整框架距离。

生产过程中，应保证带坯表面平整、厚度均匀，可以通过调整钢带张紧程度，从而保证钢带平直度偏差来控制，一般厚差≤0.1 mm，铸造速度一般 3 ~ 8 m/min。

（4）带坯品质及其应用

由于 Hazelett 连铸机铸造时冷却速度比直接水冷半连续铸造（DC 法）大得多，因而连铸带坯结晶组织细小，合金元素固溶程度较高，提高了产品性能。不同合金带坯枝晶间距与其厚度关系如图 11 -4 所示。

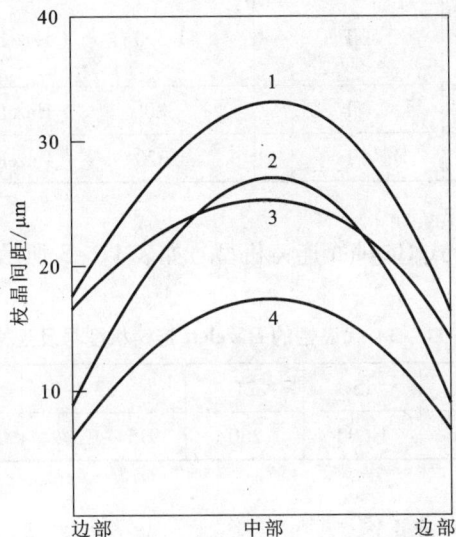

**图 11 -4　不同合金连铸带坯枝晶间距与其厚度关系**
1—1100 合金；2—5082 合金；3—3105 合金；4—5182 合金

哈兹莱特连铸连轧方法在民用铝板带方面得到了广泛应用，与热轧开坯生产方式相比具有一定的竞争力，特别是 1×××系、3 ×××系、5 ×××系产品；罐料生产方面，也做了大量研究开发工作，但由于其也属于劳动密集型，投资、能耗也相对较大，同热轧开坯相比没有明显的优势。

截至 2000 年底，全球铝带坯（哈兹莱特法）连铸连轧生产线有十余条，如表 11 -2所示，大部分配以 2 或 3 机架热连轧，其生产能力视合金不同而变化，一般 15 ~ 25 kg/h · mm。

除铝以外，该方法还广泛应用于铜、锌等有色金属，同其他几种连铸连轧方法相比，Hazelett 连铸机应用要更为广泛。

表 11 - 2  Hazelett 连铸连轧主要生产线情况

| 企 业 名 称 | 生产线数量 | 产品宽度/mm | 生产线配置 |
|---|---|---|---|
| 加拿大铝业公司铝产品公司 | 1 | 660 | Hazelett 连铸机 + 单机架热轧机 |
| 日本 Nihon Atsuen 公司 | 1 | 300 | Hazelett 连铸机 + 2 机架热轧机 |
| | 1 | 450 | Hazelett 连铸机 + 2 机架热轧机 |
| 美国巴梅特铝业公司 | 1 | 711 | Hazelett 连铸机 + 2 机架热轧机 |
| | 1 | 356 | Hazelett 连铸机 + 3 机架热轧机 |
| | 1 | 1 320 | Hazelett 连铸机 + 3 机架热轧机 |
| 美国先进铝产品公司 | 1 | 762 | Hazelett 连铸机 + 2 机架热轧机 |
| 美国沃尔坎铝业公司 | 1 | 1 320 | Hazelett 连铸机 + 单机架热轧机 |
| 委内瑞拉皮范萨公司 | 1 | 1 040 | Hazelett 连铸机 + 2 机架热轧机 |
| 美国尼科尔斯·霍姆舍尔德铝业公司 | 1 | 1 320 | Hazelett 连铸机 + 3 机架热轧机 |
| 加拿大纽曼铝业公司 | 1 | 380 | Hazelett 连铸机 + 2 机架热轧机 |
| 西班牙沃莱西纳铝业公司 | 1 | 1 320 | Hazelett 连铸机 + 3 机架热轧机 |

较为常见的几种双钢带式 Hazelett 连铸机型号如表 11 - 3 所示。

表 11 - 3  代表性的 Hazelett 连铸机型号及规格

| 型 号 | 14 | 15 | 21 | 23 | 24 | 20 |
|---|---|---|---|---|---|---|
| 带坯宽度/mm | 1 600 | 1 600 | 280 | 915 ~ 1 372 | 1 254 ~ 2 540 | 300 ~ 610 |

2. 双履带式劳纳法(Casrter Ⅱ)

代表性的双履带式连铸机有瑞士铝业公司的劳纳法(Casrter Ⅱ)及美国的亨特 - 道格拉斯(Hunter - Douglas)法。以劳纳法(Casrter Ⅱ)为例,其生产线示意图如图 11 - 5 所示。

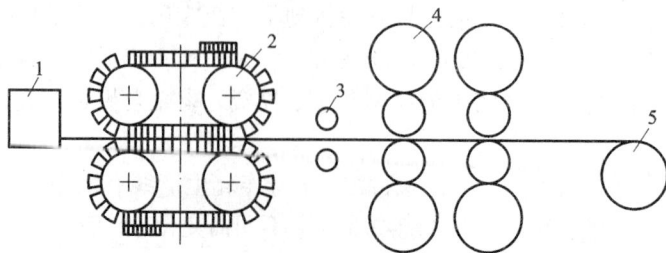

图 11 - 5  劳纳法(Casrter Ⅱ)连铸连轧生产线示意图
1—供流系统;2—连铸机;3—牵引机;4—热轧机;5—卷取机

该连铸机的工作原理与哈兹莱特法基本相同，主要的区别在于构成结晶腔的上、下两个面不是薄钢带，而是两组作同一方向运动的急冷块，如图 11 - 6 所示。

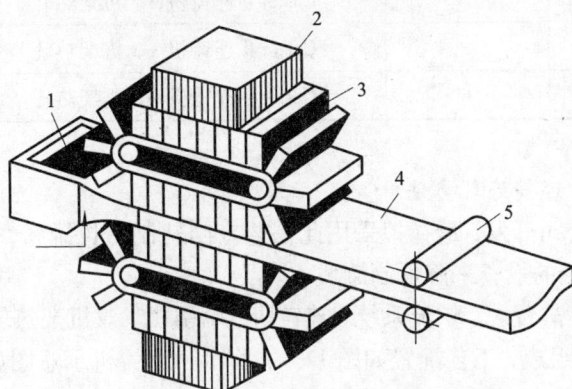

**图 11 - 6　劳纳法（Casrter Ⅱ）连铸机示意图**
1—供流装置；2—冷却系统；3—急冷块；4—带坯；5—牵引辊

急冷块一个个安装于传动链上，在传动链与急冷块之间有隔热垫，以保证其受热后不产生较大的膨胀变形。由于急冷块在工作过程中不承受机械应力，不存在较大的变形，可以采用铸铁、钢、铜等材料制作。

当铝熔体通过供料嘴进入结晶腔入口时，与上下急冷块接触，热量被急冷块吸收而使铝熔体凝固，并随着安装于传动链上的急冷块一起向出口移动。当达到出口并完全凝固后，急冷块与带坯分离。铸坯通过牵引辊进入热轧机（单、多机架）接受进一步轧制，加工成板带坯。急冷块则随着传动链传动返回，返回过程中，急冷块受到冷却系统的冷却，温度降低，达到重新组成结晶腔的需要，从而使连铸过程持续进行。

Caster Ⅱ 型及 Hunter - Douglas 型相同，区别在于急冷块返回过程中的冷却方式。前者采用专门的冷却系统进行冷却，而后者冷却块本身即带有冷却排热作用而未配置专门的冷却系统。

由于结晶腔是由急冷块的上、下面组成的，而急冷却会由于受热发生膨胀变形，因此，组装急冷却块时，必须保证其受热后能均匀地产生膨胀变形，保持上下面平坦，从而保证铸坯平整、厚度均匀。

冷却速度对铸坯品质的影响较大，如表面气孔、偏析、枝晶尺寸等等，尤其是对于结晶温度范围较宽的合金产品。

Caster Ⅱ 连铸机可生产合金 1 × × × 系、3 × × × 系、5 × × × 系，铸造速度决定于合金成分、带坯厚度及连铸机长度，一般为 2 ~ 5 m/min，生产效率为 8 ~ 20 kg/h · mm，可铸带坯厚度一般 15 ~ 40 mm，宽度一般 600 ~ 1 700 mm。

该铸造法主要用于一般铝箔带坯，也在铸造易拉罐带坯上做过尝试，但同样由于品质等因素及综合效益无法同热轧开坯生产方式竞争，未在铝工业上得到广泛应用，全球仅 3 ~ 4 条生产线，主要生产线如表 11 - 4 所示。

表 11-4　劳纳法(Casrter Ⅱ)连铸连轧主要生产线情况

| 拥有企业 | 生产线数量 | 生产配置 | 产品宽度/mm |
|---|---|---|---|
| 美国戈登铝业公司 | 1 | Caster Ⅱ 连铸机 + 2 机架热轧 | 813 |
| | 1 | Caster Ⅱ 连铸机 + 2 机架热轧 | 1 750 |
| 德国埃森铝厂 | 1 | Caster Ⅱ 连铸机 + 2 机架热轧 | 1 750 |

**3. 凯撒微型双钢带连铸连轧方法**

由凯撒铝及化学公司开发,最初拟采用此工艺专门轧制易拉罐料,装备简单。生产规模较小(3.5 万 t/a),以低的投资来降低制罐成本。

其生产线由熔炼 - 静置炉、供流系统、连铸机、牵引机、双机架热轧机、热处理炉、冷却系统、冷轧机、卷取机组成,工艺配置如图 11-7 所示。连铸机示意图如图 11-8 所示。

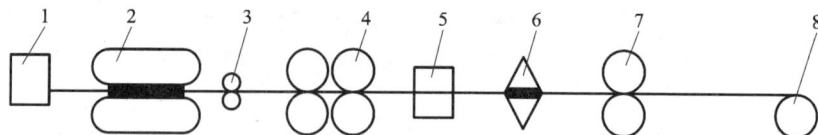

图 11-7　凯撒微型连铸连轧生产线示意图

1—供流系统;2—连铸机;3—牵引机;4—热轧机;
5—热处理装置;6—冷却装置;7—冷轧机;8—卷取机

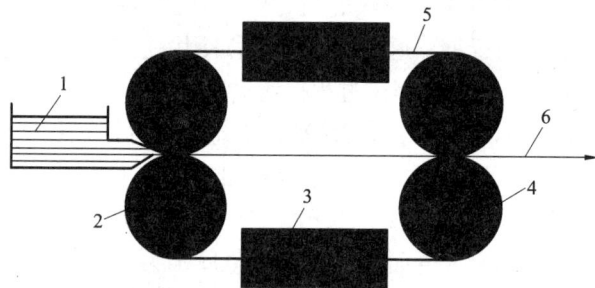

图 11-8　凯撒微型连铸机示意图

1—供流装置;2—水冷却辊;3—快冷装置;4—牵引(支撑辊);5—带坯;6—钢带

该连铸机同样有两条无端钢带,钢带厚度 3~6 mm,结晶腔入口两个辊内部通水冷却,此外,上下钢带还配置有快冷装置,出口辊起牵引及支撑作用。

当熔体通过时,立即凝固成薄坯,厚度一般较小,约 3.5 mm,这与哈兹莱特法不同,后者由于较厚(20 mm 以上)。铝熔体刚接触钢带时,仅上下表面形成一层凝固壳,液穴较深,大部分在钢带之间凝固,如图 11-9 所示。因此,这种连铸坯料比其他方法带坯品质好。

凯撒微型连铸连轧其产品宽度为 270~400 mm,虽然具有产品冶金品质高、投资少、生产能力适宜、成本较低、生产周期短等优点,仍因罐料品质的稳定性、均匀性等同样不能与现代化的热轧开坯法相竞争,其应用也受到了限制。同热开坯相比、连铸连轧方法生产易拉

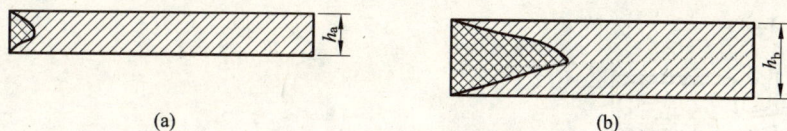

**图 11 - 9　不同方法连铸铸坯结晶液穴示意图**

a—凯撒微型双钢带连铸，$h_a$ 一般 3.5 mm；b—哈兹莱特双钢带连铸，$h_b$ 一般 ≥20 mm

罐料的相关指标如表 11 - 5 所示。

**表 11 - 5　不同生产方法生产易拉罐料比较**

| 项　目 | 热轧开坯法 | Hazelett 法 | 凯撒微型法 |
|---|---|---|---|
| 建厂投资/M $ | 300 ~ 1 000 | 180 | 30 |
| 产量/kt·a$^{-1}$ | 136 ~ 454 | 90 | 35 |
| 产量成本/ $ · t$^{-1}$ | 2 200 | 2 000 | 860 |
| 制造成本(平均成本为1) | 0.67 ~ 1.25 | 0.67 ~ 0.83 | 0.45 ~ 0.5 |
| 生产周期/d | 55 | 37 | 17 |

**4. 轮带式带坯连铸连轧方法**

轮带式连铸机由一个旋转的铸轮及同该轮相互包络的薄钢带构成。通过铸轮与钢带不同的包络方式，形成了不同种类的连铸机。主要有以下几种：

美国波特菲尔德 - 库尔斯(Porterfield - Coors)式。

英国曼(Mann)式。

意大利利加蒙泰(Rigamonti)式。

美国(RSC)式。

意大利普罗佩兹(Properzi)式。

各种方式基本相同，只是区别于铸轮之外的张紧轮或支撑轮、导辊的配置。

轮带式连铸连轧生产线主要由供流系统、连铸机、牵引机、剪切机、一台或多台轧机、卷取机等组成，以曼式连铸机为例其生产线配置示意图如图 11 - 10 所示。

轮带式连铸连轧的工作原理是，铝熔体通过中间包进入供料嘴，再进入由钢带及装配于结晶轮上的结晶槽环构成的结晶腔入口，通过钢带及结晶槽环把热量带走，从而凝固，并随着结晶轮的旋转，从出口导出，进入粗轧机或精轧机，实现连铸连轧过程。也可直接铸造薄带坯(0.5 mm)而不经轧制。

钢带一般为低碳钢，厚 2 ~ 3 mm，也可用合金钢制作，结晶槽环可用紫铜板卷成，并用银焊料钎焊。由于铸造过程中，钢带及槽环周期性地承受热应力的影响，钢带极易产生横向裂纹而报废，因而寿命较短。

旋转的钢带及结晶槽环通过内外水冷装置进行冷却。冷却系统应具备分段控制水量及压力，可沿弧形方向及带坯宽度方向调整、控制冷却强度。喷嘴一般采用雾化喷嘴，以便铸造

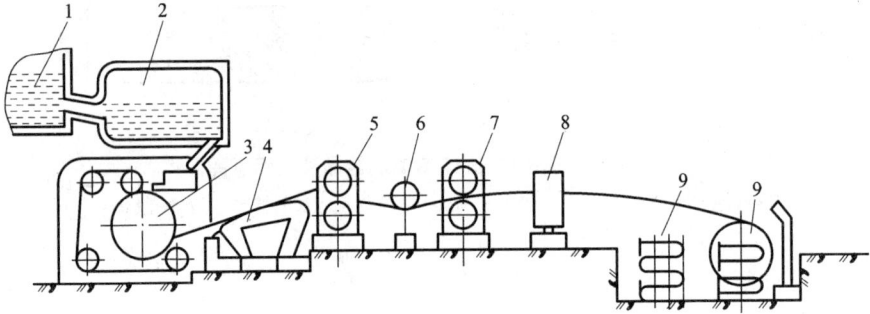

**图 11-10　曼式连铸连轧生产线示意图**
1—熔炼炉；2—静置炉；3—连铸机；4—同步装置；5—粗轧机；
6—同步装置；7—精轧机；8—液压剪；9—卷取装置

过程中能及时调整、控制带坯品质。

生产前主要准备工作：

调整、设定内外冷却系统及水温；

烘干流槽、中间包及供流嘴；

钢带张紧、不得跑偏、空转一定时间；

结晶轮运转并预热，清理、烘干结晶腔及钢带表面；

结晶腔钢带涂油润滑，润滑剂可用蓖麻油、菜籽油等或乙炔碳墨。

曼式连铸机铸造 22 mm×360 mm 带坯的结晶槽环尺寸为直径 $\phi$1800 mm，厚 80 mm，宽 500 mm；钢带尺寸 2 mm×560 mm。

曼式连铸机铸造 22 mm×360 mm 带坯主要工艺参数。

合金成分：1×××系

铸造温度：680 ℃

出口温度：400~450 ℃

带坯尺寸：22 mm×360 mm

冷却水温度：约 30 ℃

铸造速度：8~10 m/min

由于工艺及装备条件的限制，轮带式带坯连铸机一般用于生产宽度≤500 mm 的带坯，厚度 20 mm 左右。经过热（温）连轧机组，可轧制生产 2.5 mm 左右的冷轧卷坯。目前，Properzi 法最小厚度可达 0.5 mm。

### 11.3.2　线坯连铸连轧生产方法

铝线坯连铸连轧是 20 世纪 40 年代出现的一种生产方法，国内于 70 年代采用。该生产线主要由供流系统、连铸机、多机架(8~17)二辊或三辊孔型轧机、剪切机、绕线机等组成。

这种线坯生产方法同横列活套式生产方法相比，有较明显的优势，如表 11-6 所示。

表 11 - 6  不同线坯生产方法比较

| 项 目 | 连铸连轧 | 老工艺 |
|---|---|---|
| 生产能力/(t·h⁻¹) | 3.2 | 3.0 |
| 占地面积/m² | 810 | 2262 |
| 定员/(人·班⁻¹) | 11 | 59 |
| 轧机重量/t | 35 | 150 |
| 轧机主电机/kW | 250 | 940 |
| 单卷重/(kg·卷⁻¹) | 1000 | 33 |
| 成品率/% | 99 | 80 |

根据连铸机的不同结构,线坯连铸连轧主要有以下几种类型:

普罗佩兹法(意大利 Properzi);

塞西姆法(法国 Secim);

南方线材公司(美国 SCR);

斯皮特姆法(法国 Spidem);

塞格都 - 塞西姆法(法国 Cegeder - Secim)。

同轮带式带坯连铸机一样,线坯连铸机也主要是由旋转的结晶轮、包络钢带、张紧轮、冷却系统、压紧轮等构成,并且同样由于钢带与结晶轮不同的包络方式,因而形成了各种型式。

工作原理同带坯一样,只不过其结晶槽环形状不同,典型线坯结晶槽环如图 11 - 11 所示。当铸坯从结晶腔出口脱落后,被导入连轧机,通过多机架孔型轧制,将截面积 1 000 ~ 4 000 mm² 近似梯形断面的铸坯不经加热直接轧制成直径一般为 $\phi 10$ mm 左右的线坯,并通过绕线机盘绕成卷。

在这些生产方法中,Properzi 法最早于二次世界大战前,由意大利米兰市的伊拉里奥·普罗佩兹先生发明,至今,该公司在全球范围内装备了几百条这种连铸连轧生产线,全球百分之九十以上的铝线坯卷是采用这种方法生产的。其生产线示意图和连铸机示意图见图 11 - 12 和图 11 - 13。

代表性的生产线配置及其作用如下。

(1)熔化炉。如国内某厂采用竖式炉,带有连续加料机构,完成铝的熔化,燃油或燃气。

(2)静置炉。熔化好的铝水转入其中,利用电阻带、硅碳棒等加热、保温,调整铝水温度。

(3)净化及供流系统。完成铝熔体净化(除气、过滤)及输送,控制铝液流量及分布。

(4)连铸机。实现连续铸坯。

(5)液压剪。剪去铸坯冷头,以便顺利喂入连轧机或用于其他情况下的快速切断。

(6)连轧机。一般为 8 ~ 17 机架,二辊悬臂式孔型轧机或三辊丫型轧机。

(7)飞剪。用于切断线坯,控制卷重。

(8)绕线机。将连轧机轧出的线坯绕成卷。

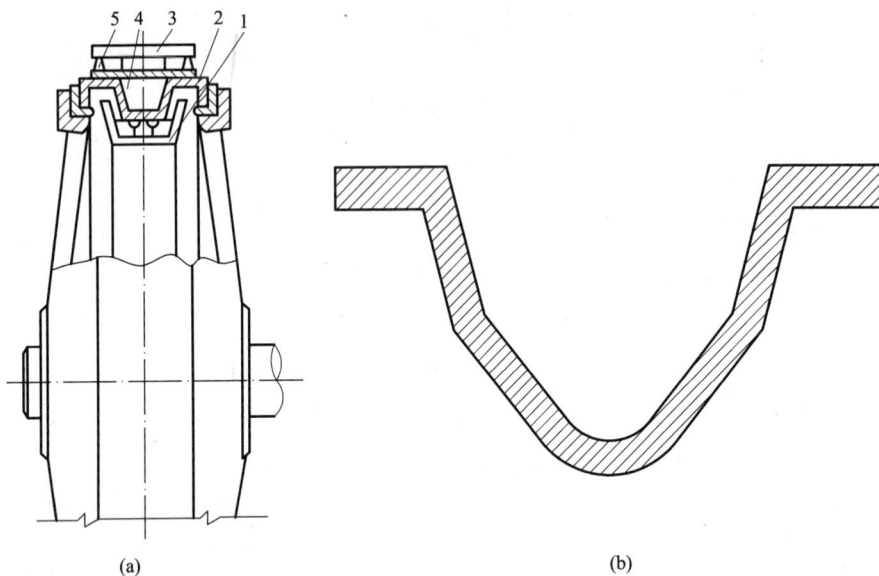

**图 11 – 11  线坯结晶轮及结晶槽环断面示意图**

(a)结晶轮；(b)结晶槽环

1—内冷却；2—结晶槽环；3—外冷却；4—钢带；5—线坯

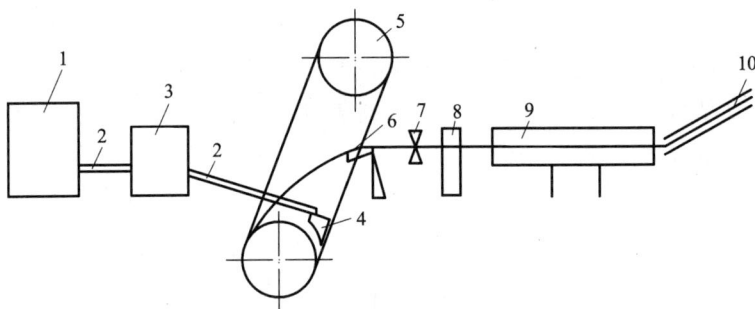

**图 11 – 12  Properzi 法连铸连轧生产线示意图**

1—熔化炉；2—流槽；3—保温炉；4—浇铸装置；5—连铸机；6—传输装置；

7—剪切机；8—修整装置；9—连轧机组；10—绕线机

影响连铸连轧工艺过程及品质的主要铸造工艺参数为铸造速度、浇铸温度、冷却强度等，它们互相制约，相互影响。从工艺角度讲，低温、快速、强冷既对铸坯品质有益，可得到较细小、均匀的组织，枝晶间距小、致密，还可提高生产效率。但为了保证合适的进轧温度及与连轧机轧制速度相匹配，实现稳定的连铸连轧过程，必须选择适宜的工艺参数。如果铸造速度太大，若冷却强度不够，会使进轧温度太高，轧制过程容易出现脆裂、粘铝等，同时也会导致较高的轧制速度、较大的热效应，影响生产过程的稳定性。如果铸造速度太慢，则需要的冷却强度较小，既影响到铸坯组织与性能和生产效率，也会对钢带、结晶轮寿命等产生不利影响。

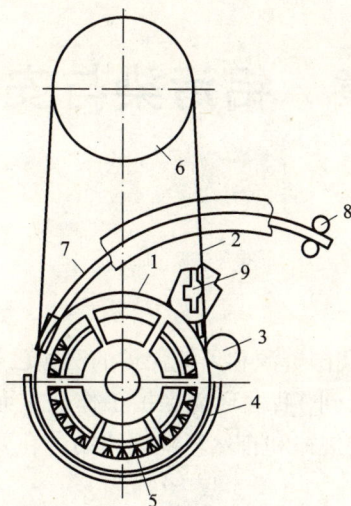

**图 11 -13　Properzi 法连铸机示意图**
1—结晶环；2—钢带；3—压紧轮；4—外冷却；5—内冷；
6—张紧轮；7—锭坯；8—牵引机；9—浇铸装置

实际生产过程中，典型的工艺控制范围如下：

出炉温度：700 ~ 730 ℃

浇铸温度：690 ~ 720 ℃

冷却强度：0.35 ~ 0.5MPa(水量 80 ~100t/h)

冷却水温：<35 ℃

铸造速度：6 ~ 15 m/min

出坯温度：470 ~ 540 ℃

进轧温度：450 ~ 520 ℃

线坯连铸连轧技术广泛应用于电工用铝杆的生产，极大提高了生产效率和品质，促进了导电用铝线生产技术的进步与发展。与带坯连铸连轧一样，其生产工艺及配置的关键在于难以保证稳定的连轧条件，因为在实际生产过程中，由于轧件(铸坯)、成分、尺寸、温度、组织、孔型配合与磨损等因素的变化或者波动，理论上的稳定条件很难实现，但随着连铸连轧技术的不断发展、完善，自动化控制与检测水平的提高，使之得到了充分的保证。

除导电用铝杆生产外，线坯连铸连轧技术近年来还在铝工业用细化剂(Al – Ti – B、Al – Ti – C)的生产上应用日益广泛。

# 第 12 章　铝污染与安全生产

## 12.1　概述

经过 20 多年的艰苦努力,我国资源和环境保护的法律已初成体系,资源和环境保护工作也取得了明显成效,但也应当看到,我国环境保护工作任重而道远。做好环境保护工作,实施可持续发展战略,是经济发展规律和自然环境规律的内在要求,更是大力推进我国社会主义现代化进程的现实要求。

## 12.2　铸轧生产中污染物的主要来源及其危害

### 12.2.1　熔炼与铸造中污染物的主要来源

熔炼与铸造过程对环境的影响主要体现在工业废气的污染上。主要废气污染物有:烟气、二氧化硫($SO_2$)、氮氧化物($NO_x$)、含铝氧化物生产性粉尘、HCl 及少量 $Cl_2$ 等。

熔铝炉排放的废气主要污染物有烟气,在熔炼的加料、搅拌、扒渣过程中,也伴有生产性铝化合物($Al_2O_3$)等粉尘产生。覆盖剂在熔化过程中同样排放生产性粉尘和燃烧废气。此外,由于加入各种废料,使得熔铝炉排放的工业废气中烟气、$SO_2$、$NO_x$ 等污染物的含量瞬时增高,加重对大气环境的污染。

精炼过程中,由于铝表面的氧化,加之使用固体溶剂,炉门间断性散发铝化合物粉尘、HCl 及少量 $Cl_2$。

铸轧辊因采用循环水冷却技术,需大量的冷却水循环使用,这些水由于长时间使用,里面含有一些杂质和悬浮物,定期排放时会对水环境造成一定的污染。

### 12.2.2　污染物的危害

随着工业废水排入水体,工业废气排入大气,废水、废气中的污染物通过各种不同途径进入水体、土壤和作物中,并通过呼吸、皮肤接触进入人体,对生态环境和人体健康产生危害和影响。

水受到酸、碱污染后,其 pH 值将发生改变,pH 值超过 $6.5 \sim 8.5$ 范围,可影响水体的自净过程,并影响到水生生物的生存。

二氧化硫具有强烈的刺激性,人体大量吸入可致肺水肿。除对人体健康的危害外,对建筑物与金属材料和农林水产都产生很大影响。二氧化硫还是形成酸雨的主要物质之一。

氮氧化物,其中以二氧化氮毒性较大,主要对人体呼吸器官有刺激作用,可引起肺水肿。除对人体健康的危害外,氮氧化物与碳氢化合物反应形成光化学烟雾,与二氧化硫的干沉降，会造成水体和土壤酸化，也是形成酸雨的主要物质之一。

氯气是刺激性气体，主要损害人体上呼吸道及支气管黏膜，引起慢性和急性中毒，高浓度可引起肺水肿，浓度在 $0.11 \sim 6.56$ mg/m³ 时，接触人员的支气管炎、慢性鼻炎及咽炎发病率较高。

氯化氢是具有强烈刺激性气体，主要通过呼吸道危害人体，能引起慢性和急性中毒，浓度超过 $3.4 \sim 21$ mg/m³ 时，大部分接触人员有黏膜刺激症及牙酸蚀症发生。

人体长期吸入铝化合物粉末，可引起铝肺。当浓度为 4 mg/m³ 以上时，接触人中大部分会出现肺皱纹增强。

## 12.3　污染物的治理技术

### 12.3.1　工业废水治理技术

废水治理方法主要分为以下几种方法。

（1）物理治理法

这是用作废水一级治理或预处理的常用工业废水净化治理技术，主要用来分离废水中的悬浮物质。常用的物理治理方法有：重力分离法、离心分离法和隔截过滤法等。

（2）化学处理法

这是处理废水中溶解性或胶体性污染物质的一种常用方法。它主要是通过投入化学药剂或材料改变污染性物质的性质，使污染性物质与水分离。常用的化学处理法有：中和法、混凝沉淀法、氧化还原法等。

（3）物理化学法

这种方法主要是用来分离废水中溶解的有害污染物质，回收有用的成分，使废水得到深度净化。常用的物理化学法有：吸附法、萃取法、电渗析法、电解法等。

### 12.3.2　工业废气治理技术

铝加工产生的工业废气主要有烟尘、粉尘等颗粒物废气和含酸、碱、油雾的工业废气。

1. 熔化炉烟尘治理技术

（1）袋式收尘器处理工艺

该处理工艺是高温含尘烟气经过预处理器、袋式收尘器过滤后由风机、烟囱排入大气。

滤料是袋式收尘器的关键材料，其好坏直接关系到除尘效果。一般根据烟囱的特点，选用防水防油的诺梅克斯针刺毡或 P - 84 耐高温针刺毡。

对烟气的温度、进出口压差、清灰、卸灰、风机等，应采用 PLC 可编程序和声光报警，确保系统安全运行，同时也可以手动控制。

（2）电除尘器处理工艺

该工艺是高温烟气经雾化冷却增湿器、电除尘器、风机、烟囱排入大气。

电除尘器种类很多，根据铝熔炼炉的性质与特点，选用主要适用于有色金属冶炼及烧结使用的 KBYC 系列电除尘器。

该系统的主要缺点是长时间使用，烟气对电极及极板具有腐蚀作用，系统管道和设备必须采取保温措施,投资相对较高。

(3)颗粒层除尘器处理工艺

颗粒层除尘器的过程是高温烟气经颗粒层除尘器、风机、烟囱后直接排入大气。

系统特点是耐高温,使用温度最高可达到 800 ℃;滤料价格低廉,可就地取材,节省投资;滤料耐久性强,耐腐蚀,耐磨损;设备占地面积大;对微细粉尘的除尘效率不高,且入口含尘浓度不宜太高,一般在 300 mg/m³ 以下。

根据烟尘特性选用石英砂作为滤料,滤料粒径一般取 2～4 mm,床层厚度取 140 mm,过滤风速取 0.3～0.8 m/s,可采取反吹清灰。

反吹清灰选择沸腾反吹形式,影响沸腾清灰的主要因素是反吹风速,风速太低达不到沸腾的目的,太高则可能把颗粒吹出。

2. 酸、碱废气的治理技术

废气中的主要污染物有 $SO_2$、$NO_x$ 等,对于这类气态污染物的净化处理,常用的方法有吸收法和吸附法等。

## 12.4 熔炼与铸造安全

### 12.4.1 铝熔体爆炸

1. 爆炸机理

熔炼时,熔炉内的液体金属温度大多处于 750 ℃ 以上的高温,炉膛温度能达到 900～1 000 ℃。在加料过程中,若带入水、冰、雪或潮气与熔融铝相遇时,过热到沸点以上后立即变成蒸汽,体积扩大为原始状态的 1 603 倍,此时极易发生水蒸气爆炸,爆炸的同时还伴随大量的铝液爆喷和溢流的连锁反应,极易造成严重的烫伤、死亡和火灾事故。

2. 预防措施

(1)防止水进入炉内。装炉前做好原材料的检查,确保原材料干燥。做好设备冷却水管路的预修和检查工作,防止管路泄漏导致水进入熔炼炉引起爆炸。

(2)作业台保持干燥。进行高温作用的工作台,特别是熔炉周围,必须保持干燥,防止铝液意外外溢而发生爆炸事故。

(3)高温废弃物应堆放在干燥的地方,不应投入到水沟、水槽中。

### 12.4.2 油气爆炸

1. 爆炸机理

在装入铝熔炼炉的铝料中若含有大量的油污,包括不易燃烧的润滑油等重油类时,一方面在高温炉膛环境下所产生的油蒸汽与空气混合,可形成爆炸性混合气体;另一方面由于高温可能导致油的碳链发生局部裂解作用,产生短碳链的烃类气体与空气混合,使炉膛内的混合气体的爆炸上下限加宽。一旦条件成熟,就会发生极其猛烈的爆炸,对厂房、设备、人员均会造成很大的伤害。

2. 预防措施

(1)对油污严重的物料进行特殊保管,不可与其他废料混料。

（2）对油污严重的物料在熔炼前要采用热水清洗、干燥等除油措施。

（3）对压制成包的废料要抽样检查，严把收料关。

（4）做好各类处理边角料的设备，尤其是处理废料的打包机等做好维护保养工作，严防设备漏油。发现漏油要及时维修处理。

### 12.4.3　燃气熔炼炉的安全与卫生

**1. 危害机理**

燃气熔炼炉是一种重要的熔炼设备，用于燃气加热炉的气体燃料有天然气、发生炉煤气、高炉煤气和焦炉煤气等。

天然气的主要成分是 $CH_4$，其余有少量的 $CH_3CH_2$、$C_3H_8$、$CO_2$、$N_2$ 和微量 $O_2$。$CH_4$ 是无色无味的可燃性气体，与 10 倍空气混合便成为爆炸性气体。

煤气的主要成分是 $H_2$、$CH_4$、$CO$ 等气体。

高炉和发生炉煤气含有较多的 $CO$，有毒性，少量吸入会引起头痛、眩晕和恶心，给人体造成伤害。过量吸入可能迅速发生昏迷甚至死亡。煤气和天然气都含有较多的 $H_2$ 和 $CH_4$，属易燃气体，与空气混合，达到一定浓度，遇明火就会发生爆炸。

**2. 预防措施**

（1）防止管道泄漏。为便于发觉管道漏气，最好在车间或有煤气的场所安装有害气体超量报警器和局部抽风。同时，对有可能泄露的地方用肥皂泡法和压力试验的方法进行检查并形成相关的检查制度，防止煤气意外泄漏。

（2）启动加热炉时，应首先检查抽风机并完全打开炉门。

（3）烧嘴停止燃烧时，应先关闭煤气，然后再关闭空气。

（4）每台熔炼炉要有一个切断阀，车间外部要设一个总阀，在车间总煤气管道的一端引出一根排气管道，应高出屋顶 2 m。

（5）做好煤气操作人员的安全教育培训，使操作人员懂得煤气防护知识、救护知识和具体的操作规程。

（6）在煤气存在的情况下，维修时必须使管内煤气保持一定的正压并采取好措施后才能进行。

（7）在有煤气泄漏危险场所进行抽堵盲板或检修作业的人员，必须佩戴好氧气呼吸器，防止煤气中毒。

### 12.4.4　硫酸根爆炸

**1. 爆炸机理**

用煤气或天然气熔炼铝合金时，需用大量的 NaCl、KCl 做熔剂。这些熔剂在高温时挥发与废气中的 $SO_2$ 反应生成 $Na_2SO_4$、$K_2SO_4$，并被烟气带出积聚在烟道内。烟道灰与过热的铝液相互作用就有可能发生爆炸。

爆炸条件：

（1）铝同烟道灰反应的最低温度为 1 100 ℃。

（2）$SO_4^{2-}$ 含量高于 49%，温度为 1 270 ℃时，烟道灰与过热铝液作用发生爆炸。

（3）过热铝液中含 Mg 时，危险更大。

2. 预防措施

做到不让过热铝液进入炉子竖烟道和横烟道,定期清理烟道灰并做 $SO_4^{2-}$ 含量分析。

### 12.4.5 铸轧安全与卫生

(1)在熔炼过程中存在爆炸或烫伤危险的同时,还会产生高温、粉尘等污染,对作业人员产生职业危害。

(2)起重运输、材料堆放、炉料破碎时若不按规章作业,会引起浇包坠落,铝水溅出伤人。

(3)若发生跑流,铝液与潮气或水易发生爆炸。

(4)还会产生一定量的有害气体和粉尘、烟雾及噪音以及环境温度高,劳动强度大,不利人身健康。

(5)搅拌、扒渣时要平稳,防止铝液溅出伤人。

### 12.4.6 熔炼工安全须知

(1)工作前必须佩戴好劳动保护用品,如工作服、鞋、安全帽、防护眼镜、手套、防尘口罩等,否则不准上岗作业。

(2)熔炼操作时不允许让无关人员靠近,以防发生意外。

(3)使用吊具或钢丝绳吊料时,必须严格执行挂吊安全技术规程;严禁使用断股的钢丝绳。

(4)装炉前要将炉内铝液尽量倒尽,以防装炉时铝液飞溅或引起爆炸。

(5)装炉前要检查炉料是否干燥无水,不得将潮湿或带雨水、雪的炉料直接加入炉内,以防引起爆炸。装炉前必须拉下炉盖吊滑线电源。

(6)装炉时必须离开一定距离再指挥天车起吊,要按装炉顺序装炉;熔炉不许超容量工作,最大投料量不许超过设计容量。

(7)点炉要清除炉子周围的易燃、易爆物品。

(8)点炉前要打开炉盖、炉门、烟道闸门和炉门冷却水的进出阀门,并保证畅通。

(9)注意长明火的工作状态,使之长明;如熄灭报警要立即处理。

(10)溶化过程中,注意四通阀换向是否正常。

(11)搅拌、扒渣、取样、清炉等使用的工具要保持干燥,用前必须在炉口预热后再进行操作;扒渣、搅拌用的耙子要经常检查,一旦损坏应立即更换,搅拌时不准使液体金属溢出炉门。

(12)炉料化平后要经常巡视流眼,防止流眼跑流。

(13)倒炉时要有专人盯防,防止铝水倒满静置炉后从炉口溢出。

(14)倒炉结束后,要清理好流眼,用纤维毡包住钎塞头部打住流眼。

(15)刚用完的工具要按照5S标准摆放好,防止烫伤人。

### 12.4.7 铸轧工安全须知

(1)工作前必须佩戴好劳动保护用品,如工作服、鞋、安全帽、防护眼镜、手套等,否则不准上岗作业。

（2）工作前应检查操作地点及操作台附近是否整齐、清洁，有无其他妨碍工作的堆积物。

（3）静置炉的安全使用要求

①设备停送电的各种开关必须好使，并要有停电、送电指示灯。

②炉子电源线、绝缘层要完好，硅碳棒加热元件端头不准接触保护罩、炉壳等，保护罩要完好。

③换硅碳棒前，必须切断电源，做好接地并挂指示牌（开关处挂警告牌，接地处挂提醒牌），做好上述工作后方可工作。

④炉子送电前，要进行全面检查。接地物要拆除，摘掉提醒牌和警告牌。

⑤倒炉、测温、精炼、扒渣、补料、搅拌、清炉前必须停电。

⑥静置炉送电期间，不许用任何物体碰触电源母线、硅碳棒过接线，并禁止靠近电源线、硅碳棒过接线处。

⑦静置炉周围 1.5m 之内的地面，必须保持干燥，以防液体金属溢出时放炮，更不允许将液体金属倒在潮湿的地方。

（4）倒炉时要有专人负责检查静置炉铝水高度，防止铝水由炉门溢出。

（5）生产前由专人开动铸轧机主机、牵引机、剪切机、卷取机，认真检查各部位运转是否正常，如有问题及时组织维修，保证设备正常工作。

（6）流槽、过滤箱、除气箱、前箱、铸嘴之间的接缝必须堵严，不许漏铝；流槽过滤箱、除气箱、前箱使用前应充分烘干、预热。

（7）铝水槽要保持干燥。

（8）用细纱布清理辊面时，将主机正转，在轧机出口侧清理下辊，在轧机入口侧清理上辊，要注意防止手被咬入轧机。

（9）对嘴子时严禁启动主机设备。

（10）打流眼时先检查锤头，不能用锤头松动的锤子。打锤人与扶钎子的人要相对站立，防止砸伤。

（11）开动铸轧机时要发出信号，引起周围人的注意。

（12）立板时各放流口必须堵好，要防止跑渣废料和铝水烫伤。

（13）取样的勺子必须保证干燥，使用前进行预热。

（14）卸卷时卸卷小车移动部件上严禁站人。

（15）铸轧机附近的地沟盖板要盖好，防止人员跌伤。

（16）在除气箱盖上操作或更换加热元件时，必须停电并进行挂牌警示或专人监护。

（17）铸轧工必须熟知挂吊、液化气、氩气、氯气安全技术规程。

（18）装卸、移动钢瓶要轻拿轻放，严禁摔、抛、滚、砸钢瓶。

（19）钢瓶使用一定要竖立置放，严禁倾斜、倒放。

（20）使用瓶装液化气必须安装减压阀，气瓶周围环境温度不得大于 45 ℃。

（21）每班检查液化气瓶及管路、阀门有无泄漏情况，发现问题及时处理。严禁明火试漏。

## 12.5 安全管理

### 12.5.1 安全生产的含义

安全生产是人、机、环境三者的和谐运作，使危及劳动者生命或身体健康的各种风险事故和伤害因素处于有效控制状态。现代安全生产是指在生产和服务过程中保障人身安全和设备安全。

### 12.5.2 安全管理的原则和基本观点

1. 安全管理原则
(1)坚持"安全第一、预防为主、综合治理"的方针。
(2)坚持"管生产必须管安全"的原则。
2. 安全管理的基本观点
(1)坚持系统的观点。
(2)坚持预防的观点。
(3)坚持强制的观点。
(4)坚持准确的观点。

### 12.5.3 安全生产责任制

安全生产责任制就是根据"管生产必须管安全"的原则，综合各种安全生产管理、安全操作制度，对企业各级领导、各职能部门、有关工程技术人员和生产工人在生产中应负的安全责任做出明确的规定。

安全生产责任制是企业岗位责任制的重要组成部分、是企业最基本的一项安全制度、是所有安全管理制度的核心。

### 12.5.4 安全教育培训

1. 安全教育的内容
(1)安全生产思想教育。
(2)安全知识教育。
(3)安全技能教育。
(4)法制教育。
2. 安全教育的基本要求
(1)领导干部必须先受教育。
(2)新工人三级安全教育。
(3)特种作业人员培训。
(4)经常性教育。

### 12.5.5 "四全"安全管理

全员——从公司领导到每个干部职工都要抓安全。

全面——从生产、经营、基建、科研到后勤服务的各单位、各部门都要抓安全。

全过程——每项工作的每个环节都要自始至终的做安全工作。

全天候——一年 365 天、一天 24 小时，不管什么天气、什么环境，每时每刻都要注意安全。

### 12.5.6　"5S"管理活动

"5S"——"整理、整顿、清扫、清洁、素养"。开展"5S"活动，是通过人们的努力改变工作环境，养成良好的工作习惯和生活习惯，达到提高工作效率，提高职工素养，确保安全生产的目标。

### 12.5.7　安全检查

1. 安全检查的目的与意义

安全的基本含义，一是预知危险，二是消除危险，两者缺一不可。为此，必须通过安全检查，对生产中存在的不安全因素进行预测、预报和预防。

2. 安全检查的内容和方法

安全检查的内容主要应根据生产特点，制订检查项目、标准。概括起来，主要是查思想、查制度、查机械设备、查安全实施、查安全教育培训、查操作行为、查劳保用品佩戴、查伤亡事故的处理等。

主要的检查形式：①企业内部必须建立定期分级安全检查制度。②专业性安全检查；③经常性安全检查。

# 参 考 文 献

[1] 徐开兴. 连续铸轧技术发展概述. 华铝技术, 1997(3), 1~5

[2] 张枝棒. 提高铸轧辊工作寿命的探讨. 轻合金加工技术, 1996(6), 8~10

[3] 常晶, 王之洵. 铸轧辊失效及提高寿命的途径. 轻合金加工技术, 1996(1), 6~11

[4] 刘石安, 连彦芳, 孟春秀. 铸轧辊辊芯沟槽结垢及处理对策. 轻合金加工技术, 2000(11), 20~23

[5] 倪时城. 铸轧板横向波纹产生原因及防止措施. 轻合金加工技术, 1999(1), 13~14

[6] 肖立隆, 蔡首军. 铸轧工艺对产品质量的影响. 轻合金加工技术, 1999(7), 8~13

[7] 辛达夫. 铸轧板厚差评价和厚度突变的预防. 轻合金加工技术, 1999(9), 14~19

[8] 彭文伟, 林海. 铸轧机轧辊新型冷却循环水系统设计原理. 轻合金加工技术, 2001(3), 14~17

[9] 张洪云, 龙旭红, 袁鸽成. 铸轧铝带的表层夹渣特征及形成机理. 轻合金加工技术, 2001(1), 12~15

[10] 王祝堂, 田荣璋. 铝合金及其加工手册. 长沙, 中南工业大学出版社, 1989, 395~399

[11] 刘晓波, 毛大恒, 钟掘. 铝铸轧嘴分流块对型腔流场影响的研究. 轻合金加工技术, 2000(10), 18~21

[12] 刘宝珩主编. 轧钢机械设备. 北京, 冶金工业出版社, 1990, 24~30

[13] 朱诚. 国内铸轧机的装机水平和新铸轧机的开发. 轻合金加工技术, 1995(11), 2~5

[14] 林浩. 薄铸轧板组织性能的研究. 华铝技术, 2001(3), 1~5

[15] 孟兰芳译. 薄规格铸轧铝带材的新工艺条件. 华铝技术, 1997(1), 11~14

[16] 谷吉存, 谷兰成. 连铸机铸轧辊粘铝的成因及对策. 轻合金加工技术, 1995(1), 12~13

[17] 师庆垒. 延长铸轧辊套寿命的措施. 华铝技术, 2001(4), 12~13

[18] 王爱民. 铸轧生产中粘铝现象的研究. 华铝技术, 1993(4), 26~29

[19] 刘永红. 铸轧板表面偏析的产生原因及消除方法. 华铝技术, 2000(3), 1~5

[20] 林浩. 板材表面黑条缺陷本质及消除方法的研究. 华铝技术, 1995(1), 8~14

[21] 卢德强译. 双辊铸轧机铸轧铝带. 华铝技术, 2001(2), 14~17

[22] 王健译. 薄规格板带铸轧工艺性能与产品质量. 华铝技术, 1997(3), 29~33

[23] 孟兰芳译. 薄规格铸轧铝带材的新工艺条件. 华铝技术, 1997(1), 11~14

[24] 马锡良. 铝带坯连续铸轧生产. 长沙, 中南工业大学, 1992

[25] 李向宇. 铝铸轧机常用铸嘴结构和材质. 轻合金加工技术, 1998(10), 17~19

[26] 王成国. 铸轧机辊缝控制系统新设计. 华铝技术, 1993(4), 35~37